T0255934

Aktuelle Forschung Medizintechnik – Latest Research in Medical Engineering

Unter den Zukunftstechnologien mit hohem Innovationspotenzial ist die Medizintechnik in Wissenschaft und Wirtschaft hervorragend aufgestellt, erzielt überdurchschnittliche Wachstumsraten und gilt als krisensichere Branche. Wesentliche Trends der Medizintechnik sind die Computerisierung, Miniaturisierung und Molekularisierung. Die Computerisierung stellt beispielsweise die Grundlage für die medizinische Bildgebung, Bildverarbeitung und bildgeführte Chirurgie dar. Die Miniaturisierung spielt bei intelligenten Implantaten, der minimalinvasiven Chirurgie, aber auch bei der Entwicklung von neuen nanostrukturierten Materialien eine wichtige Rolle in der Medizin. Die Molekularisierung ist unter anderem in der regenerativen Medizin, aber auch im Rahmen der sogenannten molekularen Bildgebung ein entscheidender Aspekt. Disziplinen übergreifend sind daher Querschnittstechnologien wie die Nano- und Mikrosystemtechnik, optische Technologien und Softwaresysteme von großem Interesse.

Diese Schriftenreihe für herausragende Dissertationen und Habilitationsschriften aus dem Themengebiet Medizintechnik spannt den Bogen vom Klinikingenieurwesen und der Medizinischen Informatik bis hin zur Medizinischen Physik, Biomedizintechnik und Medizinischen Ingenieurwissenschaft.

Kerstin Lüdtke-Buzug

Azosubstituierte Porphyrine

Anwendungen in Technik und Medizin

Mit einem Geleitwort von Prof. Dr. Thomas Peters

Dr. Kerstin Lüdtke-Buzug
Universität zu Lübeck
Institut für Medizintechnik, Deutschland

Aktuelle Forschung Medizintechnik – Latest Research in Medical Engineering
ISBN 978-3-658-16312-9 ISBN 978-3-658-16313-6 (eBook)
DOI 10.1007/978-3-658-16313-6

Die Deutsche Nationalbibliothek verzeichnet diese Publikation in der Deutschen Nationalbibliografie; detaillierte bibliografische Daten sind im Internet über http://dnb.d-nb.de abrufbar.

Springer Vieweg

Gedruckt auf säurefreiem und chlorfrei gebleichtem Papier

Springer Vieweg ist Teil von Springer Nature
Die eingetragene Gesellschaft ist Springer Fachmedien Wiesbaden GmbH
Die Anschrift der Gesellschaft ist: Abraham-Lincoln-Str. 46, 65189 Wiesbaden, Germany

Vorwort des Reihenherausgebers

Das Werk *Azosubstituierte Porphyrine. Anwendungen in Technik und Medizin* von Dr. Kerstin Lüdtke-Buzug ist der 22. Band der Reihe exzellenter Dissertationen des Forschungsbereiches Medizintechnik im Springer Vieweg Verlag. Die Arbeit von Dr. Lüdtke-Buzug wurde durch einen hochrangigen wissenschaftlichen Beirat dieser Reihe ausgewählt. Springer-Vieweg verfolgt mit dieser Reihe das Ziel, für den Bereich Medizintechnik eine Plattform für junge Wissenschaftlerinnen und Wissenschaftler zur Verfügung zu stellen, auf der ihre Ergebnisse eine breite Öffentlichkeit erreichen. Autorinnen und Autoren von Dissertationen mit exzellentem Ergebnis können sich bei Interesse an einer Veröffentlichung ihrer Arbeit in dieser Reihe direkt an den Herausgeber wenden:

Prof. Dr. Thorsten M. Buzug
Reihenherausgeber Medizintechnik
Institut für Medizintechnik
Universität zu Lübeck
Ratzeburger Allee 160
23562 Lübeck
Web: www.imt.uni-luebeck.de
Email: buzug@imt.uni-luebeck.de

Geleitwort

Das vorliegende Werk von Dr. Kerstin Lüdtke-Buzug stellt die elektrochemischen und spektroskopischen Eigenschaften neuartiger azobenzolsubstituierter Porphyrine dar. Nach einer Einführung in die Anwendungsmöglichkeiten von Porphyrinen im medizinischen und im naturwissenschaftlich-technischen Bereich geht die Autorin ausführlich auf die E-Z-Isomerisierung der Azobenzolgruppe ein und beschreibt einen möglichen Einfluss eines Porphyrinsubstituenten auf diesen Prozess. Ausgehend von der Überlegung, dass sich eine Wechselwirkung der Azobenzolgruppe und des Porphyrinchromophors in den spektroskopischen und elektrochemischen Eigenschaften der Verbindungen widerspiegelt, leitet die Autorin die Frage ab, ob eine Azobenzolgruppe als Elektronenakzeptor in einer lichtinduzierten Elektronentransferreaktion dienen kann und geht auf die Untersuchungsmöglichkeiten zur Klärung dieser Frage ein.

Im synthetischen Teil beschreibt Dr. Lüdtke-Buzug zunächst die Darstellung von acetamidosubstituierten Porphyrinen, welche als Ausgangskomponenten für die darzustellenden azobenzolsubstituierten Derivate herangezogen werden. Die Synthese azobenzolsubstituierter Porphyrine gelingt nach Abspaltung der Acetylgruppe aus Acetamidoporphyrinen und Umsetzung des entstandenen Aminoderivates mit aktivierten Aromaten in einer PTK-gesteuerten Reaktion mit erstaunlich guten Ausbeuten. Zur Synthese von Azobenzolderivaten mit elektronenziehenden Substituenten beschreitet die Autorin aber einen ganz anderen Weg. Ausgehend vom Aminophenyl-substituierten Porphyrin wird eine oxidative Kupplungsreaktion mit p-substituierten Anilinen durchgeführt, welche ebenfalls in guten Ausbeuten an entsprechenden azobenzolsubstituierten Porphyrinen führt. Analog synthetisiert Dr. Lüdtke-Buzug Diporphyrinsysteme, die durch eine Azobenzoleinheit verknüpft sind.

Zur Untersuchurg der Wechselwirkung von Porphyrinchromophor und Azobenzoleinheit wurden von der Autorin umfangreiche elektrochemische Messungen durchgeführt. Im Vordergrund standen dabei Untersuchungen zum Einfluss eines Substituenten an der Azobenzoleinheit auf die Oxidations- und Reduktionspotenziale des Porphyrinmakrozyklus. Dr. Lüdtke-Buzug konnte nachweisen, dass die beiden Porphyrinoxidationsschritte unabhängig von der elektronischen Natur des Substitutenten sind. Im Gegensatz hierzu ist das erste Reduktionspotential von der Natur des Azcbenzolsubstituenten abhängig. Hier erhöhen elektronenziehende Substituenten das Reduktionspotenzial signifikant. Durch Verwendung von Hammett-Plots gelang auch eine Zuordnung aller voltammetrischer Wellen. Im vorliegenden Werk werden weiterhin alle voltammetrischen Untersuchungen auch mit den Zink- und Kupfer-Komplexen der Porphyrine durchgeführt. Die hier dargestellten Ergebnisse entsprechen denen an den freien Basen erhaltenen Ergebnissen. Die von der Autorin durchgeführten absorptions- und fluoreszenzspektroskopischen Untersuchungen ergaben ebenfalls Hinweise auf Grundzustandswechselwirkungen der beteiligten Chromophore.

Im vorliegenden Werk hat die Autorin eine Reihe von azobenzolsubstituierten Mono- und Diporphyrinen synthetisiert und eingehend spektroskopisch und elektrochemisch untersucht. Es gelang ihr, den Einfluss unterschiedlicher Azobenzolsubstituenten auf die Redoxeigenschaften und die spektroskopischen Eigenschaften der Porphyringruppen eindeutig nachzuweisen und mit Hilfe von Hammett-Parametern zu quantifizieren. Hervorzuheben sind hier insbesondere die sehr umfangreichen elektrochemischen Messungen, welche für die vorgestellte Substanzklasse sehr schwierig durchzuführen sind. Dabei ist auch noch zu berücksichtigen, dass aufgrund der teilweise sehr eingeschränkten Löslichkeit nur in sehr verdünnten Lösungen gemessen werden konnte.

Prof. Dr. Thomas Peters
Institut für Chemie
Universität zu Lübeck

Inhaltsverzeichnis

1 Einleitung

1.1 Motivation

Etwa in der Mitte des letzten Jahrhunderts hat die Mikroelektronik Einzug in die Gesellschaft gehalten, und mit ihr haben Computer viele Bereiche unseres Lebens durchdrungen. Die Notwendigkeit immer größere Datenmengen abzurufen, zu speichern oder zu manipulieren, ließ die Anforderungen an die Kapazität und Leistungsfähigkeit neuer Rechnergenerationen beständig steigen. Im Mittelpunkt neuer Technologien stehen daher intelligente Materialien, die in der Lage sind, diese Datenmengen bei geringerem Einsatz von Rohstoffen zu bewältigen. Dies geschieht natürlich vor dem Hintergrund einer notwendigen Kostenminimierung.

Wunschziel ist die Informationsspeicherung auf molekularer Ebene oder sogar auf atomarer Ebene [1], wobei die Information auf optischem Wege in die molekulare Ebene eingekoppelt werden muss. Der Zeitaufwand für die Datenspeicherung wäre bei Verwendung optischer Schalter und Lichtwellenleiter dann im Wesentlichen nur noch durch die Übergangszeiten zwischen den induzierten Übergängen der beteiligten Energieniveaus dieser Materialien beschränkt.

Unter den hier angedeuteten Techniken versteht man das Konzept der molekularen Elektronik [2-4]. Die zentrale Idee der Verfahrensweise ist, Funktionseinheiten der herkömmlichen Elektronik, also Schalter, Transistoren, Dioden oder logische Elemente, durch organische Materialien zu ergänzen oder ganz zu ersetzen [5].

Viele Verbindungsklassen, wie zum Beispiel Stilbenderivate [6-8], Azoverbindungen oder Azomethine, haben auf diesem revolutionären Gebiet schon einige vielversprechende Entwicklungen ermöglicht [9-11]. Als Beispiel sei hier das Bacteriorhodopsin [12-14] angeführt. Seit mehreren Jahren konzentriert sich die Forschung auf die Anwendbarkeit des Bacteriorhodopsins vor allem in der holographischen Technik. Bacteriorhodopsin-Filme werden als transiente Aufzeichnungsmedien verwendet, um neue biologische, den elektronischen Verfahren überlegene, Einsatzmöglichkeiten des organischen Materials zu erforschen. In der vorliegenden Arbeit stehen azobenzolsubstituierte Porphyrine als potentielle Komponenten einer molekularen Elektronik im Zentrum des Interesses.

Aber nicht nur für die molekulare Elektronik sind diese Substanzklassen interessant sondern ebenfalls als Flüssigkristalle [15-18] in neuen Displays [19] oder als optische Sensoren [20].

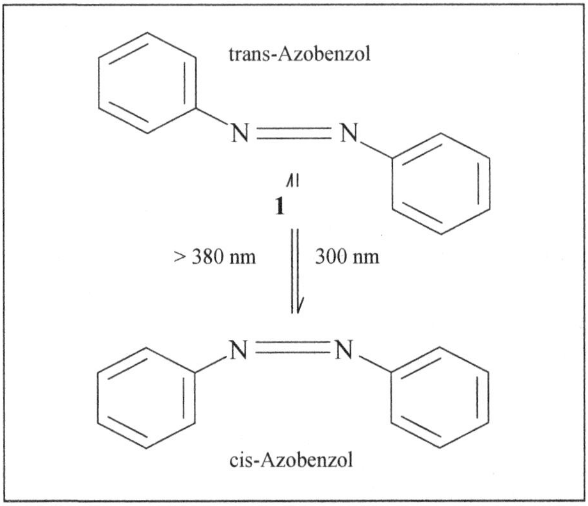

Abb. 1.1: E-(trans)- und Z-(cis)-Azobenzol.

Azobenzol und viele Azobenzolderivate sind bekannte optische Schalter [21-23]. Sie können in zwei isomeren Formen vorliegen, als *E*- oder *Z*-Isomer (Abbildung 1.1) [24].

Das Problem, das sich jedoch bei der Verwendung von unsubstituiertem Azobenzol als molekularer Schalter ergibt, ist die thermische Rückisomerisierung des *Z*-Isomers in das stabilere *E*-Isomere.

Diese interessanten Aspekte waren die Motivation für die vorliegende Arbeit, denn einen möglichen Ausweg, die oben genannten Probleme zu umgehen, bietet hier die Verknüpfung von Porphyrinen mit einer Azobenzoleinheit.

1.2 Anwendungsgebiete der Porphyrine

Porphyrine und Porphyrinderivate kommen in fast allen biologischen Systemen vor. Sie treten zum Beispiel in Pflanzen in Form von Chlorophyllen und Bakteriochlorophyllen [25] auf oder im menschlichen Organismus als Bestandteil des Hämoglobins und des Myoglobins, die für die Sauerstoffversorgung verantwortlich sind. In grünen Pflanzen sind sie wesentlicher Bestandteil des Photosyntheseapparates [26], sie sind Bestandteil der photochemischen Reaktionszentren von Pflanzen und phototrophen Bakterien. Deswegen eignen sich Porphyrine und Diporphyrine besonders gut als Modellsubstanzen für die Simulation photochemischer Reaktionszentren.

Die Sonne ist die bedeutendste Primärenergiequelle auf der Erde. Natur und Technik gingen bisher aber bei ihrer Nutzung unterschiedliche Wege. Die Natur erfand im Laufe der Evolution das Prinzip der Photosynthese, während die technische Lösung auf die Umwandlung von Sonnenlicht in Wärme (Sonnenkollektoren) oder elektrischen Strom (Solarzellen) setzte.

In Photosynthese treibenden Organismen wird die Lichtenergie von „Antennenmolekülen", zum Beispiel von Chlorophyllen, zum Reaktionszentrum weitergeleitet, wo sie von einem speziellen Farbstoffpaar, dem primären Donor, absorbiert wird. Aus dem angeregten Zustand des primären Donors wird dann ein Elektron schnell über eine Staffel benachbarter Farbstoffe weitergereicht, bis schließlich eine Ladungstrennung quer über die Zellmembran hinweg erfolgt ist. Die Lichtabsorption bewirkt also das Entstehen von Elektron-Loch-Paaren (wie bei einem Halbleiter) und in der Folge einen gerichteten Elektronentransport (Gleichrichtereffekt).

Im Gegensatz zu Halbleitern jedoch, wo sich die in den Bändern delokalisierten Ladungen im Energiegefälle am p-n-Übergang quasi-kontinuierlich trennen, bewegt sich das Elektron im Reaktionszentrum in diskreten Schritten zwischen lokalisierten Zuständen der Donor- und Akzeptormoleküle. Diese Schritte werden durch den schwachen Überlapp der jeweiligen Wellenfunktionen ermöglicht und vom Energiegefälle zwischen den Donor- und Akzeptorniveaus angetrieben. Die getrennten Ladungsträger bauen an der Zellmembran ein elektrochemisches Potenzial auf, das der Synthese von langlebigen, energiespeichernden, chemischen Produkten (ATP, Glukose) dient [27]. Es wird daher eine intensive Forschung betrieben, um immer neue Modellsubstanzen zu erschaffen, mit denen man in der Lage ist, die Photosynthese immer besser zu verstehen [28,29].

Um die Schritte der Photosynthese nachvollziehen zu können, wurde in den letzten Jahren eine intensive Forschung auf diesem Gebiet betrieben. Im Sommer 1981 gelang es Michel erstmals, durch geschickte Wahl von Detergentien, Kristalle aus dem Reaktionszentrum des Purpurbakteriums *Rhodopseudomonas viridis* zu gewinn [30]. In dreijähriger Arbeit und nach Auswertung mehrerer hundert Röntgenbeugungsbilder gelang die Strukturaufklärung [31] des photochemischen Reaktionszentrums von *Rhodopseudomonas viridis* durch Deisendorfer, Michel und Huber [32]. Diese Arbeit war bahnbrechend für die Aufklärung verschiedener lichtinduzierter Elektronentransferschritte in den Reaktionszentren. Durch detaillierte spektroskopische Untersuchungen konnten die entscheidenden Stufen in ihrem zeitlichen Ablauf bis auf den Bruchteil von Pikosekunden aufgeklärt werden.

Weiterhin ist es gelungen, künstliche Elektronendonor- und Elektronenakzeptorketten auf der Basis verbrückter Porphyrin-Chinon-Cyclophane [33-35] herzustellen, die die wichtigsten Eigenschaften der primären Ladungstrennung in Bezug auf elektronische Kopplung, Energielage und Reorganisationsenergie nachbilden [36,37]. In diesen Systemen ist der Elektronentransfer aktivierungslos und genauso schnell wie im Reaktionszentrum. Dabei führt die absorbierte Lichtmenge zur räumlichen Trennung von Ladungen.

Die Untersuchungen, die auf diesem Gebiet stattfinden, können in drei große Kategorien eingeteilt [38] werden. Die erste Gruppe beschäftigt sich mit der Untersuchung des Elektronentransfers von einem Makrozyklus auf einen Akzeptor beziehungsweise von einem geeigneten Donor auf den Makrozyklus. Hier konzentrieren sich die Untersuchungen auf den Einfluss von Elektronenakzeptor- oder Elektronendonorgruppen [39-41] am Makrozyklus auf die Transferreaktion.

Im zweiten großen Gebiet, in dem sich mit der Aufklärung von Elektronentransferreaktionen beschäftigt wird, stehen Untersuchungen im Vordergrund, die den Einfluss der Struktur der Makrozyklen auf den Elektronentransfer aufklären. Es wird untersucht welche Rolle der Aufbau, wie zum Beispiel der Chromophor-Chromophor-Abstand oder verschiedene Substitutionsmuster, für die Effizienz des lichtinduzierten Landungstransfers spielt. Außerdem ist es von Bedeutung, möglichst langlebige Spezies der supramolekularen Systeme zu erhalten. Der Chromophor-Chromophor-Abstand kann hier zum Beispiel durch Variation der Spacer-Gruppe zwischen den Chromophoren untersucht werden [42-44]. Für diese Analysen haben sich Diporphyrine als besonders geeignet erwiesen.

Die Abbildung 1.2 zeigt ein von McLendon [45] synthetisiertes Diporphyrin, das zur Untersuchung des Einflusses des Abstandes zwischen den Chromophoreinheiten auf einen möglichen Elektronentransfer herangezogen wurde.

Durch Variation der Spacer-Gruppe zwischen den beiden Porphyrin-Resten konnte der Einfluss der Geometrie auf die Effizienz des Elektronentransfers ermittelt werden. So wurden zum Beispiel auch die o- und m-Phenylen verknüpften Systeme hergestellt.

Außerdem ist die Bestimmung der Freien Energie des Elektronentransfers, der Einfluss von verschiedenen Lösungsmitteln sowie andere strukturelle Veränderungen auf den Elektronentransfer Gegenstand solcher Bemühungen [46-50].

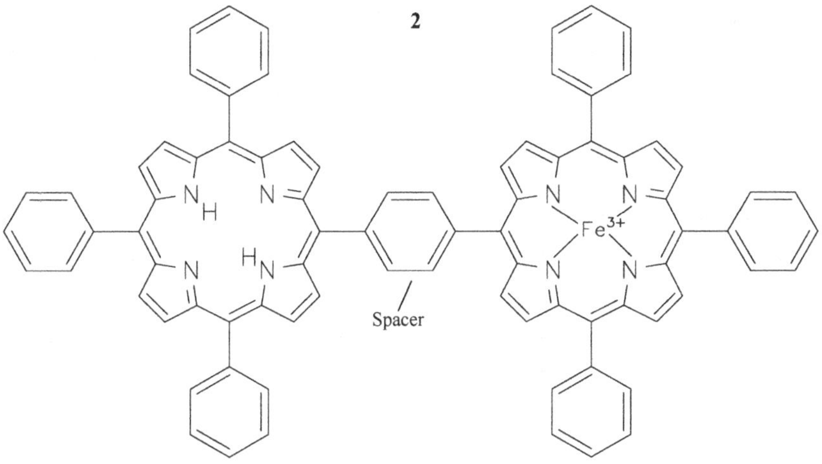

Abb. 1.2: Modellsubstanz zur Untersuchung des Einflusses des Chromophor-Chromophor-Abstandes auf den Elektronentransfer.

Die letzte Gruppe, in die man die Untersuchungen einteilen kann, ist die Gruppe, die supramolekulare Systeme synthetisiert, welche zur Erforschung der ersten Photosyntheseschritte verwendet werden können [51-58]. Es sollen dabei die lichtinduzierten Ladungstrennungsschritte genauer erforscht werden.

Aber auch im medizinischen Bereich gibt es vielfältige Anwendungsmöglichkeiten für Porphyrine, wie zum Beispiel

- in der Tumorlokalisation [59] (z.B. Fluoreszenzdetektion),
- in der photodynamischen Krebstherapie (PDT) [60,61],
- in der Neutroneneinfangtherapie [62,63],
- in der Diagnostik, zum Beispiel als Kontrastverstärker bei MRT (Magnetische Resonanztomographie) [64],
- Virenzerstörung im Transfusionsblut (HIV-Viren) oder
- bei Stoffwechseluntersuchungen (z.B. zur „Porphyria hepatica“).

Weitere Einsatzmöglichkeiten, die noch erforscht werden, sind zum Beispiel der Einsatz verschiedener Tetraphenylporphyrine in Hinblick auf ihre katalytische Aktivität für die Oxidation von Alkanen und Alkenen mit molekularem Sauerstoff [65]. Als sehr aussichtsreich erscheinen hier insbesondere Kobalt- und Eisenkomplexe verschiedener Porphyrine.

Man kann aus dieser kleinen, sicherlich unvollständigen Auswahl erkennen, dass die Porphyrinchemie ein stark interdisziplinär orientiertes Forschungsgebiet ist. Nicht nur zur Photophysik oder Photochemie gibt es eine Vielzahl von Berührungspunkten, sondern auch zur Biologie und Biochemie und vor allem zur Medizin.

1.3 Problemstellung

Es ist hinreichend bekannt, dass eine aromatische Azo-Gruppppe in zwei Konfigurationen, der *trans*- bzw. *E*-Form und der *cis*- bzw. *Z*-Form, existieren kann.

Die *trans*-Form ist üblicherweise die stabilere der beiden möglichen Formen. Die Energiedifferenz zwischen den beiden Grundzuständen des *cis*- und des *trans*-Isomeren beträgt im Falle des Azobenzols ca. 50 kJ/mol [66]. Die *cis-trans*-Isomerisierung kann durch Licht oder Wärme ausgelöst werden. Durch die Wahl einer geeigneten Wellenlänge, also photoinduziert, kann man aber das stabilere *trans*-Isomere in die weniger stabilere *cis*-Form bringen.

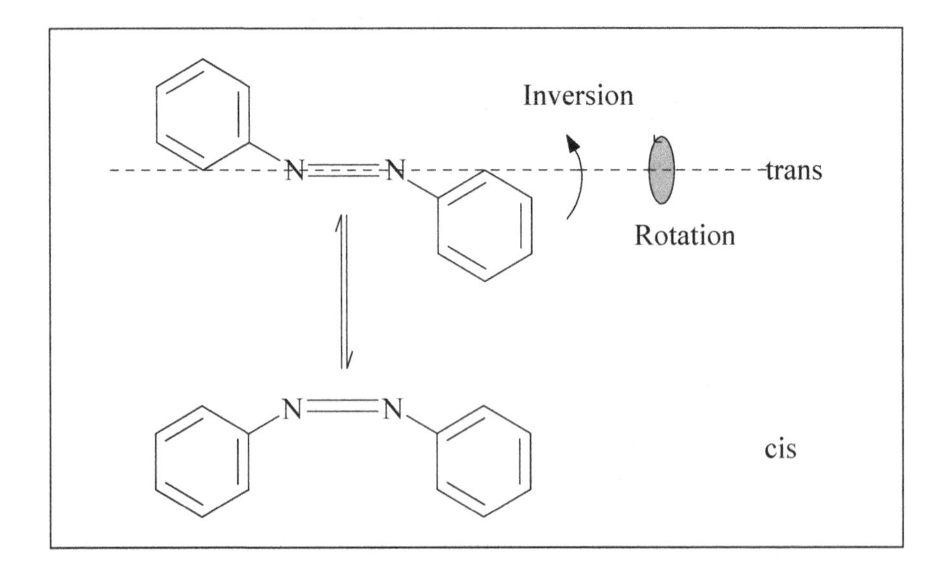

Abb. 1.3: *Cis-trans*-Isomerisierung von Azobenzol.

Die Rückisomerisierung, also der Übergang von der *cis*- in die *trans*-Form, kann thermisch oder photochemisch ausgelöst werden. In Abbildung 1.3 ist gezeigt, wie der Übergang durch Inversion oder Rotation stattfindet. Man geht davon aus, dass die thermische Isomerisierung über Inversion verläuft, während die photochemische Isomerisierung sowohl durch Rotation als auch durch Inversion erfolgen kann [67,68]. Dieses Phänomen wurde zuerst bei Azofarbstoffen in Lösung oder Dispersionen dieser Azofarbstoffe in verschiedenen Polymeren festgestellt [69-71].

Da sich viele Azobenzolderivate aus den einleitend beschriebenen Gründen nicht zur technischen Anwendung in der molekularen Elektronik eignen, sollte das Ziel dieser Arbeit sein, azobenzolverknüpfte Verbindungen herzustellen, die die genannten Nachteile überwinden können. Dazu ist es sinnvoll, das Azobenzol an einen Substituenten zu knüpfen, der in der Lage ist, die Lebensdauer der Isomeren zu erhöhen. Im Fall der vorliegenden Arbeit war dieser Substituent ein Porphyrin-Rest beziehungsweise zwei Porphyrin-Reste.

Die Azogruppe, als Chromophorgruppe, könnte Einfluss auf die spektroskopischen Eigenschaften eines anderen Chromophors haben. Es sollte daher untersucht werden, in wieweit die Azofarbstoffgruppe in der Lage ist, Veränderungen im Absorptionsspektrum oder im Fluoreszenzspektrum der Porphyrine hervorzurufen.

Da bei der Synthese von Azobenzolderivaten, wie oben ausgeführt, zwei Stereoisomere entstehen können, das *cis*- und das *trans*-Isomere, sollte untersucht werden, ob tatsächlich beide Isomeren entstehen und ob die Stereoisomerie einen Einfluss auf Absorptions- und Fluoreszenz-Spektren ausübt.

Es sollten weiterhin die elektrochemischen Eigenschaften der Porphyrine untersucht werden. Auch hier ist von Interesse, ob die Lage der entsprechenden Potenziale etwas über die Stereoisomerie aussagt.

Es sollte untersucht werden, ob sich eine Azofarbstoffgruppe wie eine Chinongruppe als Elektronenakzeptor eignet und ob sich azobenzolsubstituierte Porphyrine, genau wie chinonsubstituierte Porphyrine [72], als Modellsubstanzen für einen photoinduzierten Ladungstransfer einsetzen lassen. Hierbei wäre zu untersuchen, welche der beiden möglichen Formen besser für einen Elektronentransfer geeignet ist.

1.4 Übersicht

Im zweiten Kapitel dieser Arbeit werden zunächst verschiedene Möglichkeiten zur Synthese von *meso*-Aryl-substituierten Porphyrinen besprochen. Diese stellen die Ausgangsstoffe für weitere hier durchgeführte Synthesen dar und sind somit Voraussetzung für die Darstellung der azosubstituierten Porphyrine.

In Kapitel drei wird ein Überblick über die verschiedenen Reaktionsmöglichkeiten eines Diazoniumsalzes gegeben und anschließend verschiedene Methoden zur Synthese von Azobenzolderivaten aufgezeigt. Weiterhin werden die Methoden, mit denen die in der vorliegenden Arbeit synthetisierten Porphyrine hergestellt wurden, vorgestellt.

Ein Schwerpunkt ist dabei die Verknüpfung der Azobenzoleinheit direkt in *meso*-Position mit einem Porphyrin. Damit könnte das Porphyrin eine höhere Stabilisierung der *E*- und *Z*-Isomeren bewirken und somit eine höhere Lebensdauer der Isomeren erreichen.

Hierzu mussten neue, effiziente Synthesemethoden entwickelt werden, da sich schon schnell zeigte, dass die klassische Methode, also die Umsetzung eines Diazoniumsalzes mit einem Aromaten, hier nur ungenügende Resultate liefert.

In Kapitel vier stehen die elektrochemischen Eigenschaften der synthetisierten Porphyrine im Vordergrund. Nach einer kurzen Einführung in die Elektrochemie wird das hier verwendete Messverfahren, die Cyclovoltammetrie, vorgestellt. Im Anhang A findet man die Diskussion der dazugehörigen Gleichungen.

Einen weiteren Schwerpunkt dieser Arbeit stellen die in Kapitel fünf besprochenen spektroskopischen Untersuchungen der synthetisierten Porphyrine dar. Hierbei stehen Absorptions- und Fluoreszenzspektren im Mittelpunkt des Interesses. Nach einer Bereitstellung der notwendigen Begriffe wird hier der Stokes-*Shift* und die Aufspaltung der Q-Banden besprochen.

In Kapitel sechs wird die Freie Enthalpie für den möglicherweise stattfindenden Elektronentransfer aus den in Kapitel vier und fünf gemessenen elektrochemischen und spektroskopischen Daten berechnet.

Kapitel sieben gibt eine Zusammenfassung der wichtigsten Synthesen, der elektrochemischen Messungen und spektroskopischen Untersuchungen wieder.

Das letzte Kapitel dieser Arbeit beinhaltet den experimentellen Teil. Nach einer Beschreibung der verwendeten technischen Apparaturen, Lösungsmittel und Katalysatoren findet man hier alle Synthesen mit den zur Identifizierung relevanten Daten. Weiterhin sind sämtliche Messergebnisse der elektrochemischen und spektroskopischen Untersuchungen tabellarisch aufgeführt.

2

Synthesen *meso*-Aryl-substituierter Porphyrine

1939 berichtete Rothemund [73], dass er mehr als 25 verschiedene aliphatische, aromatische und heterozyklische Aldehyde mit Pyrrol **(4)** umgesetzt hatte, um daraus verschiedene Porphyrine zu erhalten.

Die Synthese von *meso*-Tetraphenylporphyrin (TPP) **(5)** wurde 1941 von Rothemund und Menotti [74] beschrieben. Sie erhitzten Benzaldehyd mit Pyrrol **(4)** unter Stickstoff auf 220 °C, wobei allerdings die Ausbeute weit unter 5 % blieb.

Schema 2.1

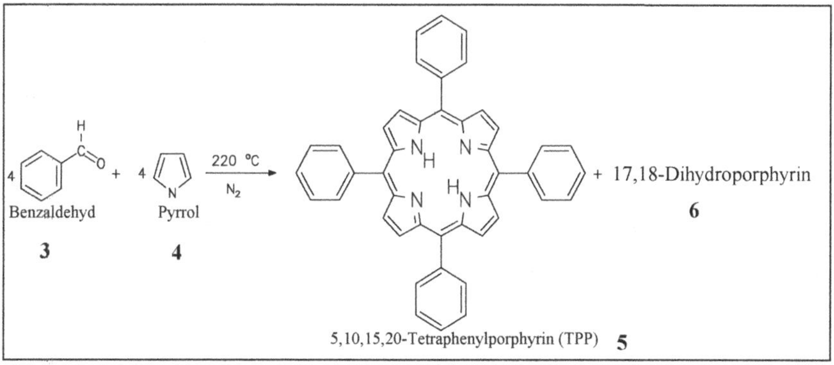

4 Benzaldehyd **3** + 4 Pyrrol **4** → (220 °C, N_2) 5,10,15,20-Tetraphenylporphyrin (TPP) **5** + 17,18-Dihydroporphyrin **6**

Außerdem entstand auch immer das korrespondierende Chlorin (17,18-Dihydroporphyrin) **(6)** als eines der Produkte. Durch Zusatz von Zinkacetat zur Reaktionsmischung konnte Ball [75] 1946 die Ausbeute des TPPs auf 10 % steigern. Adler, Longo und Shergalis [76] konnten 1964 zeigen, dass die Ausbeute an Porphyrinen noch weiter gesteigert werden kann, wenn man in saurem Medium und nicht unter Stickstoff arbeitet. 1967 verwendete Adler dann Propionsäure [77] und konnte damit die Ausbeute auf 20 % steigern.

Verwendet man statt Propionsäure Essigsäure, so kann die Ausbeute sogar auf 35 % bis 40 % gesteigert werden, allerdings ist die Reinigung der Produkte wesentlich aufwendiger als bei der Verwendung von Propionsäure. Mit dieser Methode wurde zum Beispiel das 5-(4'-Acetamidophenyl)-10,15,20-tri(4''-methylphenyl)porphyrin **(9)**, das für die Synthese der in dieser Arbeit synthetisierten azobenzolsubstituierten Porphyrine benötigt wurde, hergestellt.

Schema 2.2

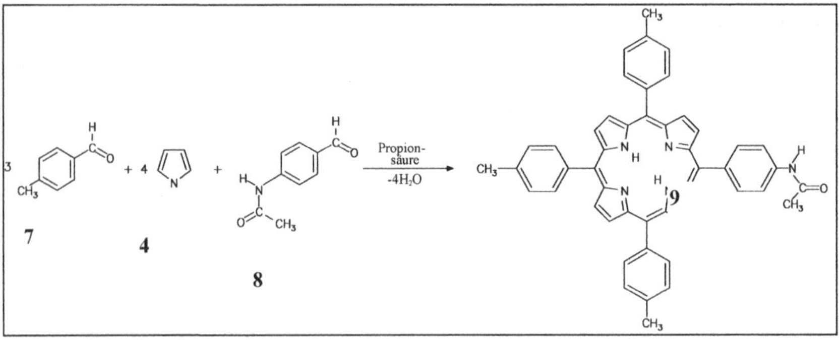

7 + 4 4 + 8 → (Propionsäure, $-4H_2O$) 9

Eine weitere wichtige Methode Aryl-substituierte Porphyrine zu synthetisieren ist das von Lindsey [78-80] entwickelte Verfahren. Auch hier werden Aldehyde direkt mit Pyrrolen kondensiert. Die Reaktion wird in Dichlormethan bei Raumtemperatur in einer Stickstoffatmosphäre durchgeführt.

Dabei entsteht zunächst ein Porphyrinogen, das durch Zugabe eines Oxidationsmittels, wie zum Beispiel p-Chloranil **(12)** oder 2,3-Dichlor-5,6-dicyano-p-benzochinon (DDQ), zum Porphyrin oxidiert wird.

Schema 2.3

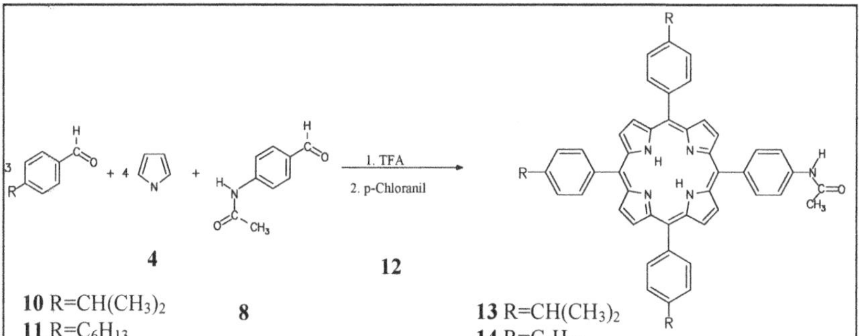

1. TFA
2. p-Chloranil

4 **12**

10 R=CH$(CH_3)_2$
11 R=C_6H_{13}

8

13 R=CH$(CH_3)_2$
14 R=C_6H_{13}

Mit diesem Verfahren wurden das 5-(4'-Acetamidophenyl)-10,15,20-tri(4''-isopropyl-phenyl)porphyrin **(13)** und das 5-(4'-Acetamidophenyl)-10,15,20-tri(4''-hexylphenyl)-porphyrin **(14)** hergestellt, die als Ausgangsverbindungen für die Synthese der verschiedenen Diporphyrine benötigt wurden.

Die letzte hier genannte Methode zur Synthese *meso*-Aryl-substituierter Porphyrine ist die Kondensation von Aldehyden mit Dipyrromethanen. Die Reaktion kann in Methanol bei Anwesenheit von p-Toluolsulfonsäure durchgeführt werden, wobei zunächst das Porphyrinogen entsteht, dass durch DDQ zum Porphyrin oxidiert wird [81,82].

3

Azosubstituierte Benzolderivate

3.1 Methoden zur Synthese azosubstituierter Benzolderivate

Die einfachste aromatische Azoverbindung ist das Azobenzol, die Stammsubstanz der Azofarbstoffe, welche durch **Reduktion von Nitrobenzol** mit Natriumamalgam oder Lithiumaluminiumhydrid oder Zink in alkalischer Lösung [83,84] hergestellt werden kann.

Eine weitere Möglichkeit, Azobenzol herzustellen, ist die **Oxidation von Hydrazobenzol** mit Natriumhypobromidlösung (NaOBr). Allgemein können N,N-Diarylhydrazine durch eine Vielzahl verschiedener Oxidationsmittel zu Azoverbindungen oxidiert werden. Man kann zum Beispiel auch Quecksilberoxid [85] (HgO), Kaliumhexacyanoferrat [86] ($K_3Fe(CN)_6$) unter speziellen 2-Phasen-Bedingungen, Mangandioxid [87] (MnO_2) oder Kupferchlorid [88] (CuCl) verwenden.

Auch die **Mills-Reaktion**, die Kondensation von Nitrosobenzol mit Anilin in Essigsäure, ist eine sehr effektive Methode, um Azobenzolderivate herzustellen. Auf diese Weise kann man sowohl symmetrisch, als auch unsymmetrisch substituierte Azoverbindungen [89] erhalten.

Auch primäre aromatische Amine können direkt zu Azoverbindungen oxidiert werden. Es können verschiedene Oxidationsmittel verwendet werden wie zum Beispiel Mangandioxid [90-92] (MnO_2), Bleitetraacetat ($Pb(CH_3CO_2)_4$), Sauerstoff in Gegenwart einer Base, Bariumpermanganat [93] ($Ba(MnO_4)_2$) oder Natriumperborat in Essigsäure.

Schema 3.1

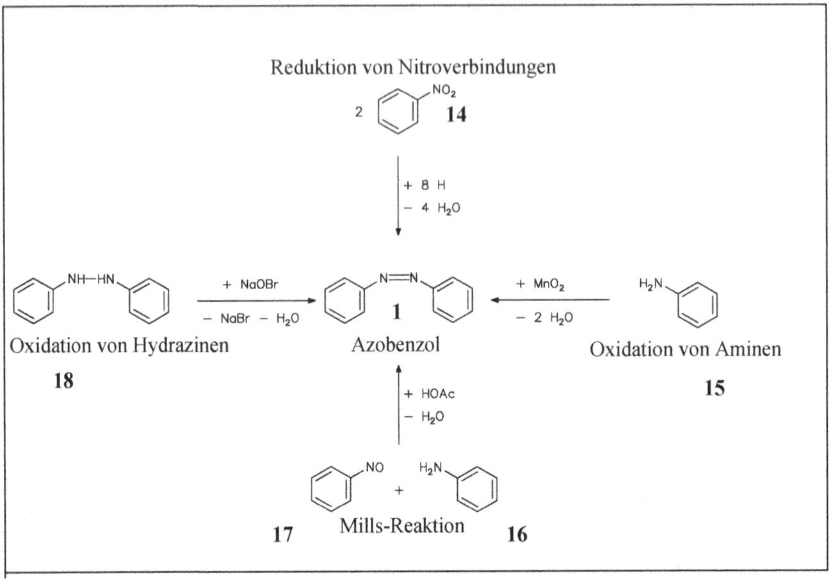

Reduktion von Nitroverbindungen

2 $C_6H_5NO_2$ **14**

$+ 8\ H$, $- 4\ H_2O$

Oxidation von Hydrazinen **18**: C_6H_5–NH–HN–C_6H_5 $\xrightarrow[- NaBr\ - H_2O]{+ NaOBr}$ **1** Azobenzol (C_6H_5–N=N–C_6H_5) $\xleftarrow[- 2\ H_2O]{+ MnO_2}$ H_2N–C_6H_5 Oxidation von Aminen **15**

$+ HOAc$, $- H_2O$

17 C_6H_5NO + H_2N–C_6H_5 **16**

Mills-Reaktion

In Schema 3.1 sind diese Methoden zusammengefasst, und in Schema 3.2 ist der Mechanismus der Azokupplung dargestellt. Bei der Umsetzung primärer aromatischer Amine mit salpetriger Säure bei 0 °C (Mineralsäure und Natriumnitrit) entstehen die entsprechenden Diazoniumsalze. Wegen ihrer Instabilität werden die Diazoniumsalze selten isoliert, sondern in wässriger Lösung bei 0 °C gleich weiter verarbeitet.

In der Diazoniumgruppe kann das endständige Stickstoffatom ähnlich wie ein Br^+-Ion oder ein NO_2^+-Ion ein aromatisches System elektrophil angreifen. Die Geschwindigkeit einer solchen Kupplungsreaktion hängt im Wesentlichen von zwei Faktoren ab:

- Durch elektronenliefernde Substituenten ($-NH_2$, $-NR_2$ oder $-O^-$) an der Kupplungskomponente wird ihre Nucleophilie erhöht und somit ihre Kupplungsfähigkeit. (+*M*-Effekt)

- Elektronenziehende Substituenten ($-NO_2$, -CN oder $-SO_3H$) an der Diazoniumkomponente positivieren den endständigen Stickstoff und vergrößern die Elektrophilie der Diazoniumkomponente und damit ihre Kupplungsfähigkeit. (-*M*- ,-*I*-Effekt)

Schema 3.2

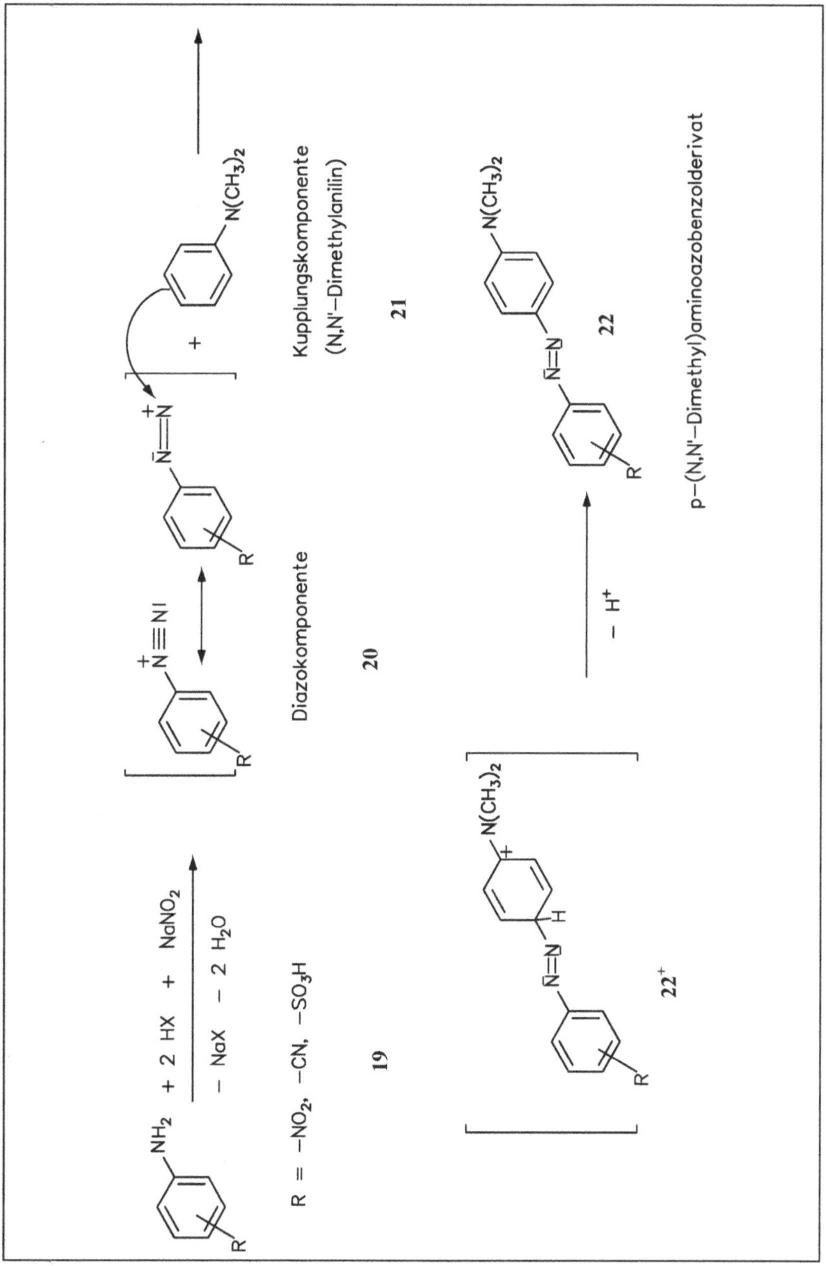

R NH_2 $+ 2\ HX + NaNO_2$

$- NaX - 2\ H_2O$

$R = -NO_2,\ -CN,\ -SO_3H$

19

R $\overset{+}{N}\equiv N|$ ⟷ R $\bar{N}=\overset{+}{N}$

Diazokomponente

20

+ $N(CH_3)_2$

Kupplungskomponente
(N,N'–Dimethylanilin)

21

R $\bar{N}=\bar{N}$ H $\overset{+}{}N(CH_3)_2$

22^+

$- H^+$

R $\bar{N}=\bar{N}$ $N(CH_3)_2$

22

p–(N,N'–Dimethyl)aminoazobenzolderivat

Diazoniumsalze kuppeln auch mit Verbindungen, die aktive Methylengruppen [94,95] besitzen, wie zum Beispiel Acetessigester oder Malonester, jedoch lagern sich die primär entstehenden Azoverbindungen sogleich in die tautomeren Arylhydrazone um.

Wie in Schema 3.3 zu sehen ist, kann man durch Kupplung eines Diazoniumions mit einem primären Amin in schwach saurer Lösung Diazoaminoverbindungen (N-Kupplung) erhalten.

Schema 3.3

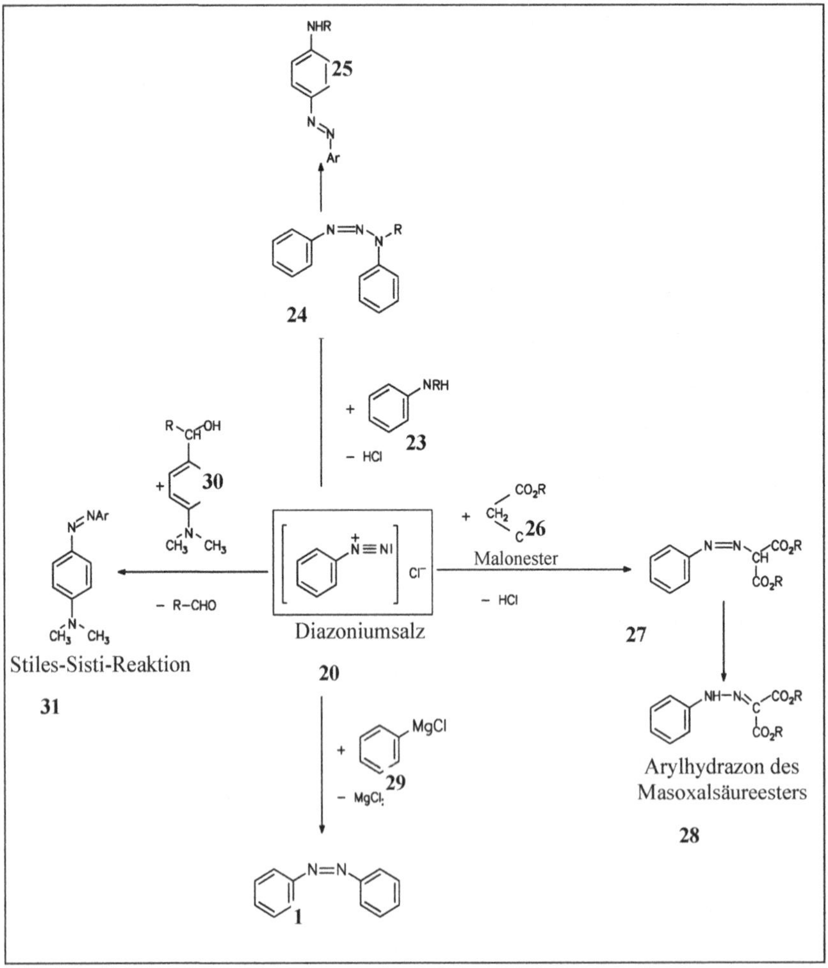

Diazoniumsalz 20

Malonester 26

Stiles-Sisti-Reaktion 31

Arylhydrazon des Masoxalsäureesters 28

Charakteristisch für Diazoaminoverbindungen ist ihre leicht erfolgende Umlagerung in Aminoazoverbindungen. Die Umlagerung verläuft intermolekular [96], das heißt, es erfolgt primär eine Spaltung in Diazoniumsalz und Anilin und anschließend eine normale C-Kupplung.

Die Umlagerung von aromatischen Triazenen kann zur Synthese von azosubstituierten primären oder sekundären Aminen [97] verwendet werden. Die Umlagerung der Triazene erfolgt durch Säure. Es entsteht immer das *para*-Produkt, es sei denn, die Position ist schon besetzt.

Eine weitere Methode, die **Stiles-Sisti-Reaktion**, ist in Schema 3.3 gezeigt. Bei Aromaten, die eine α-Hydroxyalkylgruppe besitzen kann diese durch ein Diazoniumsalz substituiert werden, wenn der Aromat in *para*-Position eine Dialkylaminogruppe trägt. Diese Methode wird hauptsächlich zur Synthese von Aldehyden [98,99] und Ketonen [100] verwendet.

Auch metallorganische Verbindungen, wie zum Beispiel Aryl-Zink, Aryl-Quecksilber [101] oder Grignard-Verbindungen [102], können mit Diazoniumsalzen umgesetzt werden, und man erhält Azoverbindungen. In Schema 3.3 wird zum Beispiel das Diazoniumion mit einer Grignard-Verbindung umgesetzt.

Behandelt man Diazoniumsalze mit Kupfer-(I)-Salzen oder mit Kupfer und Säuren (**Gatterman-Methode**) können zwei verschiedene Produkte entstehen (Schema 3.4). Für den Fall, dass der Aromat elektronenziehende Substituenten enthält, entsteht das Diarylprodukt, für den Fall, dass die Substituenten elektronenschiebend sind, erhält man das Azoprodukt.

Schema 3.4

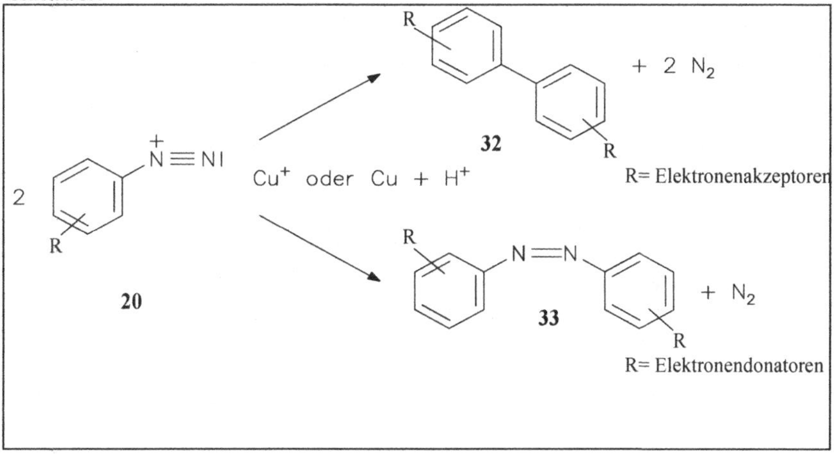

2 **20** $\xrightarrow{Cu^+ \text{ oder } Cu + H^+}$ **32** + 2 N_2 (R= Elektronenakzeptoren) bzw. **33** + N_2 (R= Elektronendonatoren)

3.2 Weitere Methoden zur Synthese azobenzolsubstituierter Porphyrine

Wie schon in Kapitel zwei dieser Arbeit beschrieben wurde, ist das 5-(4'-Acetamidophenyl)-10,15,20-tri(4''-methylphenyl)porphyrin **(9)** die erste Vorstufe für die Synthese azobenzolsubstituierter Porphyrine. Um das zur Azokupplung benötigte 5-(4'-Aminophenyl)-10,15,20-tri(4''-methylphenyl)porphyrin **(34)** zu erhalten, musste die Acetgruppe abgetrennt werden. Dazu wurde, wie in Schema 3.5 zu sehen ist, das 5-(4'-Acetamidophenyl)-10,15,20-tri(4''-methylphenyl)porphyrin **(9)** mit halbkonzentrierter Salzsäure ca. 8 h unter Rückfluss erhitzt.

Schema 3.5

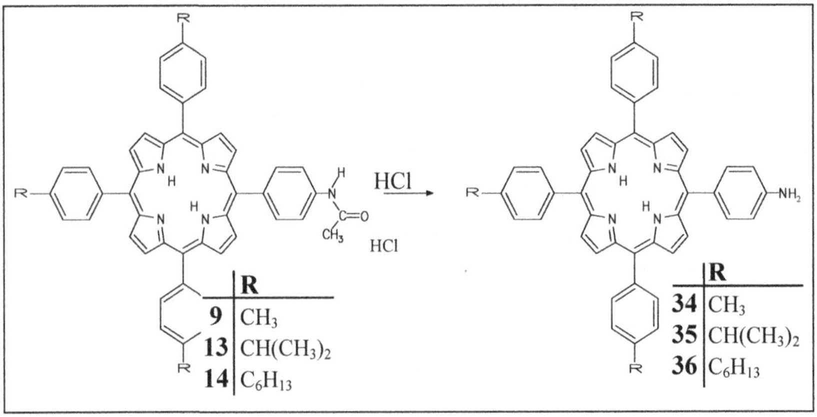

HCl →

	R
9	CH_3
13	$CH(CH_3)_2$
14	C_6H_{13}

	R
34	CH_3
35	$CH(CH_3)_2$
36	C_6H_{13}

Auch das 5-(4'-Aminophenyl)-10,15,20-tri(4''-isopropylphenyl)porphyrin **(35)** und das 5-(4'-Aminophenyl)-10,15,20-tri(4''-hexylphenyl)porphyrin **(36)** wurden mit dieser Methode hergestellt. In der Tabelle 3.1 sind die Ausbeuten für die Umsetzungen zusammengefasst.

Tab. 3.1: Ausbeuten für die Umsetzungen.

	34	35	36
Ausbeute	88 %	87 %	62 %

Da die klassische Methode, also die Umsetzung eines Amins mit salpetriger Säure zum Diazoniumsalz, für die Synthese von *meso*-azobenzolsubstituierten Porphyrinen ungeeignet ist [103] (die Ausbeuten liegen zwischen 8 % und 10 %), musste eine andere Methode angewendet werden.

Eine andere Möglichkeit ist die Umsetzung des Amins mit Isoamylnitrit in einer Mischung von Chloroform und Essigsäure (1:2.5). Diese Methode wurde von Syrbu, Semeikin und Berezin 1990 für die Synthese des 4-Hydroxy-4'-[10'',15'',20''-tri(4'''-phenyl)-5''-porphyrinyl]azobenzol angewendet. Sie konnten das Porphyrin in einer Ausbeute von 38 % isolieren [104]. Allerdings wurden lediglich die Absorptionsdaten für diese Verbindung angegeben.

Als besser geeignet erwies sich die Diazokupplung unter Zwei-Phasen-Bedingungen, deren Mechanismus in Schema 3.6 [105,106] dargestellt ist. Als Phasen-Transfer-Katalysator (PTK) verwendet man das in Abbildung 3.1 gezeigte Tetrakis[3,5-bis-(trifluoromethyl)phenyl]borat-Ion ($TFPB^-$) **(37)**.

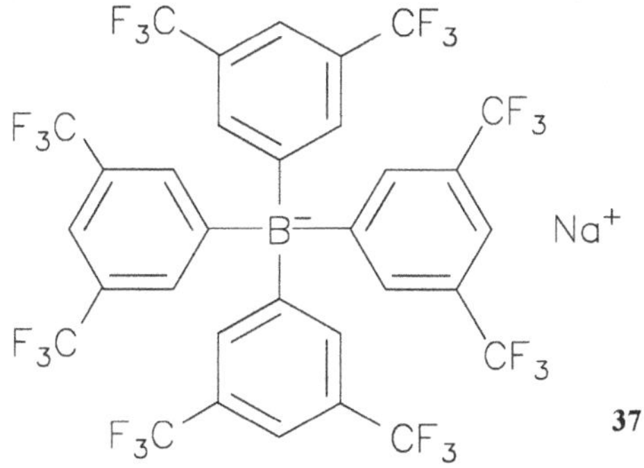

Abb. 3.1: Tetrakis[3,5-bis(trifluoromethyl)phenyl]borat-Ion **(37)**

Dazu wird zunächst das 5-(4'-Aminophenyl)-10,15,20-tri(4''-methylphenyl)porphyrin **(34)** in einem Zwei-Phasen-System aus Dichlormethan und 0.5 M Schwefelsäure mit Natriumnitrit und dem Phasen-Transfer-Katalysator versetzt und intensiv gerührt.

In der wässrigen Phase entsteht salpetrige Säure. Durch Autoprotolyse entsteht zunächst das Nitrosylkation NO^+. In der organischen Phase kann dann das Tetrakis[3,5-bis(trifluoromethyl)phenyl]borat-Ion **(37^+)** mit dem Nitrosylkation einen Katalysatorkomplex eingehen und so in die Reaktion eingreifen.

Ein weiterer Vorteil dieser Reaktion ist die Verwendung von Dichlormethan als Lösungsmittel, da die Löslichkeit sowohl der Edukte als auch der Produkte in Dichlormethan sehr groß ist. Findet die Azokupplung in wässriger Phase statt, so kann das

Diazoniumion leicht hydrolysiert werden. Diese Störung wird durch Anwendung eines Phasen-Transfer-Katalysators verhindert. Außerdem liegt das Diazoniumion in der organischen Phase als nacktes Ion vor, wodurch der Angriff des Nukleophils erleichtert wird.

Das Nitrosylkation kann nun mit dem 5-(4'-Aminophenyl)-10,15,20-tri(4''-methylphenyl)porphyrin **(34)** unter Bildung des entsprechenden Diazoniumsalzes reagieren, wobei das Tetrakis[3,5-bis(trifluoromethyl)phenyl]borat-Ion **(37^+)** als Gegenion dient.

Anschließend wird die Kupplungskomponente, in Schema 3.6 das N,N'-Dimethylanilin **(21)**, zur Lösung gegeben, und es erfolgt die Diazokupplung.

Das Tetrakis[3,5-bis(trifluoromethyl)phenyl]borat-Ion **(37^+)** kann dann erneut ein Nitrosylkation komplexieren. Für diese Umsetzung wird der Phasen-Transfer-Katalysator also nur in katalytischen Mengen benötigt.

Die Reaktionszeiten dieser Zwei-Phasen-Reaktion wurden durch die Reaktivität der eingesetzten Kupplungskomponenten bestimmt. Mit dieser Methode konnten die in Schema 3.7 angegebenen azobenzolsubstituierten Monoporphyrine synthetisiert werden.

Die Ausbeuten dieser Umsetzungen waren höher als für die Umsetzungen nach der klassischen Methode. In der Tabelle 3.2 sind die Ausbeuten für die Umsetzungen zusammengefasst.

Tab. 3.2: Ausbeuten für die Umsetzungen von Trimethoxybenzol **(41)**, Phenol **(42)** und N,N'-Dimethylanilin **(21)** mit dem 5-(4'-Aminophenyl)-10,15,20-tri(4''-methylphenyl)porphyrin **(34)**.

	43	**44**	**39**
A	10 %	-	8 %
B	53 %	38 %	42 %

A) Klassische Methode

B) Kupplung unter Zwei-Phasen-Bedingungen

Es konnten jedoch nur solche Aromaten umgesetzt werden, die elektronenschiebende Substituenten tragen, denn der Porphyrinmakrozyklus als Substituent der Diazoniumkomponente, ist nicht in der Lage, den endständigen Stickstoff so stark zu positivieren, dass auch weniger reaktive Kupplungskomponenten reagieren.

Eine andere Möglichkeit, die im Rahmen dieser Arbeit entwickelt worden ist, um azobenzolsubstituierte Porphyrine herzustellen, soll im nächsten Abschnitt vorgestellt werden.

Schema 3.6

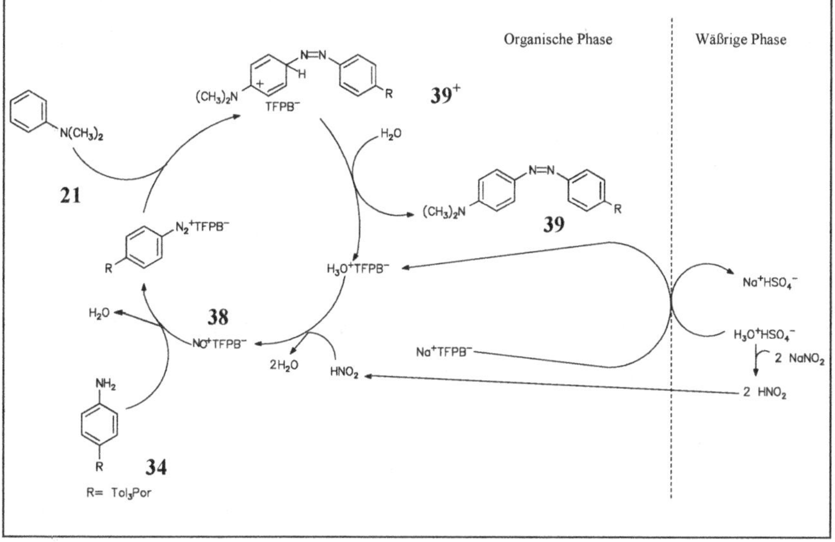

Organische Phase | Wäßrige Phase

R= Tol_3Por

Schema 3.7

1. $NaNO_2/HCl$ (PTK)

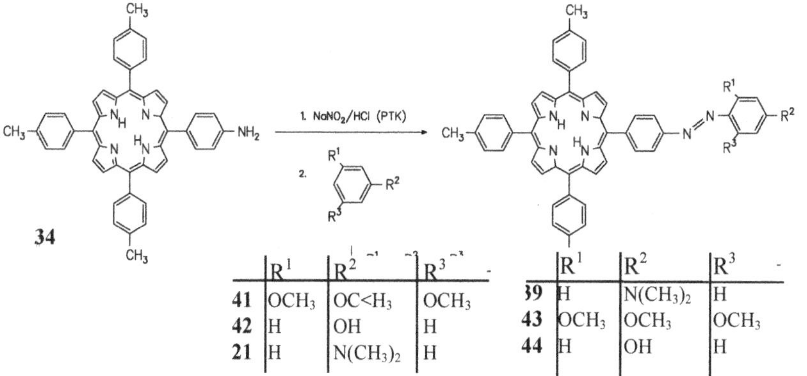

	R^1	R^2	R^3
41	OCH_3	OCH_3	OCH_3
42	H	OH	H
21	H	$N(CH_3)_2$	H

	R^1	R^2	R^3
39	H	$N(CH_3)_2$	H
43	OCH_3	OCH_3	OCH_3
44	H	OH	H

Hier werden zwei unterschiedliche Amine in Gegenwart von aktiviertem Mangandioxid miteinander gekoppelt. Nachteil dieser Reaktion ist allerdings, dass man als Nebenprodukt natürlich auch immer das entsprechende Diporphyrin, das 4,4'-Bis[5-(10,15,20-tri(4''-methylphenyl))porphyrinyl]azobenzol erhält, so dass die Ausbeuten der azobenzolsubstituierten Monoporphyrine nicht so hoch sind wie die Ausbeuten bei den Synthesen der reinen Diporphyrine. Die Methode wird im nächsten Abschnitt bei der Synthese der symmetrischen Diporphyrine genauer beschrieben.

In Abbildung 3.2 sind die beiden azobenzolsubstituierten Monoporphyrine, die mit dieser Methode hergestellt worden sind, abgebildet.

Das 4-Nitro-4'-[10'',15'',20''-tri(4'''-methylphenyl)-5''-porphyrinyl]azobenzol **(45)** konnte mit einer Ausbeute von 18 % isoliert werden und das 4-Brom-4'-[10'',15'',20''-tri(4'''-methylphenyl)-5''porphyrinyl]azobenzol **(46)** wurde mit einer Ausbeute von 35 % hergestellt.

Auch die Mills-Reaktion, die Umsetzung eines Amins mit einer Nitrosoverbindung in Essigsäure, hat sich zur Synthese azobenzolsubstituierter Porphyrine als geeignet erwiesen. Es konnten auch solche Arene umgesetzt werden, die keine Substituenten hatten, welche ihre Nucleophilie erhöhten.

In Schema 3.8 ist die Reaktion von Nitrosobenzol **(17)** mit dem 5-(4'-Aminophenyl)-10,15,20-tri(4''-methylphenyl)porphyrin **(34)** dargestellt.

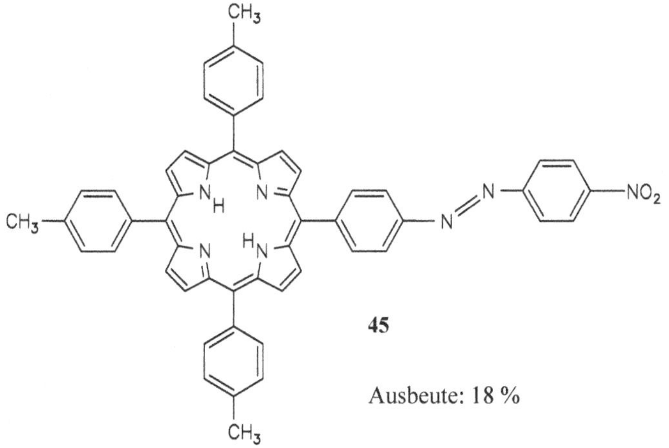

45

Ausbeute: 18 %

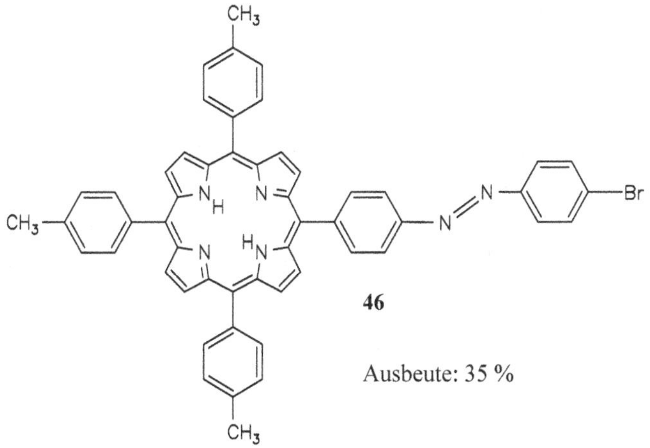

46

Ausbeute: 35 %

Abb. 3.2: Azobenzolsubstituierte Monoporphyrine, die durch Kupplung mit aktiviertem Mangandioxid hergestellt wurden. **a)** 4-Nitro-4'-[10'',15'',20''-tri(4'''-methylphenyl)-5''-porphyrinyl]azobenzol **(45)** und **b)** 4-Brom-4'-[10'',15'',20''-tri(4'''-methylphenyl)-5''-porphyrinyl]azobenzol **(46)**.

Schema 3.8

34 + 17 —Essigsäure→ 47

Mills-Reaktion

Das 5-(4'-Aminophenyl)-10,15,20-tri(4''-methylphenyl)porphyrin **(34)** wurde in Eisessig gelöst und unter Stickstoff auf 40 °C erhitzt. Anschließend wurde Nitrosobenzol **(17)** zur Lösung gegeben und die Lösung 2 h auf 70 °C erhitzt. Dann wurde die Lösung quasistatisch auf Raumtemperatur abgekühlt ($\Delta\vartheta/\Delta t \approx 5$ °C/h). Das 4'-[10'',15'', 20''-Tri(4'''-methyl)-5''-porphyrinyl]azobenzol **(47)** konnte mit einer Ausbeute von 61 % isoliert werden.

Symmetrische azobenzolverbrückte Diporphyrine lassen sich in sehr guten Ausbeuten durch Oxidation der entsprechenden Amine mit aktiviertem Mangandioxid herstellen [107]. Durch die Umsetzungen von 5-(4'-Aminophenyl)-10,15,20-tri(4''-methylphenyl)porphyrin **(34)**, 5-(4'-Aminophenyl)-10,15,20-tri(4''-isopropylphenyl)porphyrin **(35)** und 5-(4'-Aminophenyl)-10,15,20-tri(4''-hexylphenyl)porphyrin **(36)** mit aktiviertem Mangandioxid konnten die entsprechenden Diporphyrine mit sehr guten Ausbeuten isoliert werden. Für das 4,4'-Bis[5-(10,15,20-tri(4''-methylphenyl))porphyrinyl]azobenzol **(48)** betrug die Ausbeute 60 %, für das 4,4'-Bis[5-(10,15,20-tri(4''-isopropylphenyl))porphyrinyl]azobenzol **(49)** 63 % und für das 4,4'-Bis[5-(10,15,20-tri(4''-hexylphenyl))porphyrinyl]azobenzol **(50)** 84 %.

Das Mangandioxid wurde durch Umsetzung von Mangansulfat mit Kaliumpermanganat in alkalischer Lösung hergestellt und dann anschließend durch zwölfstündiges Trocknen bei ca. 110 °C aktiviert.

Zur Umsetzung werden die Amine mit ungefähr zehn Äquivalenten Mangandioxid versetzt und in Chloroform am Wasserabscheider erhitzt. Diese Methode wird in Schema 3.9 dargestellt.

Für diese Umsetzung konnte man kein Dichlormethan als Lösungsmittel verwenden, da die Löslichkeit der entstandenen Diporphyrine in Dichlormethan ($c < 10^{-5}$ mol/l) so gering war, dass sich die Abtrennung des im Überschuss eingesetzten Mangandioxids äußerst schwierig gestaltete. Die Löslichkeit der entstandenen Diporphyrine war aber nicht nur in Dichlormethan sehr klein, sondern auch in anderen Lösungsmitteln wie zum Beispiel Diethylether, Tetrahydrofuran, Toluol oder Ethylacetat. In höheren Konzentrationen ließen sich die hergestellten Diporphyrine nur in Chloroform lösen. Diese Tatsache führte auch dazu, dass die Reinigung der Diporphyrine nur in Chloroform möglich war. Die Umkristallisation, die bei den azobenzolsubstituierten Monoporphyrinen aus Methanol erfolgte, war bei den Diporphyrinen nur aus Chloroform mit ca. 0.2 % Hexan möglich.

Schema 3.9

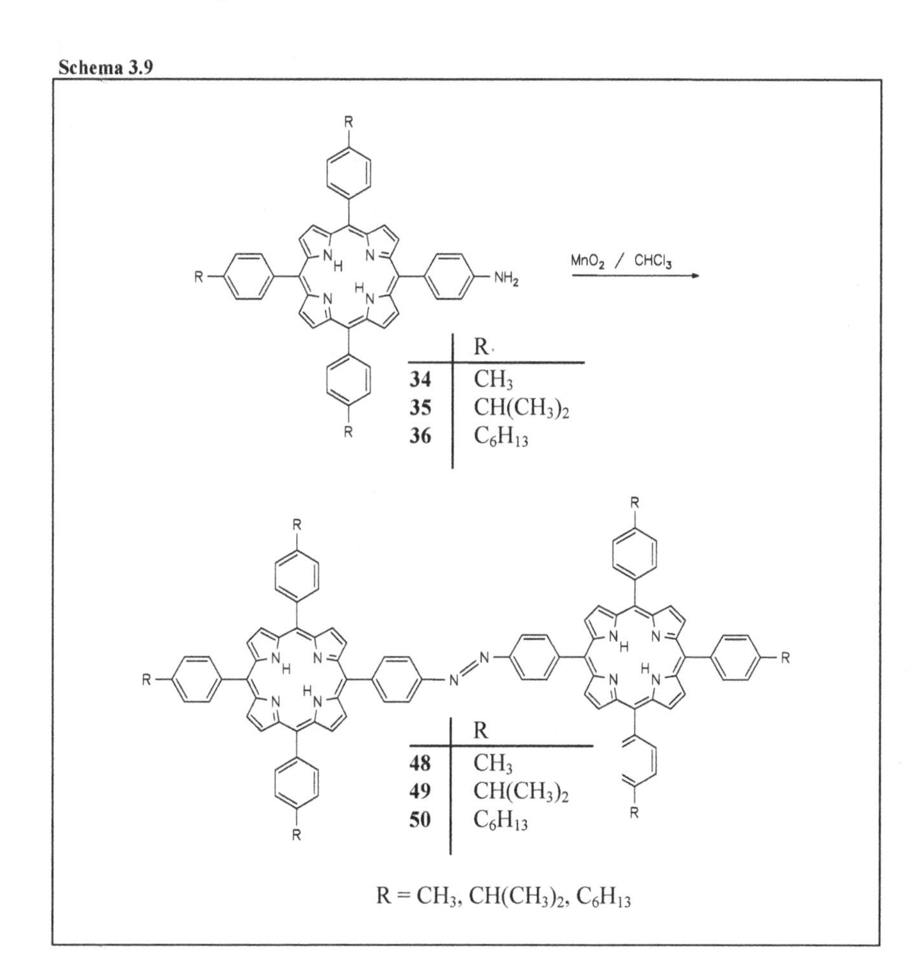

Die geringe Löslichkeit der einzelnen Diporphyrine führte auch dazu, dass sich die Aufnahme von ^{13}C-NMR-Spektren äußerst schwierig gestaltete. Die Löslichkeit konnte aber durch Variation des sich am Phenylrest befindlichen p-Substituenten verbessert werden.

Reihenfolge der Löslichkeit der verschiedenen Diporphyrine

4,4'-Bis[5-(10,15,20-tri(4''-toyl))porphyrinyl]azobenzol
4,4'-Bis[5-(10,15,20-tri(4''-isopropylphenyl))porphyrinyl]azobenzol
4,4'-Bis[5-(10,15,20-tri(4''-hexylphenyl))porphyrinyl]azobenzol

3.3 Einsatz azosubstituierter Benzolderivate

Technische Anwendungen findet die Substanzklasse der Azoverbindungen in der Farbstoffindustrie. Infolge der Variationsbreite der Diazoniumkomponenten und der Kupplungskomponenten hat die Zahl der Azofarbstoffe, die der anderen Farbstoffklassen bei weitem überflügelt. Mit Azofarbstoffen lassen sich fast alle Farbnuancen einstellen und die meisten Textilfasern anfärben und bedrucken [108].

Bei der Baumwollveredelung spielen Substantivfarbstoffe eine hervorragende Rolle. Bei Chemiefasern besteht die Möglichkeit, unlösliche Farbpigmente in die Spinnmasse zu geben und somit eine echte Färbung zu erreichen.

Azobenzolderivate werden als hochdichte optische Speicher und molekulare Schalter [109-111] eingesetzt. Auf Grund ihrer photochromen Reversibilität in Lösung kann man viele Azobenzolderivate leider nur einsetzten, wenn sie gebunden sind, beispielsweise in einer festen Matrix [112].

Bindet man die Azobenzoleinheit an einen konkaven Farbstoff, so bildet sich eine Wirtsverbindung mit einem Chromophor, die in der Lage ist, kleinere neutrale organische Moleküle zu komplexieren [113]. Das Azobenzol ist in der Lage, durch Bestrahlung mit längerwelligem Licht, photochemisch schnell von der *E*- in die *Z*-Konfiguration zu isomerisieren und thermisch wieder in die stabilere *E*-Konfiguration rückzuisomerisieren. Hierbei ändert sich die Hohlraumgeometrie [114] des Farbstoffes.

Ein weiteres Beispiel für die Bildung von Azobenzolderivaten als Wirtsverbindungen sind auch die ionenselektiven Farbstoffkronenether [115-119]. Diese farbigen Ionophore eignen sich zum Beispiel zum Studium des Ionentransportes durch lipophile

Schichten wie biologische Membranen [120,121]. Man könnte so die Art und Konzentration physiologisch wichtiger Ionen, etwa in Geweben, einfach colorimetrisch bestimmen. Für den medizinisch-diagnostischen Bereich wären zum Beispiel Kalium-, Natrium-, Magnesium- und Calcium-Ionen spezifische Farbstoffindikatoren von sehr hohem Wert.

Kronenether mit Azobenzoleinheiten oder Anthracen werden aber auch als Modellsubstanzen für mechanistische Untersuchungen und zur Aufklärung bestimmter Reaktionen verwendet [122-124]. Das Azobenzol beziehungsweise das Anthracen fungieren hierbei als eine Art Photonenantenne, die durch ihre Isomerisierung eine Veränderung der chemischen und physikalischen Eigenschaften hervorruft [125-127]. Neben Kronenethern werden auch Cyclodextrine [128-130] oder andere Verbindungen [131,132] mit Azobenzoleinheiten verknüpft, um Wirtsverbindungen mit verschieden großen Hohlräumen herzustellen.

Aber auch in der Kunststoffindustrie werden aromatische Azoverbindungen eingesetzt. Sie können zum Beispiel als Rückrad verschiedener Polymere eingesetzt werden [133] wie Polyester [134], Polyamide [135], Polysilikone, Polycarbonate [136] oder auch Polyurethane. Ihre Synthesen und Anwendungen sind sehr vielfältig. Azopolymere können zum Beispiel Flüssigkristalle [137-140] sein, die nichtlineare optische Eigenschaften [141] besitzen, wie zum Beispiel lichtinduzierter Dichroismus und Doppelbrechnung.

Welchen Einfluss eine Konformationsänderung durch eine photochemische Isomerisierung auf die Eigenschaften von Azopolymeren oder Lösungen dieser Azopolymeren hat, wurde 1989 eingehend von Kumar und Neckers untersucht [141]. Interessant sind diese Azopolymere aber natürlich auch wegen ihrer leuchtenden Farben und hohen Farbbeständigkeit.

4 Elektrochemie

In einer chemischen Reaktion werden Stoffe miteinander umgesetzt. Bei Oxidations- und Reduktionsreaktionen besteht die primäre Aufgabe eines Reagenzes in der Aufnahme oder Abgabe von Elektronen. Diese Aufgabe kann auch ein Stück eines chemisch inerten, leitenden Materials übernehmen, das in eine Lösung des Substrats eintaucht: eine Elektrode.

4.1 Grundlagen

Verbunden mit einem Pol einer Spannungsquelle werden Elektroden je nach den experimentellen Bedingungen zu Elektronenquellen oder zu Elektronensenken. Eine Elektrode verhält sich also genauso wie ein Reagens, das während einer Reaktion nicht verändert wird. Da in der klassischen Chemie häufig Schwermetallsalze als Oxidationsmittel verwendet werden, ist die Anwendung der Elektrochemie in der Synthese auch aus der Sicht des Umweltschutzes sehr interessant.

Man kann also mit Hilfe von Elektroden chemische Reaktionen ausführen. Dabei entstehen zunächst durch Elektronenübertragung zwischen einem Substratmolekül und der Elektrode reaktive Zwischenstufen (zum Beispiel Radikale, Radikalanionen oder Radikalkationen), die zu den Endprodukten weiterreagieren.

Soll ein Stoff elektrochemisch umgesetzt werden, müssen Elektronen vom Substrat auf die Elektrode oder umgekehrt übertragen werden. Es fließt also ein elektrischer Strom, der natürlich nur aufrechterhalten werden kann, wenn der Stromkreis geschlossen ist. Die Elektronen, die beispielsweise im Falle einer elektrochemischen Oxidation von der Arbeitselektrode aufgenommen werden, müssen über den Stromkreis wieder in die

Lösung zurückfließen können, damit die Elektroneutralität nicht verletzt wird. Man benötigt also auf jeden Fall eine zweite Elektrode, die den Stromkreis schließt, die Gegenelektrode.

Legt man nun eine Spannung (Klemmenspannung $\mathbf{U_K}$) zwischen der Arbeits- und der Gegenelektrode an, verursacht diese einen Strom, der durch die Lösung fließt. Die Klemmenspannung allein ist jedoch nicht von Interesse, vielmehr suchen wir nach dem Anteil der angelegten Spannung, der die elektrochemische Reaktion beeinflusst. Dieser Anteil ist die Spannung, die über der Phasengrenze zwischen Arbeitselektrode und Lösung liegt. Sie wird im Weiteren mit der Potenzialdifferenz **E** bezeichnet.

In der Lösung selbst kommt es natürlich auch zu einem Spannungsabfall, der vom Widerstand **R** der Lösung und dem fließenden Strom **I** abhängt. Damit dieser Spannungsabfall über dem Elektrolyten (**IR**) klein bleibt, ist es üblich, Leitsalz zu verwenden.

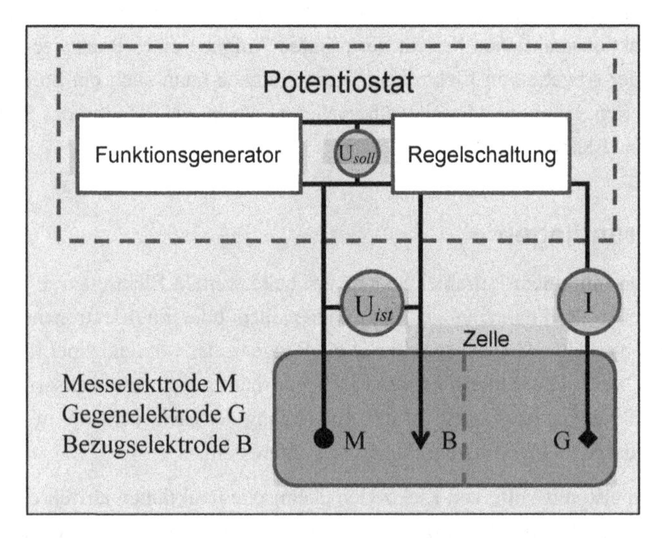

Abb. 4.1: 3-Elektroden-Anordnung zur Kompensation der Gegenspannung.

Weiterhin liegt zwischen der Gegenelektrode und der Lösung eine Spannung an, die Gegenspannung $\mathbf{U_{Gegen}}$ genannt wird und nichts zu den elektrochemischen Vorgängen an der Arbeitselektrode beiträgt. Gleichung 4.1 spiegelt die Beziehung zwischen den auftretenden Spannungen wider.

$$E = U_K - I\,R - U_{Gegen} \tag{4.1}$$

Um die Gegenspannung $\mathbf{U_{Gegen}}$ zu kompensieren und um außerdem für die Potenzialdifferenz **E** einen konstanten Bezugspunkt zu besitzen, verwendet man die in Abbildung 4.1 gezeigte 3-Elektroden-Anordnung.

Am Eingang der potentiostatischen Regelschaltung wird die zwischen Messelektrode (**M**) und einer eingeführten Bezugselektrode (**B**) bestehende Potenzialdifferenz ($\mathbf{U_{ist}}$) mit einer Soll-Spannung verglichen. Die Soll-Spannung ($\mathbf{U_{soll}}$) wird durch einen Funktionsgenerator vorgegeben. Besteht ein Unterschied zwischen Ist- und Soll-Spannung, so gleicht die potentiostatische Regelschaltung die Ist-Spannung der vorgegebenen Soll-Spannung an. Das auf die Bezugselektrode bezogene Potenzial entspricht damit stets dem vorgegebenen Soll-Spannungswert. Das Ersatzschaltbild einer 3-Elektroden-Messanordnung ist in Abbildung 4.2 schematisch illustriert.

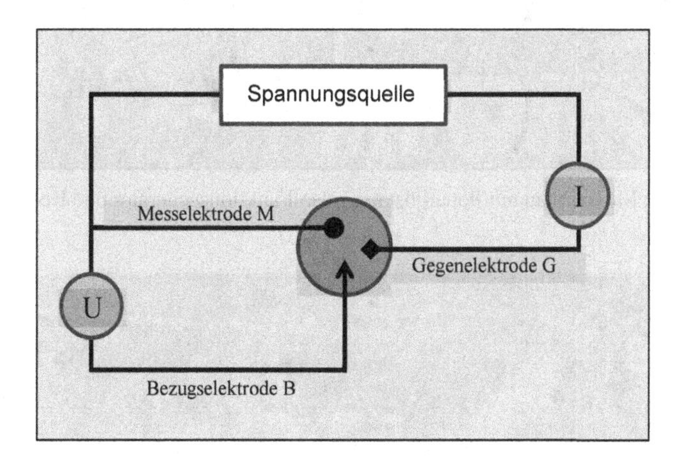

Abb. 4.2: Ersatzschaltbild der 3-Elektroden-Messanordnung [142].

Mit dieser Anordnung misst man neben dem durch den Stromkreis der Messelektrode (**M**) und der Gegenelektrode (**G**) fließenden Strom **I** auch die Spannung zwischen der Messelektrode und der Bezugs- oder Vergleichselektrode (**B**), die nicht vom Strom durchflossen wird. Man verwendet als Bezugselektrode vorzugsweise eine nichtpolarisierbare Elektrode, deren Potenzial sich unter Stromfluss nur wenig ändert. Dass die Bezugselektrode stromlos bleibt, wird durch den Potentiostaten gewährleistet. Dieser regelt elektronisch die Spannung **U** so, dass **E** den durch die Soll-Spannungsquelle bestimmten Wert annimmt. Der Potentiostat lässt aber einen Strom nur im Gegenelektrodenstromkreis fließen, gleichzeitig bleibt **E** unabhängig vom fließenden Strom konstant.

Mit dieser 3-Elektroden-Anordnung hat man die Möglichkeit, elektrochemische Kenndaten in die elektrochemische Spannungsreihe einzuordnen. In den Abbildungen 4.3 sind der Messaufbau mit Potentiostaten, also Funktionsgenerator und Regelschaltung sowie die elektrochemische Messzelle gezeigt.

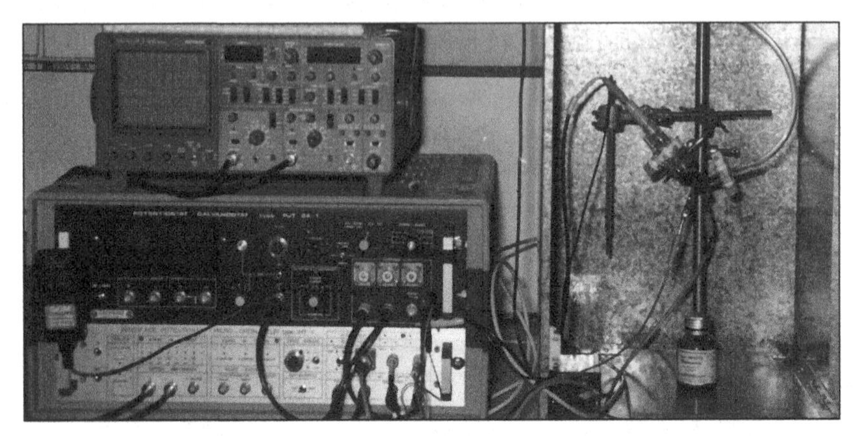

Abb. 4.3a: Messaufbau mit Potentiostaten, also Funktionsgenerator und Regelschaltung.

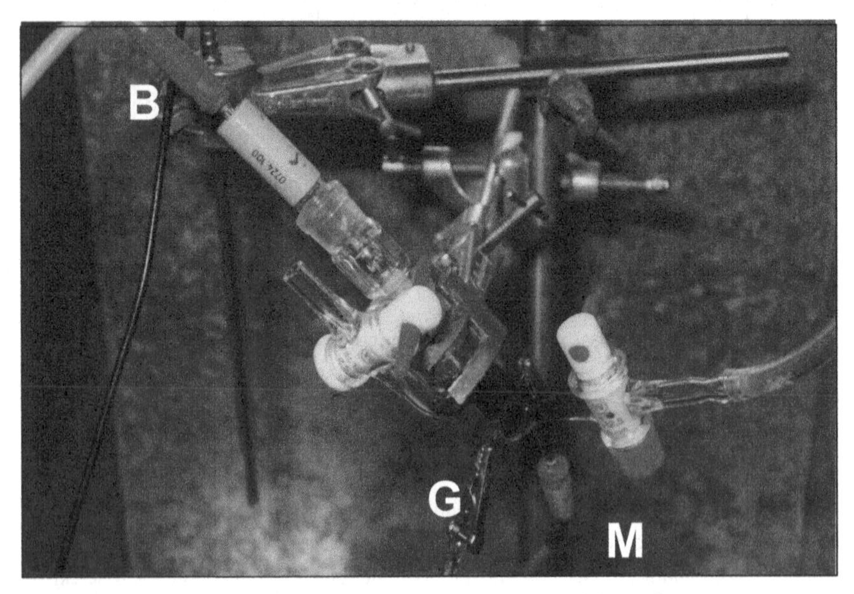

Abb. 4.3b: Elektrochemische Messzelle. **M**, **B** und **G** bezeichnen die Mess-, Bezugs-, beziehungsweise die Gegenelektrode.

4.2 Elektrochemische Messergebnisse

In diesem Abschnitt werden die elektrochemischen Messergebnisse wiedergegeben. Die dazugehörigen mathematischen Zusammenhänge sind im Anhang A.1 und A.2 dargestellt.

Meso-Tetraphenylporphyrine (TPPs) werden häufig zur Untersuchung der Chemie von Metalloporphyrinen verwendet, da sie gewöhnlich leicht herzustellen sind. Da ihre Phenyl- und Porphyrinringe jedoch sterisch erzwungen senkrecht zueinander angeordnet sind, können die elektronischen Effekte substituierter Phenylringe nur induktiv auf den Porphyrinring übertragen werden [143]. Die Redoxpotenziale verschiedener phenylsubstituierter TPPs variieren daher nur um ungefähr 130 mV [144].

In einem nichtwässrigen Lösungsmittel wird der Porphyrinmakrozyklus in zwei aufeinanderfolgenden Ein-Elektronen-Schritten [145-147] oxidiert und zwar zunächst zum Radikalkation und im nächsten Schritt zum Dikation.

Oxidation

$\text{Porphyrin} \rightleftharpoons e^- + \text{Porphyrin}^{+\bullet}$ Radikalkation

$\text{Porphyrin}^{+\bullet} \rightleftharpoons e^- + \text{Porphyrin}^{2+}$ Dikation

Auch die Reduktion des Porphyrinmakrozyklus läuft in zwei Schritten ab. Zunächst entsteht das Radikalanion und im zweiten Schritt entsteht das Dianion [148,149].

Reduktion

$\text{Porphyrin} + e^- \rightleftharpoons \text{Porphyrin}^{-\bullet}$ Radikalanion

$\text{Porphyrin}^{-\bullet} + e^- \rightleftharpoons \text{Porphyrin}^{2-}$ Dianion

Bei Metalloporphyrinen ändert sich das Halbstufenpotenzial [150] bei einer reversiblen Reaktion, Oxidation oder Reduktion des Porphyrins, mit der Elektronegativität und dem Oxidationszustand des Zentralmetallions.

In der Regel kann man sagen, dass die Reduktion des Stoffes umso schwieriger wird, je höher die π-Elektronendichte ist. Beziehungsweise, je höher die π-Elektronendichte ist, desto leichter wird auch die Oxidation dieses Stoffes. Diese These ist durch eine Vielzahl von verschiedenen Untersuchungen unterschiedlicher β- und *meso*-substituierter Porphyrine auch für diese Substanzklasse hinreichend belegt worden [151-153]. Im Weiteren sind die Messergebnisse der cyclovoltammetrischen Untersuchungen dargestellt.

Zunächst ist in der Abbildung 4.4 für die Messungen des 4-(N,N'-Dimethyl)amino-4'-[10'',15'',20''-tri(4'''-methylphenyl)-5''-porphyrinyl]azobenzol **(9)** die Peakstromdichte $\mathbf{j_{Peak}}$ gegen die Wurzel der Spannungsvorschubsgeschwindigkeit aufgetragen, um die Gültigkeit der Randles-Sevcik-Gleichung (siehe Anhang A.2, Gleichung A.11) experimentell zu überprüfen.

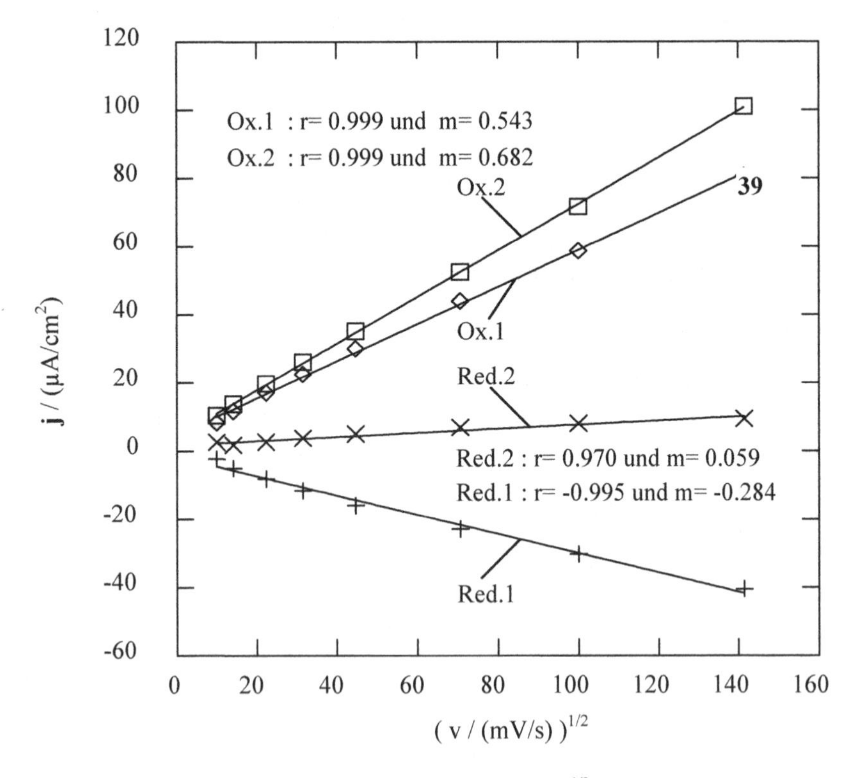

Abb. 4.4: Korrelation der Peakstromdichte $\mathbf{j_{Peak}}$ gegen $\mathbf{v^{1/2}}$. Die Steigungen m verstehen sich hier in Einheiten von $(\mu A/cm^2)/(mV/s)^{1/2}$. r: Korrelationskoeffizient.

Es sind hier die Stromdichten der vier Peak-Potenziale wiedergegeben, wobei das Potenzial zunächst in anodische Richtung durchlaufen wurde und nach Erreichen des Wendepotenzials in kathodische Richtung. Ox.1 und Red.1 bezeichnen die jeweilige Reaktion **Porphyrin** $\rightleftharpoons$ **e$^-$ + Porphyrin$^{+\bullet}$** und Ox.2 und Red.2 die jeweilige Reaktion **Porphyrin$^{+\bullet}$** $\rightleftharpoons$ **e$^-$ + Porphyrin^{2+}**.

Die Korrelationskoeffizienten der linearen Regression ergeben eine ausgezeichnete Bestätigung der Gleichung A.11. Man kann also davon ausgehen, dass es sich bei den gemessenen Vorgängen für das 4-(N,N'-Dimethyl)amino-4'-[10'',15'',20''-tri(4'''-methylphenyl)-5''-porphyrinyl]azobenzol **(39)** um reversible, diffusionskontrollierte Reaktionen handelt.

Auch für alle anderen azobenzolsubstituierten Porphyrine wurden die Stromdichten gegen $v^{1/2}$ aufgetragen. Auch hier zeigte die Korrelation, dass es sich bei den untersuchten Reaktionen um reversible, diffusionskontrollierte Prozesse handelt. In den folgenden Tabellen 4.1 und 4.2 sind die Ergebnisse der Messungen der freien Basen der Porphyrine wiedergegeben.

Die Messung der Potenziale erfolgte durch zyklische Voltammetrie mittels der oben beschriebenen 3-Elektroden-Anordnung. Als Arbeitselektrode fand eine Platin-Elektrode Verwendung. Als Gegenelektrode diente ebenfalls eine Platin-Elektrode. Als Referenzelektrode kam eine Silber/Silberchlorid-Elektrode (ges. Lithiumchlorid in Ethanol) zum Einsatz.

Die Spannungsvorschubsgeschwindigkeit für die ausgewählten Messungen beträgt 1 V/s (falls nicht anders angegeben). Als interner Standard wurde Ferrocen (Merck, zur Synthese) verwendet. Alle angegebenen Potenziale sind auf das Ferrocen/Ferrocenium-System bezogen. Die Ergebnisse der Messungen sind immer Mittelwerte aus mehreren verschiedenen Messungen unter den gleichen Konditionen. Die Potenziale können mit einer Fehlergrenze von ± 10 mV angegeben werden.

Als Leitsalze wurden Tetrabutylammoniumtetrafluoroborat (TBATFB), Tetrabutylammoniumtetrafluorophosphat (TBATFP) und Tetrabutylammoniumperchlorat (TBAPC) verwendet. Die Konzentration dieser Salze wurde jeweils zwischen 0.08 M und 0.05 M variiert.

Das Ziel dieser Untersuchungen war es, den Einfluss der Substituenten an der Azobenzoleinheit auf die Oxidations- und Reduktionspotenziale zu ermitteln.

Tab. 4.1: Halbstufenpotenziale (Oxidation) der freien Basen der Monoporphyrine **39, 43-47** gemessen gegen eine Ag/AgCl-Elektrode in Dichlormethan mit einer Spannungsvorschubsgeschwindigkeit von 1 V/s. Als Standard wurde Ferrocen verwendet. Als Leitsalz wurde TBATFB (0.05 M) verwendet.

freie Basen	$E^{1/2}_{Ox.1}$	$E^{1/2}_{Ox.2}$	ΔE_{Ox}
	in V	in V	in V
45	0.520	0.725	0.205
46	0.475	0.730	0.255
47	0.510	0.730	0.220
44	0.470	-	-
43	0.480	0.740	0.260
39	0.520	0.755	0.235

Die gemessenen Voltammogramme zeigen ein reversibles oder quasireversibles Verhalten. Die Separation zwischen dem anodischen und kathodischen Peak-Maximum beträgt zwischen 80 mV und 150 mV. Je größer die Spannungsvorschubsgeschwindigkeit gewählt wurde, desto weiter lagen das anodische und kathodische Peak-Maximum auseinander und die Reaktion kann nicht mehr als reversibel angenommen werden. Das zweite Oxidationspotenzial ist im Vergleich zum ersten Oxidationspotenzial um 205 mV bis 260 mV anodisch verschoben. Mit zunehmender Spannungsvorschubsgeschwindigkeit wird auch die Peak-Peak-Separation für den ersten und zweiten Oxidationsprozess größer. Auch das Verhältnis von anodischem zu kathodischem Peakstrompotenzial wird größer als 1. Für die meisten Systeme konnte bis zu einer Spannungsvorschubsgeschwindigkeit von 2 V/s ein reversibles Verhalten beobachtet werden.

Wird das Umkehrpotenzial so gewählt, dass es zwischen dem ersten und zweiten Oxidationspotenzial liegt, wird für fast alle azobenzolsubstituierten Porphyrine ein reversibles Verhalten beobachtet.

Für das 4-Hydroxy-4'-[10'',15'',20''-tri(4'''-methylphenyl)-5''-porphyrinyl]azobenzol **(44)** konnte nur der erste Oxidationshalbstufenpotenzial bestimmt werden. Beim zweiten Oxidationsprozess konnte nur der anodische Peak und kein kathodischer Peak registriert werden, dieses aber auch nur, wenn die Spannungsvorschubsgeschwindigkeit größer als 10 V/s war. Dieser Reaktionsschritt scheint irreversibel zu sein. Auch durch Variation der Spannungsvorschubsgeschwindigkeit war es nicht möglich, den kathodischen Peak zu registrieren.

Eine mögliche Erklärung dieses Verhaltens ist, dass nach dem zweiten Oxidationsprozess eine schnelle chemische Folgereaktion auftritt und somit die Rückreaktion, die Reduktion zum Radikalkation unmöglich macht. Es könnte also zunächst ein Elektron vom Porphyrin abgezogen werden und dann das phenolische Proton abgespalten werden. Es könnte so eine chinoide Struktur entstehen. Derartige Porphyrine sind in der Lage durch Polymerisation der radikalischen Zentren die Elektrode zu bedecken [154,155].

In Abbildung 4.5 ist das Voltammogramm des 4-Hydroxy-4'-[10'',15'',20''-tri(4'''-methylphenyl)-5''-porphyrinyl]azobenzols **(44)** dargestellt. Die Spannungsvorschubsgeschwindigkeit für diese Messung betrug **v** = 100 mV/s. Als Arbeitselektrode wurde eine Platin-Elektrode verwendet. Als Referenz diente eine Silber-Silberchlorid-Elektrode (Ag/AgCl/LiCl/ EtOH). Der Messbereich von $\mathbf{E_{Start}}$ = 0 mV bis $\mathbf{E_{Wende}}$ = 1150 mV und zurück wurde 3mal durchlaufen.

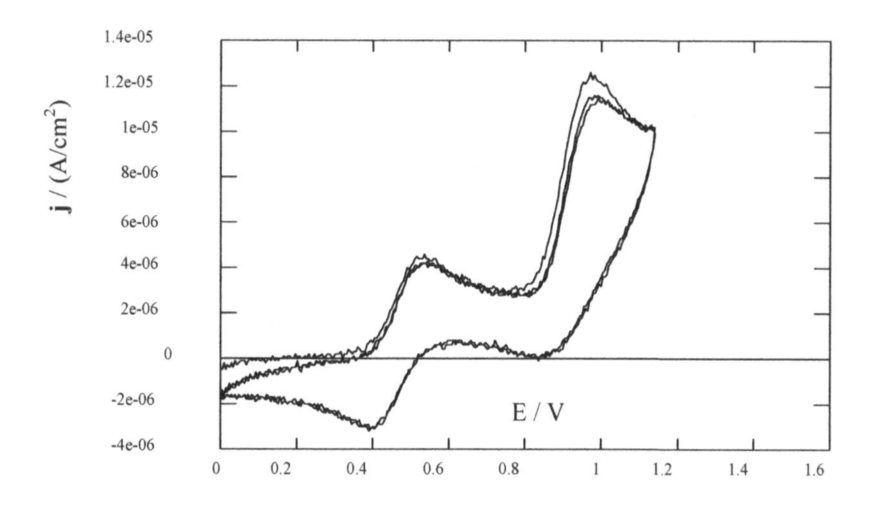

Abb. 4.5: Mehrzyklen-Voltammogramm des 4-Hydroxy-4'-[10'',15'',20''-tri(4'''-methylphenyl)-5''-porphyrinyl]azobenzols **(44)** mit Ferrocen.

Es sind deutlich vier Peaks zu erkennen. Zunächst einen ersten Oxidationspeak bei $\mathbf{E_{Peak}}$ = 555 mV für das Ferrocen und dann einen zweiten bei $\mathbf{E_{Peak}}$ = 1000 mV für das Porphyrin. Beim Erreichen des gewählten Wendepotenzials wird die Richtung der Spannungsvorschubsgeschwindigkeit umgekehrt, und man erhält bei $\mathbf{E_{Peak}}$ = 820 mV den zum zweiten Oxidationspeak gehörigen Reduktionspeak des Monokations zum Porphyrin. Der zum ersten Oxidationspeak des Ferrocens gehörige Reduktionspeak wird bei $\mathbf{E_{Peak}}$ = 395 mV gemessen. Die Reaktion scheint irreversibel zu sein.

Um die Abhängigkeit der Potenziale von der Natur des p-Substituenten an der Azobenzoleinheit zu überprüfen, wurden die Halbstufenpotenziale der ersten Oxidation $E^{1/2}_{Ox.1}$ bzw. der zweiten Oxidation $E^{1/2}_{Ox.2}$ gegen die Substituentenkonstante [156] σ^{+} aufgetragen (Abbildung 4.6). Die Steigung m und der Korrelationskoeffizient r sind jeweils in die Graphik eingetragen.

Aus dem Betrag der Steigung der Ausgleichsgeraden ergibt sich eine Reaktionskonstante ($\rho=|m|$) für die Abhängigkeit des ersten Oxidationsprozesses von $\rho = 0.010$ V und für den zweiten Oxidationsprozess von $\rho = 0.004$ V. Der erste Oxidationsprozess reagiert offenbar damit 2.5mal empfindlicher auf eine Veränderung der elektronischen Natur der Substituenten als der zweite Oxidationsprozess.

In der Abbildung 4.6 kann man erkennen, dass die Lage des ersten Oxidationspotenzials wie auch die Lage des zweiten Oxidationspotenzials nahezu unabhängig von der Art des p-Substituenten an der Azobenzoleinheit ist. Es ist also anzunehmen, dass der p-Substituent praktisch keinen Einfluss auf den Porphyrinmakrozyklus besitzt.

Der Porphyrinmakrozyklus kann als nahezu planar angenommen werden. Die *meso*-Substituenten stehen nahezu rechtwinkelig zum Porphyrin. Sie beeinflussen die Planarität des Porphyrins kaum.
Es findet nur eine sehr schwache Wechselwirkung der π-Elektronen zwischen dem Porphyrinmakrozyklus und dem Azobenzolrest statt. Der p-Substituent an der Azobenzoleinheit kann nur eine kleine Veränderung der π-Elektronendichte bewirken. Dabei ist es nur von geringer Bedeutung, ob es sich bei dem Substituenten um einen Elektronenakzeptor oder einen Elektronendonor handelt.

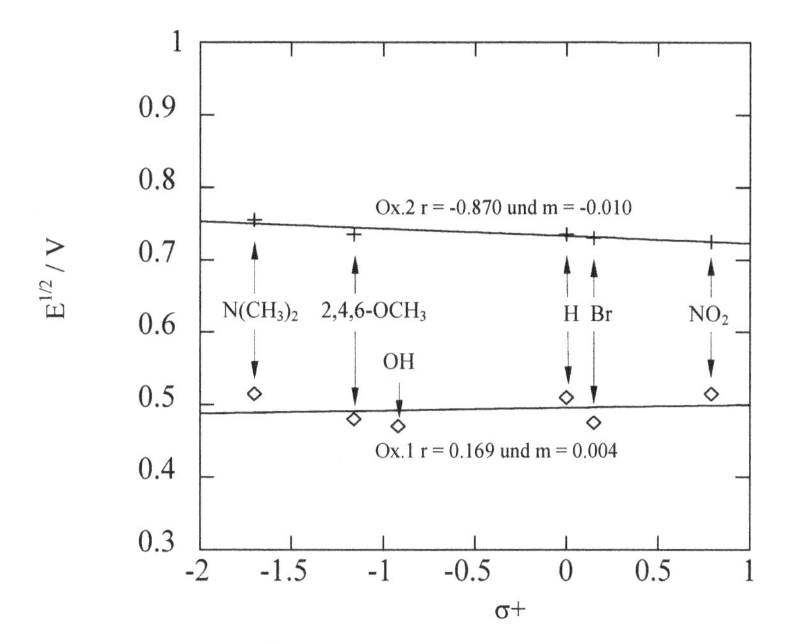

Abb. 4.6: Korrelation der Oxidationspotenziale $E^{1/2}_{Ox.1}$ und $E^{1/2}_{Ox.2}$ gegen die Substituentenkonstante σ^+. (σ^+ wurde für das 2,4,6-Trimethoxy-4'-[10'',15'',20''-tri(4'''-methyl-phenyl)-5''-porphyrinyl]azobenzol **(43)** extrapoliert [157]. Die Steigungen m verstehen sich hier in Einheiten von Volt.)

Die Abbildung 4.7 zeigt ein Einzyklen-Voltammogramm des 4-Nitro-4'-[10'',15'', 20''-tri(4'''-methylphenyl)-5''-porphyrinyl]azobenzol **(45)**. Es ist in Dichlormethan aufgenommen. Die Spannungsvorschubsgeschwindigkeit für diese Messung betrug **v** = 100 mV/s. Als Arbeitselektrode wurde eine Platin-Elektrode verwendet. Als Referenz diente eine Silber-Silberchlorid-Elektrode (Ag/AgCl/LiCl/EtOH).

Der Messbereich von $\mathbf{E_{Start}}$ = 0 mV bis $\mathbf{E_{Wende}}$ = 1400 mV und zurück wurde einmal durchlaufen. Man kann dabei vier Peaks deutlich erkennen. Zunächst einen ersten Oxidationspeak bei $\mathbf{E_{Peak}}$ = 1085 mV und dann einen zweiten bei $\mathbf{E_{Peak}}$ = 1300 mV. Beim Erreichen des gewählten Wendepotenzials wird die Richtung der Spannungsvorschubsgeschwindigkeit umgekehrt, und man erhält bei $\mathbf{E_{Peak}}$ = 1195 mV den zum zweiten Oxidationspeak gehörigen Reduktionspeak. Der zum ersten Oxidationspeak gehörige Reduktionspeak wird bei $\mathbf{E_{Peak}}$ = 990 mV gemessen. Offensichtlich handelt es sich hier um eine reversible Reaktion. Die Potenzialdifferenz für die Oxidation beträgt jeweils $\Delta\mathbf{E} \approx 100$ mV. Die Peak-Peak-Separation beträgt $\Delta\mathbf{E} \approx 200$ mV, so dass die Peakpotenziale eindeutig zugeordnet werden können.

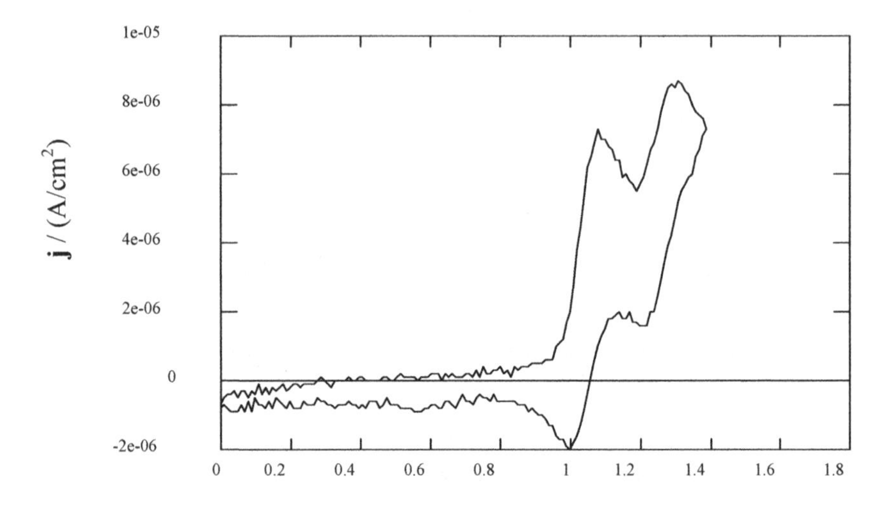

Abb. 4.7: Einzyklus-Voltammogramm des 4-Nitro-4'-[10'',15'',20''-tri(4'''-methylphenyl)-5''-porphyrinyl]azobenzols **(45)**.

In Abbildung 4.8 ist das gemessene Mehrzyklen-Voltammogramm des 4-Brom-4'-[10'',15'',20''-tri(4'''-methylphenyl)-5''-porphyrinyl]azobenzol **(46)** dargestellt. Auch diese Messung wurde in Dichlormethan durchgeführt. Für die Messung wurde wieder eine Spannungsvorschubsgeschwindigkeit von $\mathbf{v} = 100$ mV/s gewählt. Ebenso diente als Arbeitselektrode eine Platin-Elektrode und als Referenz eine Silber-Silberchlorid-Elektrode.

Im Gegensatz zu Abbildung 4.7 sind hier drei Zyklen durchlaufen worden. Man kann den ersten Oxidationspeak bei $\mathbf{E_{Peak}}$ = 1065 mV und den dazugehörigen Reduktionspeak bei $\mathbf{E_{Peak}}$ = 985 mV registrieren. Die Potenzialdifferenz beträgt $\Delta\mathbf{E} \approx 80$ mV. Der zweite Oxidationspeak wird bei $\mathbf{E_{Peak}}$ = 1290 mV und der dazugehörige Reduktionspeak bei $\mathbf{E_{Peak}}$ = 1190 mV gemessen. Die Potenzialdifferenz beträgt $\Delta\mathbf{E} \approx 100$ mV. Auch hier kann man davon ausgehen, dass die Reaktion reversibel verläuft. Auch die Peak-Peak-Separation von $\Delta\mathbf{E} \approx 200$ mV ist ausreichend groß, so dass die Peakpotenziale eindeutig zugeordnet werden können.

Mehrzyklen-Voltammogramme ändern das Konzentrationsprofil an der Elektrode/Elektrolyt-Grenzfläche nur graduell, das heißt, die kathodischen und anodischen Peaks ändern bei jedem Umlauf nicht ihre grundsätzliche Gestalt, sondern nur ihre Größe bis ein stationärer Zustand erreicht ist [158]. Im abgebildeten Beispiel ist der Zustand schon nach zwei Umläufen stationär.

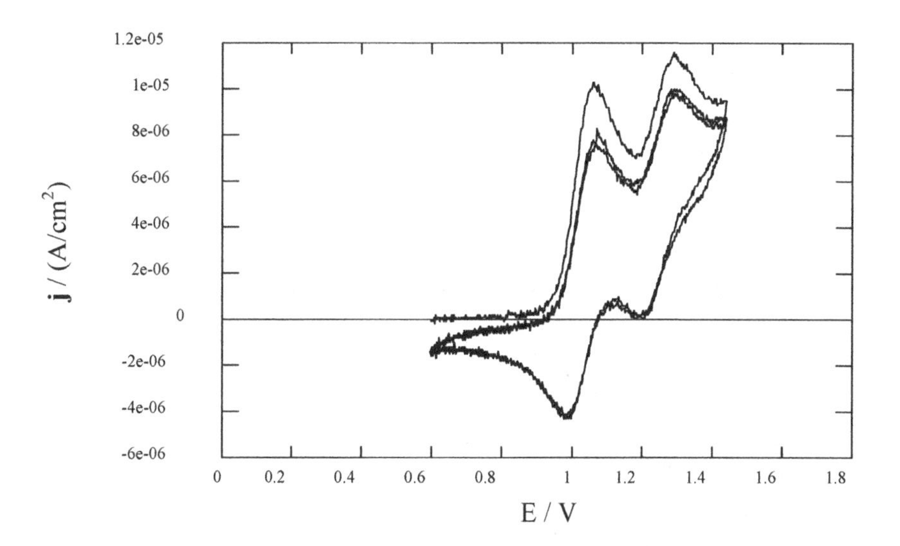

Abb. 4.8: Mehrzyklen-Voltammogramm des 4-Brom-4'-[10'',15'',20''-tri(4'''-methylphenyl)-5''-porphyrinyl]azobenzols **(46)**.

Als Vergleich wurden Messungen des unsubstituierten TPPs in Dichlormethan gegen eine SCE-Elektrode herangezogen [159]. Bei diesen Messungen wurde für die erste Oxidation ein Halbstufenpotenzial von $E^{1/2}_{Ox1}$ = 1.08 V und für die zweite Oxidation ein Halbstufenpotenzial von $E^{1/2}_{Ox.2}$ = 1.35 V bestimmt.

Für die erste Reduktion des TPPs zum Monoanion wurde ein Halbstufenpotenzial von $E^{1/2}_{Red.1}$ = -1.21 V bestimmt. Alle Potenziale wurden gegen eine SCE-Elektrode bestimmt. (Vergleich: E_{SCE} = 244.4 mV / $E_{Ag/AgCl}$ = 143 mV).

Die Differenz zwischen $E^{1/2}_{Ox.1}$ und $E^{1/2}_{Ox.2}$ für das TTP ist mit 270 mV um etwa 10 mV bis 65 mV größer als das ΔE_{Ox} für die azobenzolsubstituierten Porphyrine. Sowohl das erste als auch das zweite Oxidationspotenzial des TPPs ist um bis zu 25 mV größer als die der azobenzolsubstituierten Porphyrine, was darauf hinweist, dass das Azobenzol in der Lage ist, die Elektronendichte im Porphyrinmakrozyklus durch eine Konjugation seiner π-Elektronen zu erhöhen, allerdings in nur sehr geringem Ausmaß.

In Tabelle 4.2 sind die Reduktionspotenziale der freien Basen der Monoporphyrine zu sehen. Die Striche in der Tabelle weisen darauf hin, dass nicht bei allen Systemen drei verschiedene Reduktionspotenziale bestimmt werden konnten. Eine Erklärung hierfür ist, dass bei diesen Systemen die einzelnen Peaks so dicht nebeneinander lagen, dass selbst durch Variation der Spannungsvorschubsgeschwindigkeit keine bessere Auflösung erreicht wurde.

Tab. 4.2: Halbstufenpotenziale (Reduktion) der freien Basen der Monoporphyrine **39, 43-47** gemessen gegen eine Ag/AgCl-Elektrode in Tetrahydrofuran mit einer Spannungsvorschubsgeschwindigkeit von 1 V/s. Als Standard wurde Ferrocen verwendet (Leitsalz: 0.05 M TBAPC).

freie Basen	$E^{1/2}_{Red1}$ in V	$E^{1/2}_{Red.Azo}$ in V	$E^{1/2}_{Red.2}$ in V	$\Delta E_{Ox1\text{-}Red.1}$ in V
45	-1.630	-1.850	-2.165[I)]	2.150
46	-1.710[I)]	-	-2.150[I)]	2.185
47	-1.650[I)]	-1.940[I)]	-	2.160
44	-1.700	-2.090	-	2.170
43	-1.710	-2.030	-2.135	2.190
39	-1.755	-2.045	-2.200	2.275

I) Potenzialvorschubsgeschwindigkeit: 500 mV/s

Das zweite Reduktionspotenzial konnte nicht für das 4-Brom-4'-[10'',15'',20''-tri-(4'''-methylphenyl)-5''-porphyrinyl]azobenzol **(46)** bestimmt werden. Für das 4'-[10'',15'', 20''-Tri(4'''-methylphenyl)-5''-porphyrinyl]azobenzol **(47)** und das 4 Hydroxy-4'-[10'', 15'',20''-tri(4'''-methylphenyl)-5''-porphyrinyl]azobenzol **(44)** konnte das dritte Reduktionspotenzial nicht bestimmt werden, da es unter den Konditionen, unter denen die Messungen durchgeführt wurden (in Dichlormethan oder Tetrahydrofuran), nicht möglich war, weit genug im negativen Bereich zu messen.

Die Abbildung 4.9 stellt ein Voltammogramm des 4-Hydroxy-4'-[10'',15'',20''-tri-(4'''-methylphenyl)-5''-porphyrinyl]azobenzols **(44)** dar. Die Messung wurde in Tetrahydrofuran durchgeführt. Für die Messung wurde eine Spannungsvorschubsgeschwindigkeit von **v** = 1 V/s gewählt. Als Gegen- und Arbeitselektrode wurden jeweils eine Platin-Elektrode und als Referenz eine Silber-Silberchlorid-Elektrode verwendet. Der erste Reduktionspeak wird bei $\mathbf{E_{Peak}}$ = -1115 mV und der dazugehörige Oxidationspeak bei $\mathbf{E_{Peak}}$ = -965 mV gemessen. Die Potenzialdifferenz beträgt $\Delta\mathbf{E} \approx 150$ mV. Die Reaktion ist also quasireversibel. Der zweite Reduktionspeak wird bei $\mathbf{E_{Peak}}$ = -1480 mV und der dazugehörige Oxidationspeak bei $\mathbf{E_{Peak}}$ = -1325 mV detektiert.

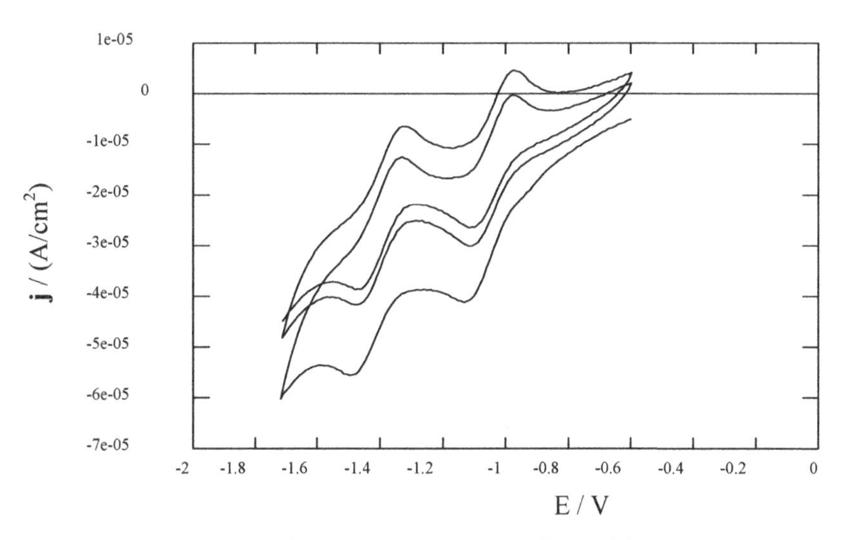

Abb. 4.9: Mehrzyklen-Voltammogramm des 4-Hydroxy-4'-[10'',15'',20''-tri(4'''-methylphenyl)-5''-porphyrinyl]azobenzols **(44)**. Aufgenommen in Tetrahydrofuran mit einer Spannungsvorschubsgeschwindigkeit von 1 V/s (Leitsalz: 0.05 M TBAPC).

Die Potenzialdifferenz zwischen dem ersten Oxidations- und dem ersten Reduktionsprozess beträgt 2.15 V bis 2.275 V. Diese Differenz ist etwa um 15 mV bis 140 mV kleiner als die, die für das Tetraphenylporphyrin mit $\Delta E_{Ox1\text{-}Red.1}$ =2.29 V [159] bestimmt wurde.

Um abzuschätzen, ob die p-Substituenten an der Azobenzoleinheit einen Einfluss auf die Reduktionsprozesse ausüben, wurden auch die Halbstufenpotenziale der Reduktion gegen die Substituentenkonstante σ^+ korreliert. Durch die lineare Regression erhält man die in Abbildung 4.10 gezeigten Geraden.

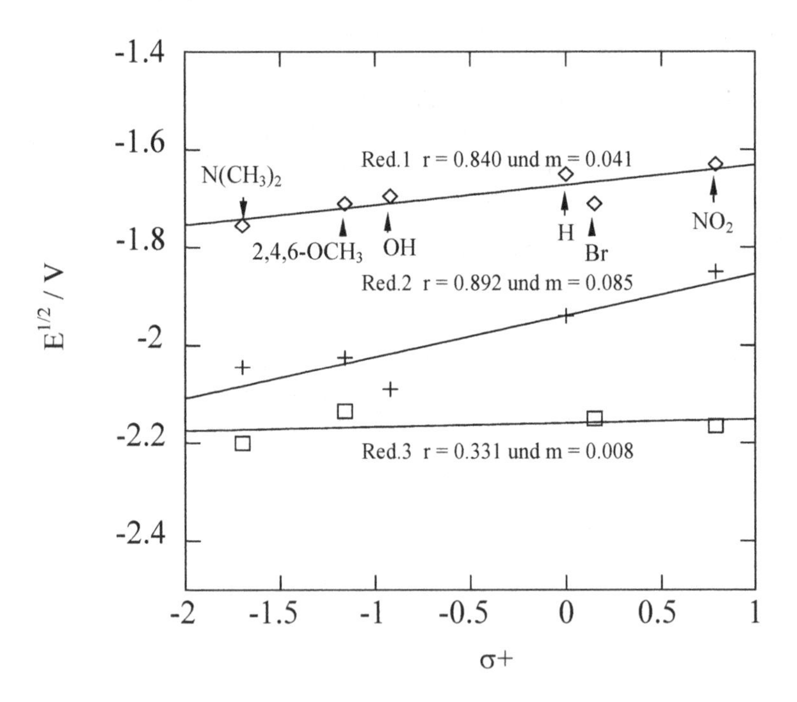

Abb. 4.10: Korrelation der Reduktionspotenziale $E^{1/2}_{Red.1}$, $E^{1/2}_{Red.2}$ und $E^{1/2}_{Red.3}$ gegen die Substituentenkonstante σ^+. Die Steigungen m verstehen sich in Einheiten von Volt.

Man kann in Abbildung 4.10 erkennen, dass die Reduktionspotenziale eine geringe Abhängigkeit von der Art des sich am Azobenzolrest befindlichen Substituenten aufweisen. Je elektronenziehender der p-Substituent ist, desto leichter ist die Reduktion möglich. Substituenten, die zu einer Erniedrigung der Elektronendichte im Porphyrin beitragen, senken das Reduktionspotenzial.

Auch hier spiegeln die Reaktionskonstanten die geringe Abhängigkeit der Potenziallagen von der elektronischen Struktur der Substituenten an der Azobenzoleinheit wider. Es konnten für $E^{1/2}_{Red.1}$ eine Reaktionskonstante von $\rho = 0.041$ V, für $E^{1/2}_{Red.2}$ eine Reaktionskonstante von $\rho = 0.086$ V und für den dritten Prozess $E^{1/2}_{Red.3}$ ein $\rho = 0.008$ V ermittelt werden. Man sieht also, dass der zweite Reduktionsschritt durch die elektronische Struktur am stärksten beeinflusst wird. Am wenigsten wird der dritte Reduktionsschritt beeinflusst, der praktisch unabhängig von σ^+ ist.

Für das 4-Nitro-4'-[10'',15'',20''-tri(4'''-methylphenyl)-5''-porphyrinyl]azobenzol **(45)** konnte man neben der Reduktion der Azogruppe und dem ersten Reduktionsprozess des Porphyrins auch die Reduktion der Nitrogruppe beobachtet werden. In Abbildung 4.11 ist das Voltammogramm dieser Verbindung dargestellt wobei der zweite Reduktionspeak der Reduktion des Porphyrins unter den gegebenen Bedingungen nicht registiert werden konnte.

Diese Messung wurde in Dichlormethan durchgeführt. Für die Messung wurde eine Spannungsvorschubsgeschwindigkeit von **v** = 500 mV/s gewählt. Ebenso diente als Gegen- und Arbeitselektrode jeweils eine Platin-Elektrode und als Referenz eine Silber-Silberchlorid-Elektrode.

Der Reduktionspeak der Nitrogruppe wurde bei $\mathbf{E_{Peak}}$ = -850 mV und der dazugehörige Oxidationspeak bei $\mathbf{E_{Peak}}$ = -720 mV registriert. Die Potenzialdifferenz beträgt $\mathbf{\Delta E} \approx 130$ mV, die Reaktion ist also als quasireversibel anzusehen. Der erste Reduktionspeak wird bei $\mathbf{E_{Peak}}$ = -1050 mV und der dazugehörige Oxidationspeak bei $\mathbf{E_{Peak}}$ = -925 mV gemessen. Die Potenzialdifferenz beträgt $\mathbf{\Delta E} \approx 125$ mV. Auch hier kann man davon ausgehen, dass die Reaktion quasireversibel ist. Auch die Peak-Peak-Separation von $\mathbf{\Delta E} \approx 200$ mV ist ausreichend groß, so dass die Peakpotenziale eindeutig zugeordnet werden können.

Für die erste Reduktion des TPPs zum Monoanion wurde ein Halbstufenpotenzial von $E^{1/2}_{Red.1} = -1.21$ V gegen eine SCE-Elektrode bestimmt [159]. Für den Reduktionsprozess zum Dianion wurde für das TPP ein Halbstufenpotenzial von $E^{1/2}_{Red.2} = -1.55$ V [152] gegen eine SCE-Elektrode gemessen.

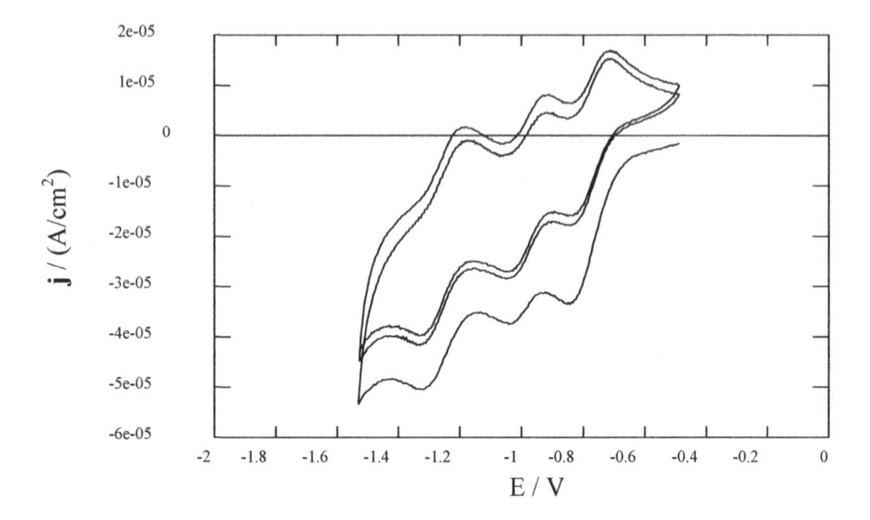

Abb. 4.11: Mehrzyklen-Voltammogramm des 4-Nitro-4'-[10'',15'',20''-tri(4'''-methylphenyl)-5''-porphyrinyl]azobenzols **(45)**. Aufgenommen in Dichlormethan mit einer Spannungsvorschubsgeschwindigkeit von 500 mV/s (Leitsalz: 0.05 M TBAPC).

Vergleicht man diese Werte mit denen, die für die azobenzolsubstituierten Porphyrine bestimmt worden sind, so kann man annehmen, dass das $E^{1/2}_{Red.1}$ der Reduktion des Porphyrins zum Monoanion entspricht. $E^{1/2}_{Red.2}$ würde dann der Reduktion der Azogruppe entsprechen und $E^{1/2}_{Red.3}$ der Reduktion zum Dianion.

Aus dem Korrelationsdiagramm kann man die Reaktionskonstanten für die einzelnen Reaktionsschritte entnehmen. Es ist ganz deutlich zu erkennen, dass der erste und der dritte Reduktionschritt eine geringe beziehungsweise keine Abhängigkeit von den elektronischen Einflüssen eines Substituenten an der Azobenzoleinheit zeigen.

Im Gegensatz dazu zeigt der zweite Reduktionsprozess eine sehr deutliche Abhängigkeit von σ^{+}. Diese Tatsache weist darauf hin, dass dieser Reduktionsschritt der Reduktion der Azogruppe zuzuordnen ist.

Die Substituenten befinden sich direkt am Azobenzolrest. Die elektronischen Einflüsse, die die Substituenten auf das Potenzial der Azogruppe ausüben können, sind somit viel stärker als die, die diese Gruppen auf den Porphyrinzyklus ausüben können.

Eine Erhöhung der π-Elektronendichte durch Substituenten, die elektronenschiebend wirken führt dazu, dass eine Aufnahme eines weiteren Elektrons erschwert wird, was durch diese Messungen bestätigt wird. Die Reduktionspotenziale wurden in der Reihenfolge der p-Substituenten kleiner:

$-N(CH_3)_2$ > $-2,4,6-OCH_3$ > -OH > -H > -Br > $-NO_2$

Es wird also für das 4-Nitro-4'-[10'',15'',20''-tri(4'''-methylphenyl)-5''-porphyrinyl]azobenzol **(45)** das kleinste Reduktionspotenzial der Azogruppe und für das 4-(N,N'-Dimethyl)-amino-4'-[10'',15'',20''-tri(4'''-methylphenyl)-5''-porphyrinyl]azobenzol **(39)** das größte Reduktionspotenzial in diese Reihe azobenzolsubstituierter Monoporphyrine bestimmt.

Auch die Zinkkomplexe der Monoporphyrine wurden cyclovoltammetrisch untersucht. In den folgenden Tabellen 4.3 und 4.4 sind die Ergebnisse der Messungen der Zinkkomplexe wiedergegeben. Die Messungen wurden, wie schon oben beschrieben, durchgeführt.

Tab. 4.3: Halbstufenpotenziale (Oxidation) der Zinkkomplexe der Monoporphyrine **39, 43-47** gemessen gegen eine Ag/AgCl-Elektrode in Dichlormethan mit einer Spannungsvorschubsgeschwindigkeit von 1 V/s. Als Standard wurde Ferrocen verwendet (Leitsalz: TBATFB).

Zink-Komplexe	$E^{1/2}_{Ox.1}$ in V	$E^{1/2}_{Ox.2}$ in V	$\Delta E_{Ox.}$ in V
45 [1]	0.240	0.690	0.450
46	0.300	0.610	0.310
47	0.290	0.590	0.300
44	0.310	0.630	0.320
43	0.280	0.570	0.290
39	0.285	0.580	0.295

[1] Potenzialvorschubsgeschwindigkeit: 500 mV/s

Man kann in Tabelle 4.3 erkennen, dass die ersten Oxidationspotenziale der Zinkkomplexe um bis zu 280 mV und die zweiten Oxidationspotenziale bis zu 165 mV im Vergleich zu den freien Basen kathodisch verschoben sind. Die Oxidation der Zinkkomplexe ist also leichter als die Oxidation der freien Basen. Das Zink-Ion führt zu einer Erhöhung der Elektronendichte und bewirkt damit eine Oxidationspotenzial-Absenkung.

Für die erste Oxidation des Zinkkomplexes des TPPs zum Monokation wurde ein Halbstufenpotenzial von $E^{1/2}_{Ox.1} = 0.82$ V gegen eine SCE-Elektrode, und für die zweite Oxidation wurde $E^{1/2}_{Ox.2} = 1.13$ V gegen eine SCE-Elektrode bestimmt [159].

Die Werte für das erste Oxidationspotenzial sind für die azobenzolsubstituierten Monoporphyrine um ca. 50 mV größer als für das Zink-TPP. Für das zweite Oxidationspotenzial ist der Wert für das Zink-TPP um ca. 40 mV-50 mV größer. Die Differenz $\Delta E_{Ox.}$ zwischen dem ersten und zweiten Oxidationspotenzial des TPPs beträgt 310 mV.

Die Voltammogramme der Zinkkomplexe zeigen ein reversibles oder quasireversibles Verhalten. Die Separation zwischen dem anodischen und kathodischen Peakmaximum beträgt zwischen 80 mV und 150 mV. Das zweite Oxidationspotenzial ist im Vergleich zum ersten Oxidationspotenzial um 290 mV bis 300 mV anodisch verschoben.

Die Abbildung 4.12 zeigt ein Einzyklus-Voltammogramm des 2,4,6-Trimethoxy-4'-[10'',15'', 20''-tri(4'''-methylphenyl)-5''-porphyrinato-Zink(II)]azobenzol **(Zn-43)**. Es ist in Dichlormethan aufgenommen. Die Spannungsvorschubsgeschwindigkeit für diese Messung betrug **v** = 1 V/s. Als Arbeitselektrode wurde eine Platin-Elektrode verwendet. Als Referenz diente eine Silber-Silberchlorid-Elektrode (Ag/AgCl/LiCl/EtOH).

Zunächst wird der erste Oxidationspeak bei $\mathbf{E_{Peak}} = 830$ mV und dann der zweite Peak bei $\mathbf{E_{Peak}} = 1125$ mV registriert. Beim Erreichen des gewählten Wendepotenzials wird die Richtung der Spannungsvorschubsgeschwindigkeit umgekehrt, und man erhält bei $\mathbf{E_{Peak}} = 1025$ mV den zum zweiten Oxidationspeak gehörigen Reduktionspeak. Der zum ersten Oxidationspeak gehörige Reduktionspeak wird bei $\mathbf{E_{Peak}} = 720$ mV gemessen.

Offensichtlich handelt es sich hier um eine reversible Reaktion. Die Potenzialdifferenz für die Oxidation beträgt jeweils $\mathbf{\Delta E} \approx 110$ mV. Die Peak-Peak-Separation beträgt $\mathbf{\Delta E} \approx 300$ mV, so dass die Peakpotenziale eindeutig zugeordnet werden können.

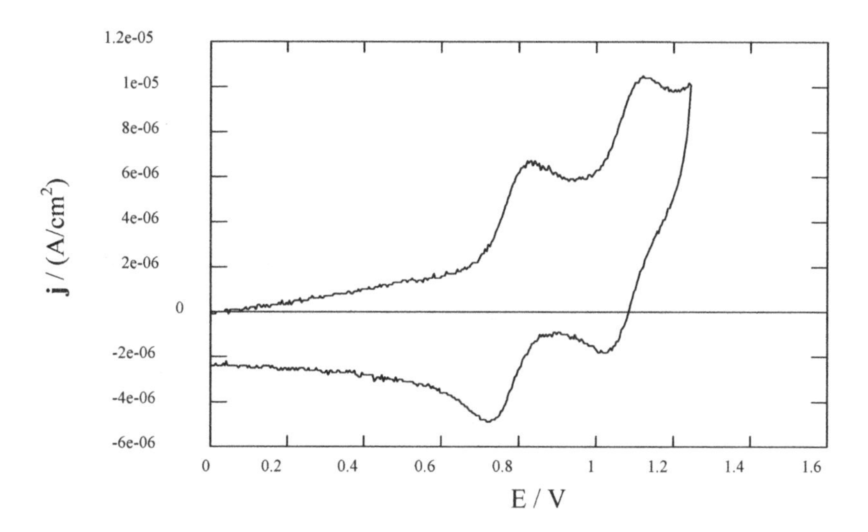

Abb. 4.12: Einzyklus-Voltammogramm des 2,4,6-Trimethoxy-4'-[10'',15'',20''-tri-(4'''-methylphenyl)-5''-porphyrinato-Zink(II)]azobenzols **(Zn-43)**. Aufgenommen in Dichlormethan mit einer Spannungsvorschubsgeschwindigkeit von 1 V/s (Leitsalz: 0.05 M TBATFB).

Die Abbildung 4.13 zeigt das Voltammogramm des 4-Hydoxy-4'-[10'',15'',20''-tri(4'''-methylphenyl)-5''-porphyrinato-Zink-(II)]azobenzols (**Zn-44**). Für den ersten Oxidationsschritt wird ein Potenzial von $\mathbf{E_{Peak}}$ = 820 mV bestimmt und für den dazugehörigen Reduktionspeak ein Potenzial $\mathbf{E_{Peak}}$ = 710 mV. Für den zweiten Prozess erhält man bei $\mathbf{E_{Peak}}$ = 1145 mV den Oxidationspeak und bei $\mathbf{E_{Peak}}$ = 1010 mV den entsprechenden Reduktionspeak.

Offensichtlich handelt es sich hier um reversible beziehungsweise quasireversibel Reaktionen. Die Potenzialdifferenz für die erste Oxidation beträgt $\Delta\mathbf{E} \approx$ 110 mV und für die zweite Oxidation $\Delta\mathbf{E} \approx$ 135 mV.

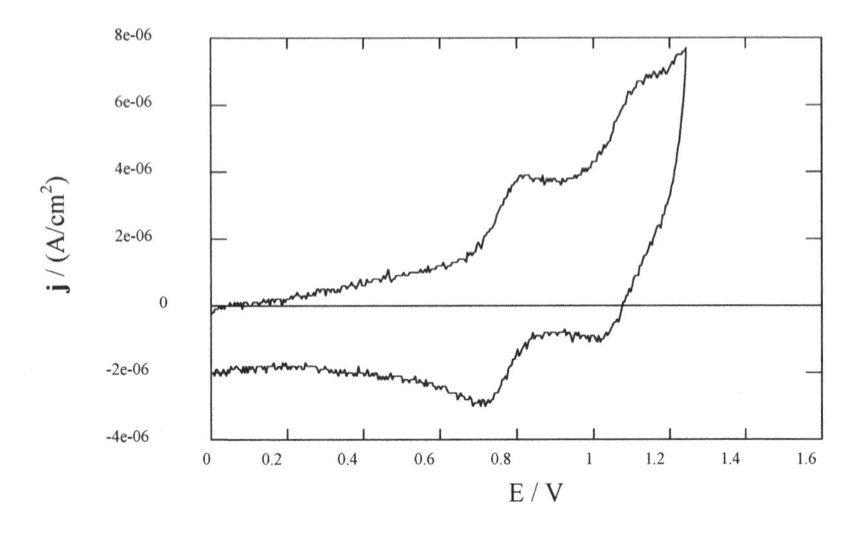

Abb. 4.13: Einzyklus-Voltammogramm des 4-Hydoxy-4'-[10'',15'',20''-tri(4'''-methylphenyl)-5''-porphyrinato-Zink(II)]azobenzols **(Zn-44)**. Aufgenommen in Dichlormethan mit einer Spannungsvorschubsgeschwindigkeit von 500 mV/s (Leitsalz: 0.05 M TBATFB).

Für das 4-Nitro-4'-[10'',15'',20''-tri(4'''-methylphenyl)-5''-porphyrinato-Zink(II)]-azobenzol **(Zn-45)** konnte die Spannungsvorschubsgeschwindigkeit nur bis 500 mV/s gesteigert werden. Schon ab 100 mV/s wurden die Peaks sehr breit und eine genaue Bestimmung des Peak-Potenzials wurde dadurch erschwert.

Außerdem ist der zweite Oxidationspeak im Vergleich zum ersten Oxidationspeak um 450 mV anodisch verschoben. Diese Differenz ist um 150 mV größer als bei den anderen untersuchten azobenzolsubstituierten Porphyrinen.

Die Abbildung 4.14 zeigt die zwei Geraden für die Korrelation der ersten und zweiten Oxidationspotenziale der Zinkkomplexe. Trotz der nicht besonders guten Korrelation kann man erkennen, dass der p-Substituent am Azobenzol nur einen geringen Einfluss auf die Lage der Oxidationspotenziale ausübt.

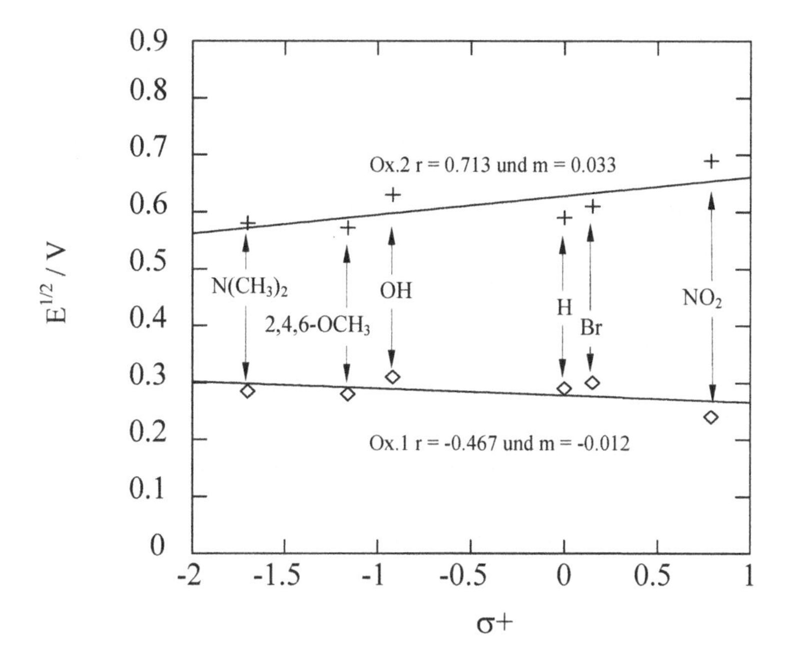

Abb. 4.14: Korrelation der $E^{1/2}_{Ox.1}$ und $E^{1/2}_{Ox.2}$ gegen die Substituentenkonstante σ^+. Die Steigungen m verstehen sich in Einheiten von Volt.

Das erste Oxidationspotenzial wird durch den Substituenten kaum beeinflusst, was man auch an der Reaktionskonstanten $\rho = 0.012$ V erkennt. Für das zweite Oxidationspotenzial bestätigt sich aber die Aussage, dass die Substituenten wie der OH-, $(OCH_3)_3$- und $N(CH_3)_2$-Rest zu einer sichtbaren Erniedrigung der Oxidationspotenziale führt, was auch durch die Reaktionskonstante $\rho = 0.033$ V sichtbar wird.

Um zu sehen, welchen Einfluss die p-Substituenten an der Azobenzoleinheit auf die Reduktionsprozesse ausüben, wurden auch die Halbstufenpotenziale der Reduktion gegen die Substituentenkonstante σ^+ korreliert. Durch die lineare Regression erhält man die in Abbildung 4.15 gezeigten Geraden.

In Tabelle 4.4 sind die Reduktionspotenziale der Zinkkomplexe zusammengefasst. Sie sind im Vergleich zu denen der freien Basen kathodisch verschoben, und zwar die ersten Reduktionspotenziale um bis zu 310 mV und die zweiten Reduktionspotenziale bis zu 205 mV. Die Reduktion der Zinkkomplexe ist also schwerer, als die Reduktion der freien Basen. Die Anhebung des Reduktionspotenzials wird durch das Einführen des Zink-Ions bewirkt.

Tab. 4.4: Halbstufenpotenziale (Reduktion) der Zinkkomplexe der Monoporphyrine **39, 43-47** gemessen gegen eine Ag/AgCl-Elektrode in Tetrahydrofuran mit einer Spannungsvorschubsgeschwindigkeit von 1 V/s. Als Standard wurde Ferrocen verwendet (Leitsalz: 0.08 M TBAPC).

Zink-Komplexe	$E^{1/2}_{Red.Azo}$ in V	$E^{1/2}_{Red.1}$ in V	$E^{1/2}_{Red.2}$ in V	$\Delta E_{Ox.1-Red.1}$ in V
46	-1.840	-2.055	-2.220	2.355
47	-1.855	-2.070	-	2.360
44	-1.980	-	-	-
43	-1.970	-2.145	-	2.425
39	-1.975	-2.110	-	2.395

Die Reduktionspotenziale der Zinkkomplexe der azobenzolsubstituierten Porphyrine wurden mit dem Reduktionspotenzial des Zink-TPPs verglichen. Für das erste Reduktionspotenzial wurde $E^{1/2}_{Red.1}$ = -1.42 V gegen eine SCE-Elektrode bestimmt [159]. Die Werte für die azobenzolsubstituierten Porphyrine liegen zum Teil unter diesem Wert (anodisch um 115 mV verschoben) und zum Teil über diesem Wert (kathodisch um
40 mV verschoben).

Die Voltammogramme der Zinkkomplexe zeigen ein reversibles oder quasireversibles Verhalten. Die Separation zwischen dem anodischen und kathodischen Peakmaximum beträgt zwischen 80 mV und 150 mV. Das zweite Reduktionspotenzial ist im Vergleich zum ersten Reduktionspotenzial um 175 mV bis 215 mV kathodisch verschoben.

Korreliert man die Halbstufenpotenziale der Reduktion der Zinkkomplexe gegen σ^+, wie in Abbildung 4.15, so kann man auch hier erkennen, dass der p-Substituent nur einen geringen Einfluss auf den Porphyrinmakrozyklus besitzt.

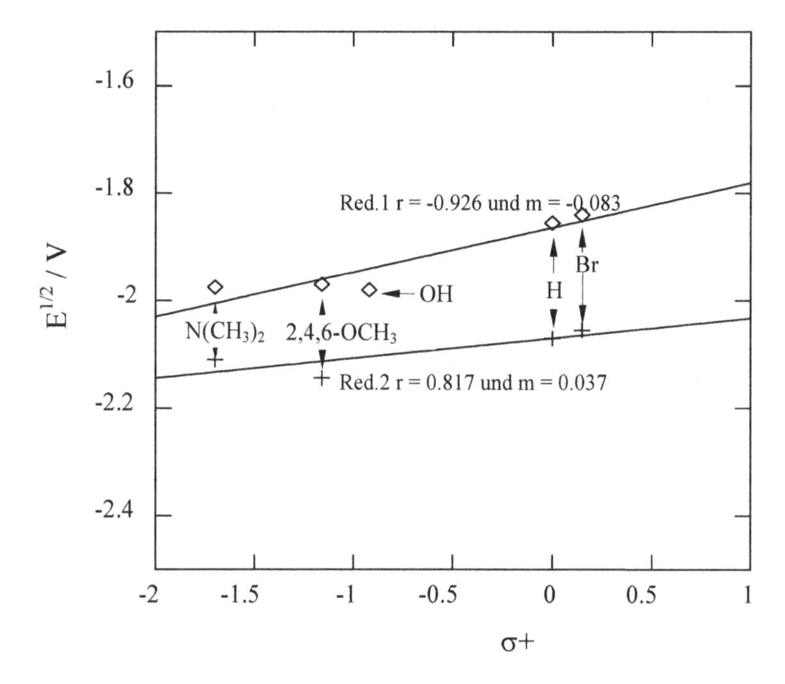

Abb. 4.15: Korrelation der Halbstufenpotenziale $E^{1/2}_{Red.1}$ und $E^{1/2}_{Red.2}$ gegen die Substituentenkonstante σ^+. Die Steigungen m verstehen sich in Einheiten von Volt.

Das erste Reduktionspotenzial wird durch den Substituenten stärker beeinflusst (ρ = 0.083 V) als das zweite Reduktionspotenzial (ρ = 0.037 V). Vergleicht man die Reaktionskonstanten der Reduktionsprozesse der freien Basen mit denen der Zinkkomplexe, so ist auffällig, dass für den zweiten Reduktionsschritt der freien Basen die gleiche Abhängigkeit festgestellt werden kann wie für den ersten Reduktionsschritt der Zinkkomplexe.

Die Reaktionskonstante beträgt für die freien Basen ρ = 0.083 V und für die Zinkkomplexe ρ = 0.085 V. Diese Tatsache deutet darauf hin, dass in beiden Fällen ein gemeinsamer Mechanismus, die Reduktion der Azogruppe, vorliegt und die Lage der Potenziale durch die gleichen Abhängigkeiten beeinflusst werden.

Abbildung 4.15 zeigt, dass genau wie bei den freien Basen die Reduktion durch elektronenziehende Substituenten erleichtert wird. Diese sind, wie schon gesagt, in der Lage, die Elektronendichte zu erniedrigen.

Als Abschluss in der Reihe der Monoporphyrine wurden dann die Kupferkomplexe cyclovoltammetrisch untersucht. In den folgenden Tabellen 4.5 und 4.6 sind die Ergebnisse der Messungen der Kupferkomplexe zu sehen. Die Messungen erfolgten wie oben beschrieben.

Tab. 4.5: Halbstufenpotenziale (Oxidation) der Kupferkomplexe der Monoporphyrine **39, 43-47** (gegen Ferrocen) gemessen gegen eine Ag/AgCl-Elektrode in Dichlormethan mit einer Spannungsvorschubsgeschwindigkeit von 1 V/s (Leitsalz: 0.05 M TBATFB).

Kupfer-Komplexe	$E^{1/2}_{Ox.1}$ in V	$E^{1/2}_{Ox.2}$ in V	$\Delta E_{Ox.}$ in V
47	0.480	0.750	0.270
44	0.465	0.760	0.295
43	0.480	0.780	0.300
39	0.515	0.785	0.270

In Tabelle 4.5 sind die Oxidationspotenziale der Kupferkomplexe zusammengefasst. Die ersten Oxidationspotenziale sind im Vergleich zu denen der freien Basen nur geringfügig bis zu 30 mV kathodisch verschoben. Die zweiten Oxidationspotenziale sind im Vergleich zu denen der freien Basen bis zu 45 mV anodisch verschoben.

Auch die Voltammogramme der Kupferkomplexe zeigen ein reversibles oder quasireversibles Verhalten. Die Separation zwischen dem anodischen und kathodischen Peakmaximum beträgt zwischen 80 mV und 150 mV. Das zweite Oxidationspotenzial ist im Vergleich zum ersten Oxidationspotenzial um 270 mV bis 300 mV kathodisch verschoben.

Für die Oxidation des Kupfer-TPPs zum Monokation wurde ein Halbstufenpotenzial von $E^{1/2}_{Ox.1}$ = 1.06 V bestimmt, und für die Oxidation zum Dikation wurde $E^{1/2}_{Ox.2}$ = 1.33 V bestimmt [159] gegen eine SCE-Elektrode. Die Werte der Oxidationspotenziale der azobenzolsubstituierten Porphyrine sind um 20 mV bis 40 mV anodisch verschoben. Für das zweite Oxidationspotenzial sind die Werte bis zu 50 mV anodisch verschoben. Die Differenz zwischen dem ersten und dem zweiten Oxidationspotenzial beträgt für das Kupfer-TPP $\Delta E_{Ox.}$ = 270 mV, was auch in etwa $\Delta E_{Ox.}$ bei den azobenzolsubstituierten Porphyrinen entspricht.

Korreliert man die Halbstufenpotenziale der Oxidation der Kupferkomplexe gegen σ^{+}, wie in Abbildung 4.16, so kann man auch hier erkennen, dass der p-Substituent einen geringen Einfluss auf den Porphyrinmakrozyklus besitzt.

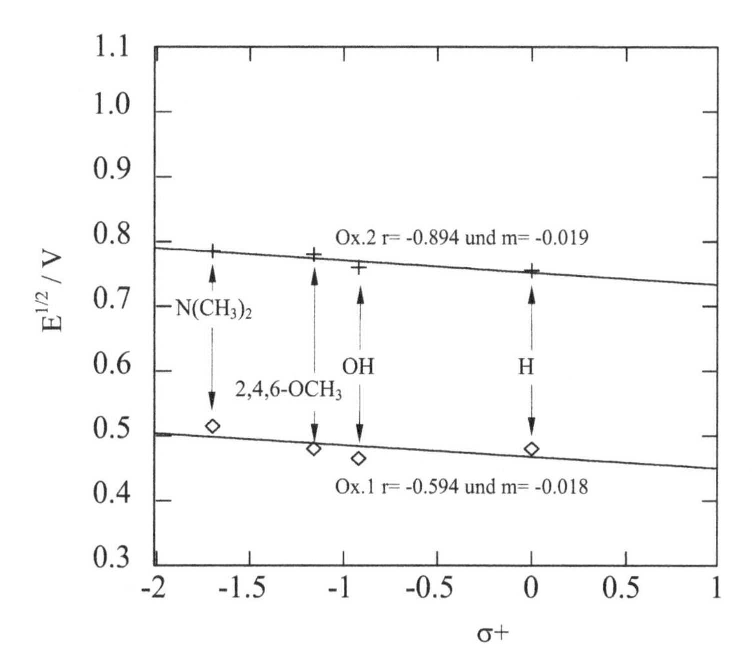

Abb. 4.16: Korrelation der Halbstufenpotenziale $E^{1/2}_{Ox.1}$ und $E^{1/2}_{Ox..2}$ gegen die Substituentenkonstante σ^{+}. Die Steigungen m verstehen sich in Einheiten von Volt.

Weder die erste noch die zweite Oxidation wird durch die elektronische Natur der Substituenten stark beeinflusst. Dieses wird durch die kleinen Reaktionskonstanten von $\rho = 0.018$ V beziehungsweise $\rho = 0.019$ V belegt.

Die Abbildung 4.17 stellt das Voltammogramm des 4-(N,N'-Methyl)amino-4'-[10'',15'',20''-tri(4'''-methylphenyl)-5''-porphyrinato-Kupfer(II)]azobenzols **(Cu-39)** dar.

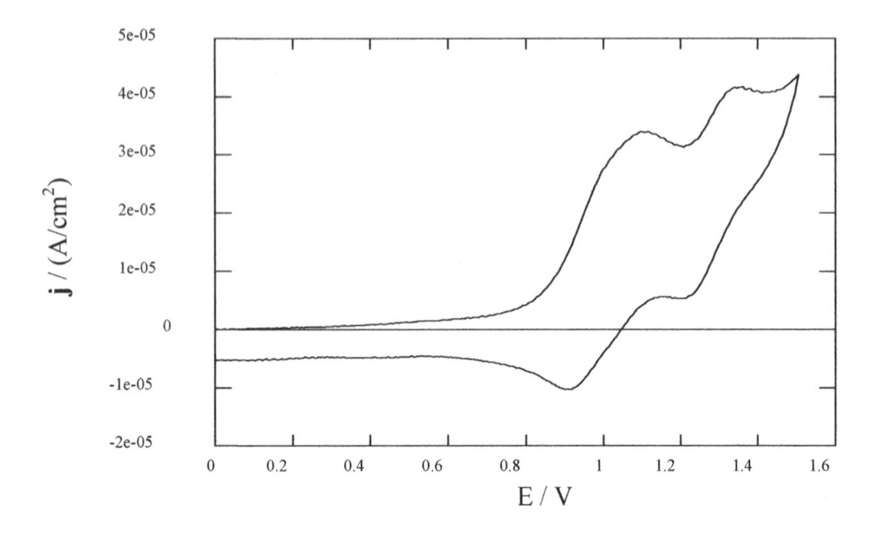

Abb. 4.17: Einzyklus-Voltammogramm des 4-(N,N'-Dimethyl)amino-4'-[10'',15'', 20''-tri(4'''-methylphenyl)-5''-porphyrinato-Kupfer(II)]azobenzols (**Cu-39**). Aufgenommen in Dichlormethan mit einer Spannungsvorschubsgeschwindigkeit von 1 V/s (Leitsalz: 0.05 M TBATFB).

Zunächst wird der erste Oxidationspeak bei $\mathbf{E_{Peak}}$ = 1090 mV und dann ein zweiter bei $\mathbf{E_{Peak}}$ = 1335 mV registriert. Beim Erreichen des gewählten Wendepotenzials wird die Richtung der Spannungsvorschubsgeschwindigkeit umgekehrt. Bei $\mathbf{E_{Peak}}$ = 1190 mV wird der zum zweiten Oxidationspeak gehörigen Reduktionspeak detektiert. Der zum ersten Oxidationspeak gehörige Reduktionspeak wird bei $\mathbf{E_{Peak}}$ = 905 mV gemessen.

Die Potenzialdifferenz für die erste Oxidation zwischen anodischem und kathodischem Peak beträgt $\Delta\mathbf{E} \approx$ 185 mV. Es handelt sich offensichtlich um eine quasi-reversible Reaktion. Für den zweiten Oxidationsvorgang betrug die Potenzialdifferenz $\Delta\mathbf{E} \approx$ 145 mV. Die Peak-Peak-Separation beträgt $\Delta\mathbf{E} \approx$ 200 mV.

Anschließend wurden die Reduktionspotenziale der Kupferkomplexe bestimmt, um festzustellen, wie der p-Substituent die Lage dieser Potenziale beeinflusst. In der Tabelle 4.6 sind die Ergebnisse zusammengefasst. Die nächste Abbildung zeigt die Korrelation der Reduktionspotenziale der Kupferkomplexe gegen die Substituentenkonstante σ^+. Für das erste Reduktionspotenzial des Kupfer-TPPs wurde $E^{1/2}_{Red.1}$ = -1.35 V gegen eine SCE-Elektrode bestimmt [159].

Tab. 4.6: Halbstufenpotenziale (Reduktion) der Kupferkomplexe der Monoporphyrine **39, 43-47** gemessen gegen eine Ag/AgCl-Elektrode in Tetrahydrofuran mit einer Spannungsvorschubsgeschwindigkeit von 1 V/s. Alle Messungen beziehen sich auf Ferrocen.

Kupfer-Komplexe	$E^{1/2}_{Red.1}$ in V	$E^{1/2}_{Red.2}$ in V	$E^{1/2}_{Red.3}$ in V	$\Delta E_{Ox.1-Red.1}$ in V
47	-1.835	-	-2.385	2.315
44	-1.835	-	-2.255	2.300
43	-1.825	-2.062	-2.345	2.305
39	-1.810	-2.031	-2.335	2.325

Die Abbildung 4.18 zeigt zwei Geraden. Auch hier ist der Einfluss des p-Substituenten sehr gering.

Die Reaktionskonstante für den ersten Reduktionsprozess entspricht mit $\rho = 0.014$ V fast der Reaktionskonstanten, die man für die Oxidation ermittelt hat. Die zweite Reduktion erscheint 2mal so empfindlich auf die elektronische Natur der Substituenten zu reagieren, wie der erste Reduktionsvorgang.

Auf Grund des geringen Einflusses des p-Substituenten und der Tatsache, dass hier bei den Kupferkomplexen nur solche Systeme untersucht wurden, bei denen der p-Substituent als Elektronendonor fungiert beziehungsweise keinen Einfluss auf die Elektronendichte hat, kann wiederum nicht mit Sicherheit geschlossen werden, dass diese Tendenz, die hier beobachtet werden kann, verallgemeinerbar ist.

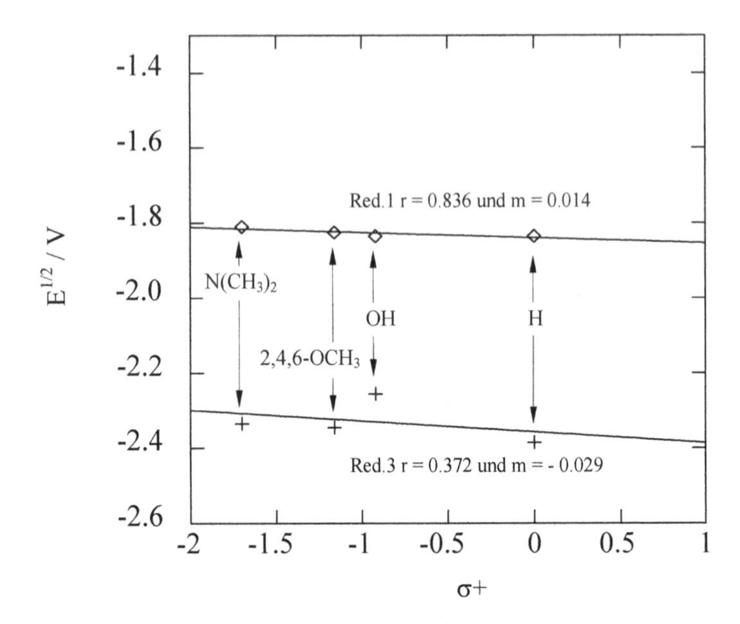

Abb. 4.18: Korrelation der Halbstufenpotenziale $E^{1/2}_{Red.1}$ und $E^{1/2}_{Red.3}$ gegen die Substituentenkonstante σ^+. Die Steigungen m verstehen sich in Einheiten von Volt.

Die Abbildung 4.19 stellt das Voltammogramm für die Reduktion des 4-(N,N'-Dimethyl)amino-4'-[10'',15'',20''-tri(4'''-methylphenyl)-5''-porphyrinato-Kupfer(II)]- azobenzols **(Cu-39)** dar.

Der erste Reduktionspeak wird bei $\mathbf{E_{Peak}}$ = -1195 mV und der Peak für die dazugehörige Oxidation bei $\mathbf{E_{Peak}}$ = -1080 mV registriert. Für die Potenzialdifferenz zwischen anodischem und kathodischem Peak kann man $\Delta\mathbf{E} \approx$ 115 mV ermitteln. Für den zweiten Reduktionsprozess ermittelt man ein Peakpotenzial für die Reduktion von $\mathbf{E_{Peak}}$ = -1405 mV und ein Peakpotenzial für die dazugehörige Oxidation von $\mathbf{E_{Peak}}$ = -1275 mV gemessen. Die Potenzialdifferenz beträgt $\Delta\mathbf{E} \approx$ 130 mV. Für den dritten Reduktionsprozess wurde ein Potenzial von $\mathbf{E_{Peak}}$ = -1705 mV und für die Oxidation $\mathbf{E_{Peak}}$ = -1540 mV ermittelt. Die Potenzialdifferenz beträgt $\Delta\mathbf{E} \approx$ 165 mV.

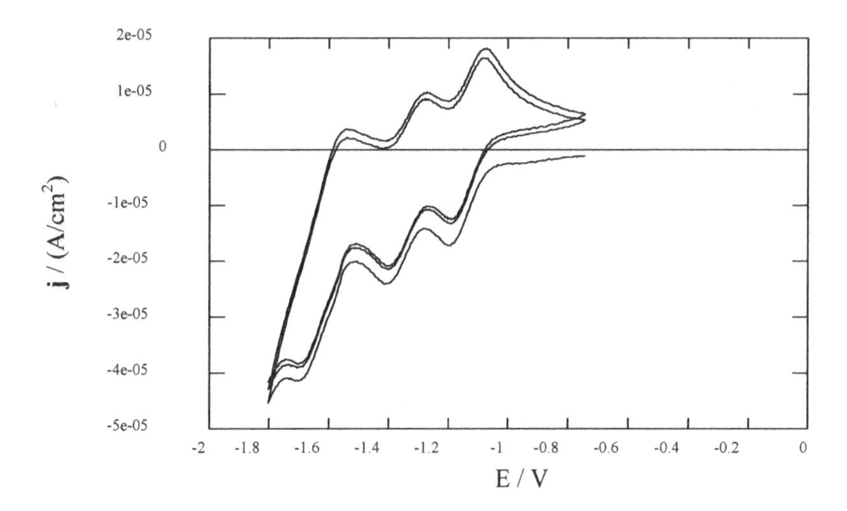

Abb. 4.19: Voltammogramm des 4-(N,N'-Dimethyl)amino-4'-[10'',15'',20''-tri(4'''-methylphenyl)-5''-porphyrinato-Kupfer-(II)]azobenzols **(Cu-39)**. Aufgenommen in Tetrahydrofuran mit einer Spannungsvorschubsgeschwindigkeit von 100 V/s (Leitsalz: 0.08 M TBAPC).

Zusammenfassend kann man sagen, dass die *meso*-Substituenten einen geringen Einfluss auf den Porphyrinmakrozyklus haben, was sich durch die sterische Anordnung des Porphyrins zu den *meso*-Substituenten erklären lässt. Es ist eine größere Delokalisation der π-Elektronen des Porphyrins möglich, was sich natürlich auch auf die Lage der Halbstufenpotenziale auswirkt.

Der Substituent an der Azobenzoleinheit hat allerdings nahezu keinen Einfluss auf die Lage des Oxidationspotenzials. Die Elektronendichte kann durch einen Elektronendonor oder einen Elektronenakzeptor weder so erhöht noch erniedrigt werden, dass dadurch die Oxidation des Porphyrins maßgeblich erleichtert beziehungsweise erschwert wird. Die Oxidationspotenziale der azobenzolsubstituierten Porphyrine sind im Vergleich zu denen des unsubstituierten Tetraphenylporphyrins maximal um 100 mV verschoben (anodisch oder kathodisch).

Der Substituent an der Azobenzoleinheit kann die Elektronendichte des Porphyrins beeinflussen. Dieser Einfluss wirkt sich auf die Lage der Reduktionspotenziale aus. Ein Elektronenakzeptor, wie zum Beispiel eine Nitro-Gruppe, erniedrigt die Elektronendichte im Porphyrin. Diese Erniedrigung ist gering und der Einfluss auf die Lage des Reduktionspotenzials des Porphyrins ist entsprechend klein.

Durch die Einführung eines Metallions, wie zum Beispiel eines Zink-Ions, wird die Oxidation des Porphyrins erleichtert.

Es ist nicht möglich gewesen, für alle Systeme eine genügende Auflösung der Reduktionspeaks zu erhalten, da die Potenzialdifferenz, also die Peak-Peak-Separation, für einige Peaks oft zu gering war.

Für das 4-Hydroxy-4'-[10'',15'',20''-tri(4'''-methylphenyl)-5''-porphyrinyl]azobenzol **(44)** konnte nur das erste Oxidationshalbstufenpotenzial bestimmt werden. Während für die Metallkomplexe alle Oxidationshalbstufenpotenziale bestimmt werden konnten.

Unter den oben besprochenen Randbedingungen der Messungen der Halbstufenpotenziale konnte keine elektrochemisch induzierte *cis-trans*-Isomerisierung der eingesetzten Porphyrine beobachtet werden.

Auch für zwei der azobenzolverknüpften Diporphyrine konnten elektrochemische Messungen durchgeführt werden.

Tab. 4.7: Halbstufenpotenziale der Diporphyrine **48** und **50** gemessen gegen eine Ag/AgCl-Elektrode in Dichlormethan mit einer Spannungsvorschubsgeschwindigkeit von 1 V/s. Alle Messungen beziehen sich auf Ferrocen (Leitsalz: TBATFB).

freie Basen	$E^{1/2}_{Ox.1}$ in V	$E^{1/2}_{Ox.2}$ in V	$\Delta E_{Ox.}$ in V	$E^{1/2}_{Red.1}$ in V	$E^{1/2}_{Red.2}$ in V	$\Delta E_{Ox.1-Red.1}$ in V
48	0.545	0.765	220	-1.695	-2.041	2.240
50	0.520	0.840	320	-1.525[2]	-2.005[2]	2.045

Die elektrochemischen Untersuchungen der Diporphyrine wurden durch ihre geringe Löslichkeit erschwert. Die Konzentration in der sich die Diporphyrine in Dichlormethan und Tetrahydrofuran lösten reichte zum Teil nicht aus, um genügend auswertbare Cyclovoltammogramme aufnehmen zu können.

Die Abbildung 4.20 zeigt ein Voltammogramm des 4,4'-Bis[5-(10,15,20-tri-(4''-hexylphenyl))]azobenzols **(50)** aufgenommen in Dichlormethan. Als Leitsalz wurde TBATFB verwendet (0.05 M). Das Voltammogramm wurde mit einer Spannungsvorschubsgeschwindigkeit von 50 mV/s aufgenommen.

[2] Lösungsmittel: Tetrahydrofuran

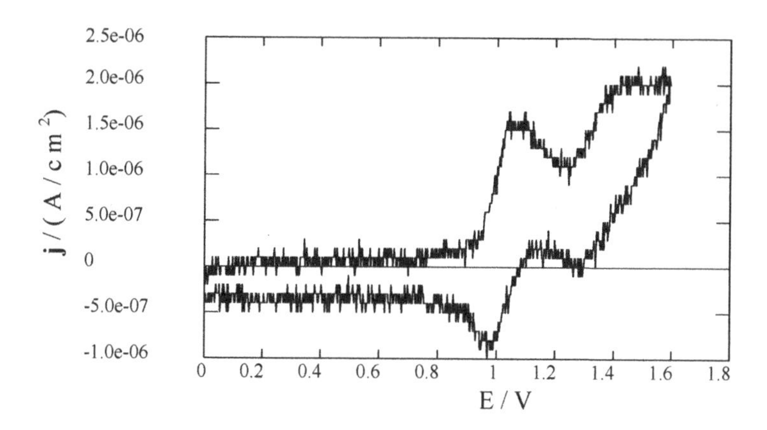

Abb. 4.20: Voltammogramm des 4,4'-Bis[5-(10,15,20-tri-(4''-hexylphenyl))]azobenzols **(50)**. Aufgenommen in Dichlormethan mit einer Spannungsvorschubsgeschwindigkeit von 50 mV/s (Leitsalz: 0.05 M TBATFB).

Der erste Oxidationspeak wird bei $\mathbf{E_{Peak}}$ = 1065 mV und der Peak für die dazugehörige Reduktion bei $\mathbf{E_{Peak}}$ = 975 mV registriert. Für die Potenzialdifferenz zwischen anodischem und kathodischem Peak wurde $\mathbf{\Delta E} \approx$ 90 mV ermittelt. Für den zweiten Oxidationsprozess kann man Peakpotenzial für die Oxidation zum Dikation von $\mathbf{E_{Peak}}$ = 1450 mV und für die dazugehörige Reduktion zum Monokation von $\mathbf{E_{Peak}}$ = 1280 mV bestimmen. Die Potenzialdifferenz beträgt $\mathbf{\Delta E} \approx$ 170 mV. Die Peak-Peak-Separation zwischen dem ersten und zweiten Oxidationsvorgang beträgt für das des 4,4'-Bis[5-(10,15,20-tri-(4''-hexylphenyl))]azobenzol **(50)** $\mathbf{\Delta E} \approx$ 385 mV und ist damit um ca. 100 mV größer als für die azobenzolsubstituierten Monoporphyrine.

Mit größeren Spannungsvorschubsgeschwindigkeiten wurde der zweite Oxidationsprozess irreversibel. Wie schon erwähnt, wurden die Messungen durch die geringe Löslichkeit sehr erschwert. Zum Beispiel wurden die Elektroden meist schon nach wenigen Messungen von einer Schicht des schwerlöslichen Diporphyrins bedeckt. Die Abbildung 4.21 zeigt ein Voltammogramm des 4,4'-Bis[5-(10,15,20-tri-(4''-methylphenyl))]azobenzols **(48)** aufgenommen in Dichlormethan. Als Leitsalz wurde TBATFB verwendet (0.05 M). Das Voltammogramm wurde mit einer Spannungsvorschubsgeschwindigkeit von 1 V/s aufgenommen. Das Voltammogramm zeigt die Reduktion des 4,4'-Bis[5-(10,15,20-tri-(4''-methylphenyl))]azobenzols **(48)**. Für die erste Reduktion wird ein Peakpotenzial von $\mathbf{E_{Peak}}$ = -1320 mV und für die dazugehörige Oxidation mit $\mathbf{E_{Peak}}$ = -1130 mV bestimmt. Die Potenzialdifferenz von $\mathbf{\Delta E} \approx$ 190 mV ist sehr groß. Für den zweiten Reduktionsprozess ist die Potenzialdifferenz mit $\mathbf{\Delta E} \approx$ 135 mV etwas kleiner. Es können für den zweiten Reduktionsschritt folgende Potenziale ermittelt werden. Für die Reduktion beträgt $\mathbf{E_{Peak}}$ = -1635 mV und für die dazugehörige Oxidation beträgt $\mathbf{E_{Peak}}$ = -1500 mV. Die Peak-Peak-Separation ist mit $\Delta\mathbf{E} \approx 315$ mV sehr groß. Vergleicht man die Potenziallagen der beiden untersuchten Diporphyrine mit denen der azobenzolsubstituierten Monoporphyrine, sieht man, dass sowohl das erste Oxidationspotenzial als auch das zweite verschoben sind. Im Vergleich zum 4'-[10'',15'',20''-Tri(4'''-methylphenyl)-5''-porphyrinyl]azobenzol **(47)** zum Beispiel ist das erste Oxidationshalbstufenpotenzial um 10 mV beziehungsweise um 35 mV anodisch verschoben. Beim zweiten Oxidationsprozess ist diese anodische Verschiebung mit fast 100 mV noch deutlicher.

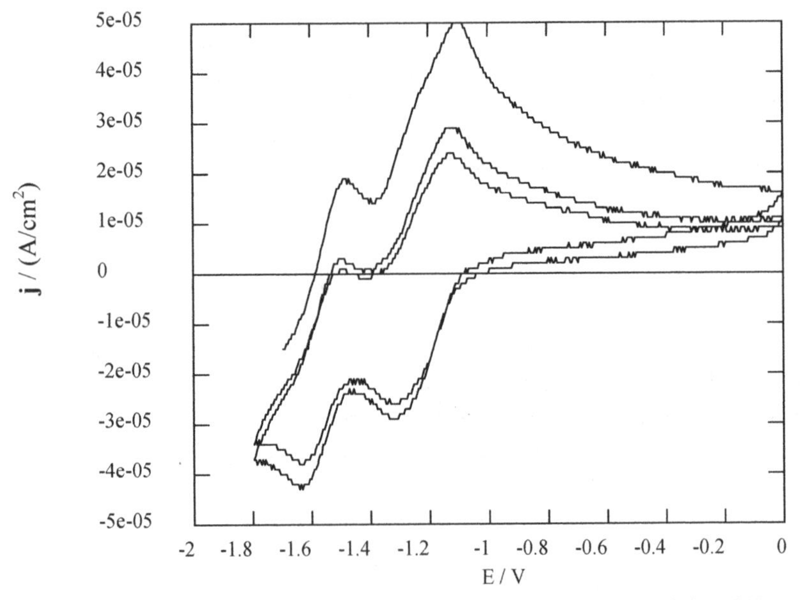

Abb. 4.21: Voltammogramm des 4,4'-Bis[5-(10,15,20-tri-(4''-methylphenyl))]azobenzols **(48)**. Aufgenommen in Dichlormethan mit einer Spannungsvorschubsgeschwindigkeit von 1 V/s (Leitsalz: 0.05 M TBATFB).

Die Reduktion ist im Vergleich zu den azobenzolsubstituierten Monoporphyrinen erleichtert. Für das 4,4'-Bis[5-(10,15,20-tri-(4''-hexylphenyl))]azobenzol **(50)** ist das Reduktionspotenzial um fast 100 mV verschoben. Der Porphyrinrest scheint als Elektronendonor das Oxidationspotenzial zu erhöhen beziehungsweise das Reduktionspotenzial zu erniedrigen, wie auch die Nitrogruppe am Azobenzol bei den Monoporphyrinen. Der elektronische Einfluss des Porphyrinrestes scheint gering zu sein. Vergleicht man die Potenziallagen der Diporphyrine mit denen des TPPs, erkennt man keine großen Differenzen.

5

Spektroskopie

Mit Hilfe der Spektroskopie beobachtet man Wechselwirkungserscheinungen zwischen elektromagnetischer Strahlung und den Atomen oder Molekülen des zu untersuchenden Stoffes. Diese Wechselwirkung lässt Signale bei diskreten Frequenzen entstehen. Das legt den Schluss nahe, dass die Wechselwirkungen mit den durch Quantenbedingungen festgelegten Energieniveaus der Atome oder Moleküle zusammenhängen. In dem sehr weit gespannten elektromagnetischen Spektrum liegen den Wechselwirkungen die verschiedenartigsten physikalischen Gesetzmäßigkeiten zugrunde. Mit den Methoden der angewandten Spektroskopie können deshalb vielfältige und detaillierte Informationen über Zusammensetzung und Aufbau der Stoffe erhalten werden.

5.1 Grundlagen

5.1.1 Elektromagnetische Spektren

Die zu analytisch-chemischen Aussagen genutzte elektromagnetische Strahlung umfasst in der Regel das Frequenzgebiet von 10^6 Hz bis 10^{18} Hz, also den Bereich der Radiowellen, der Wärmestrahlung, des sichtbaren und ultravioletten Lichtes, bis hin zum Gebiet der Röntgenstrahlung.

Atome und Moleküle existieren in diskreten Energiezuständen. Zwischen diesen Zuständen sind Übergänge durch Aufnahme oder Abgabe von Energie

$$E = h\nu = h\frac{c}{\lambda} \tag{5.1}$$

möglich, wobei h das *Planck*sches Wirkungsquantum ist. Die Frequenz ν und die Wellenlänge λ der elektromagnetischen Strahlung sind also durch die Lichtgeschwindigkeit $c = \lambda\,\nu$ miteinander verknüpft. Statt der Frequenz ν wird häufig die Wellenzahl

$$\tilde{\nu} = \frac{1}{\lambda} = \frac{\nu}{c} \tag{5.2}$$

in der Einheit cm^{-1} (1 Kayser) angegeben [161].

Wird Energie aufgenommen, so spricht man von Absorption; wird die Energie in Form eines Quants abgestrahlt, so bezeichnet man diesen Vorgang als Emission. Zwischen der Energiedifferenz zweier Niveaus E_n und E_m ($E_n > E_m$) und der Frequenz der absorbierten oder emittierten Strahlung besteht die Beziehung

$$E_n - E_m = \Delta E = h\,\nu_{nm}. \tag{5.3}$$

In einem Molekül können die Bindungselektronen verschiedene Orbitale besetzen. Man unterscheidet folgende Molekülorbitale, nämlich,

- σ-bindend : σ,
- σ-antibindend : σ^*,
- nicht bindend : n,
- π-bindend : π und
- π-antibindend : π^*.

In einem nichtangeregten Zustand besetzen die Elektronen das niedrigstmögliche Energieniveau. Durch Lichtabsorption kann ein Elektron in ein unbesetztes Orbital übergehen. Die $\sigma \rightarrow \sigma^*$-Übergänge erfordern die höchsten Anregungsenergien, die entsprechenden Absorptionen kann man bei $\lambda < 200$ nm beobachten. Im nahen UV und im sichtbaren Bereich des Spektrums $\lambda > 200$ nm (UV-Vis-Spektrum) treten hauptsächlich Absorptionen durch die $n \rightarrow \pi$- und $\pi \rightarrow \pi^*$-Übergänge auf. Sie können zum Nachweis für π- und n-Elektronenzustände verwendet werden.

Funktionelle Gruppen wie zum Beispiel -C=O, -C=N-, -C≡C-, -N=N- und viele andere verursachen stets Lichtabsorption im UV-Bereich. Sie werden als chromophore Gruppen bezeichnet.

5.2 UV-Spektroskopie

Das UV-VIS-Spektrum ist typisch für große Bereiche in einem Molekül. Die Spektren großer, strukturell ähnlicher Moleküle unterscheiden sich wenig. Sie zeigen häufig nur einzelne sehr breite, sich überlagernde Banden.

Feinere Spektrum-Struktur-Korrelationen sind für einzelne Verbindungsklassen möglich. Es lassen sich zum Beispiel sterische Hinderungen nachweisen, die auf ein konjugiertes System einwirken oder *cis-trans*-Isomere unterscheiden.

Die Grundlage quantitativer Analysen durch Strahlungsabsorption bildet *das Lambert-Beer*sche Gesetz

$$E = \ln \frac{I}{I_o} = \ln \frac{I}{D} = \varepsilon c d \ , \tag{5.4}$$

wobei

E	die Extinktion,
I_o, I	die Intensitäten vor und hinter der Probe,
D	die Durchlässigkeit,
ε	den Extinktionskoeffizienten,
c	die Konzentration und
d	die Schichtdicke

bezeichnet.

5.3 Fluoreszenzspektroskopie

Licht, das von einem Molekül absorbiert wurde, kann auch wieder als Licht ausgestrahlt werden. Das Fluoreszenzspektrum einer Substanz sähe seinem Absorptionsspektrum ähnlich, wenn die Elektronenübergänge ohne gleichzeitige Änderungen von Schwingungszuständen erfolgen würden, also bei beiden Effekten dieselben Vibrationsniveaus beteiligt wären. Tatsächlich findet man, sofern die Schwingungsstruktur scharf ist, zunächst eine übereinstimmende Bande in beiden Spektren. Die weiteren Schwingungsbanden sind bei der Fluoreszenz allerdings nach längeren Wellenlängen verschoben.

In Abbildung 5.1 sieht man das Fluoreszenz- und Absorptionsspektrum des 4'-[10'', 15'',20''-Tri(4'''-methylphenyl)-5''-porphyrinyl]azobenzol **(48)**, die in Dichlormethan aufgenommen wurden. Die Q_{00}-Bande, die den ersten angeregten Singulett-Zustand anzeigt, ist bei den freien Basen aufgespalten in die Q_{X00}- und Q_{Y00}-Bande. Die Aufspaltung beträgt ungefähr 3000 cm^{-1}. Zu jeder dieser Banden kommt noch ein Schwingungsniveau hinzu, und man erhält die Q_{X10}- und die Q_{Y10}-Banden.

Das Fluoreszenzspektrum zeigt zwei Banden, die Q^*_{X00}- und die Q^*_{X01}-Bande. Diese beiden Banden verhalten sich oft wie ein Spiegelbild zu den Absorptionsbanden. Bei dieser Messung wurde bei 419 nm die Fluoreszenz angeregt, das heißt, dass direkt in die Soret-Bande eingestrahlt wurde.

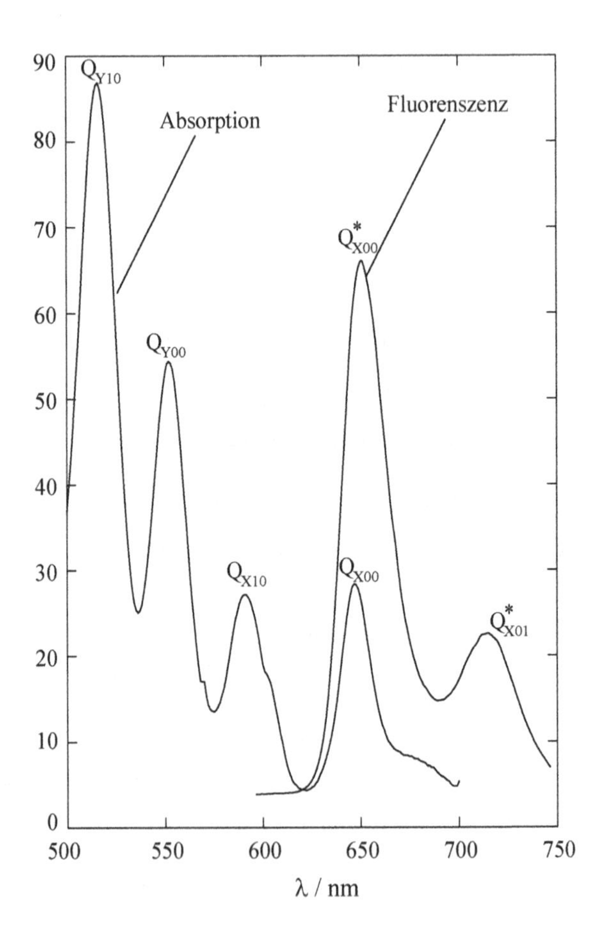

Abb. 5.1: Verwandtschaft zwischen Absorptions- und Fluoreszenzspektren des 4'-[10'',15'',20''-Tri(4'''-methylphenyl)-5''-porphyrinyl]azobenzols **(47)** aufgenommen in Dichlormethan.

Beide Messungen wurden normalisiert und in einer gemeinsamen Graphik übereinander gelegt. Wie man ganz deutlich erkennen kann, sind die Q_{X00}- und die Q^*_{X00}-Banden verschoben. Diese Verschiebung der Q_{X00}- und der Q^*_{X00}-Banden nennt man den *Stokes-Shift*.

Anhand eines Termschemas eines 2-atomigen Moleküls kann das Zustandekommen von Abbildung 5.1 schematisch erklärt werden [162]. Die wesentlichen Mechanismen liefert dabei das *Franck-Condon*-Prinzip.

5.4 Ergebnisse der spektroskopischen Untersuchungen

Charakteristisch für die Porphyrin-Spektren [163] sind die mäßig starke Bande im sichtbaren Bereich und die sehr starke Bande im UV-Bereich (Soret-Bande) sowie die Aufspaltung der sichtbaren Bande und eine Verbreiterung der Soret-Bande bei einem Übergang von einer hohen Symmetrie (Abbildung 5.2) zu einer niedrigeren Symmetrie durch Einführen von Substituenten.

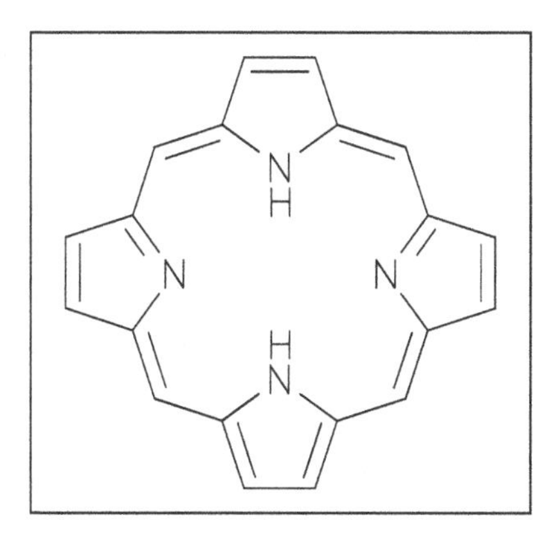

Abb. 5.2: Unsubstituiertes Porphyrin mit hoher Symmetrie.

Platt bezeichnete die sichtbaren Porphyrinbanden als Q-Banden, die in Q_X- und Q_Y-Banden aufspalten und die Soret-Bande als B-Bande [164]. Diese Klassifizierung ist analog zu der bei den kondensierten Kohlenwasserstoffen verwendeten. Weiterführende Details über die Nomenklatur und den Einfluss der Symmetrie auf die Spektren findet man bei Murrell [163].

Alle Absorptionsspektren der im Rahmen dieser Arbeit synthetisierten azosubstituierten Porphyrine zeigen die für die Porphyrine charakteristischen Banden, nämlich die sehr intensive Soret-Absorption (B_{00}) zwischen 418 nm und 420 nm und die vier Q-Banden (Q_{X00}, Q_{X10}, Q_{Y00} und Q_{Y10}) sowie die schwachen N-, L- und M-Banden (Abbildung 5.3).

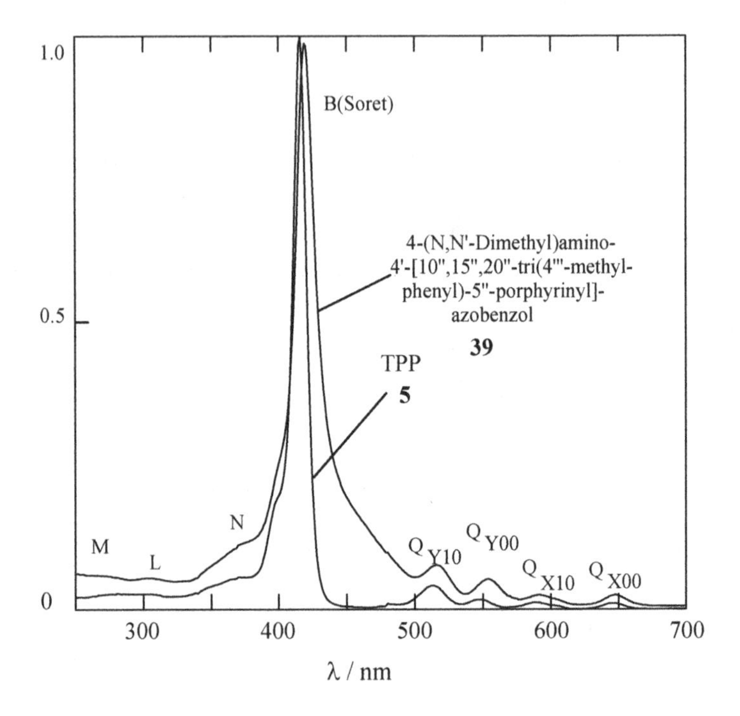

Abb. 5.3: Vergleich des TPP-Absorptionsspektrums und des 4-(N,N'-Dimethyl)-amino-4'-[10'',15'',20''-tri(4'''-methylphenyl)-5''-porphyrinyl]azobenzol-Absorptionsspektrums **(39)** aufgenommen in Dichlormethan.

In der Tabelle 5.1 sind die Absorptionsmaxima und Extinktionskoeffizienten der Absorptions-Banden der untersuchten azobenzolsubstituierten Porphyrine zusammengestellt. *Cis*-Isomere, bei denen schon im Grundzustand eine Verdrillung angenommen werden kann, besitzen einen merklich kleineren Extinktionskoeffizienten als die *trans*-Isomere. Betrachtet man die Extinktionskoeffizienten aller Verbindungen fällt auf, dass die Koeffizienten des 4-Nitro-4'-[10'',15'',20''-tri(4'''-methylphenyl)-5''-porphyrinyl]azobenzols **(45)** deutlich kleiner sind, als die der anderen.

Tab. 5.1: Absorptionsmaxima und Extinktionskoeffizienten der Monoporphyrine **39, 43-47**[3].

Porphyrin	Soret		Q_{Y10}		Q_{Y00}		Q_{X10}		Q_{X00}	
	λ/nm	ε/10⁴	λ/nm	ε/10⁴	λ/nm	ε/10⁴	λ/nm	ε/10⁴	λ/nm	ε/10⁴
45	418.4	14.39	516.1	0.92	555.5	0.60	591.8	0.26	648.3	0.25
46	419.5	29.30	516.6	1.50	553.1	0.99	591.9	0.45	648.0	0.47
47	419.8	33.28	516.6	1.52	553.4	0.95	591.4	0.40	647.2	0.40
43	419.5	30.54	516.2	1.45	553.0	0.90	589.2	0.46	646.8	0.35
44	420.0	30.74	516.7	1.30	553.6	0.80	591.6	0.26	647.1	0.23
39	420.0	26.92	516.5	1.83	554.3	1.19	591.8	0.35	647.4	0.35

Die Soret-Banden, die den zweiten angeregten Singulett-Zustand anzeigen, aller untersuchten azobenzolsubstituierten Monoporphyrine sind im Vergleich zum Tetraphenylporphyrin (TPP) signifikant rotverschoben und zwar um 2.5 nm bis 4 nm. Darüber hinaus kann man eine Verbreiterung der Soret-Absorptionsbande feststellen.

Betrachtet man die Absorptionsbanden, so kann man neben der Rot-Verschiebung noch eine Verbreiterung der Banden feststellen.

Tab. 5.2: Soret-Absorptionsmaxima und Soret-Halbwertsbreiten[3].

Porphyrin	Soret	
	λ_{max} / nm	Halbwertsbreite / cm^{-1}
45	418.4	1040
46	419.5	1160
47	419.8	893
43	419.5	882
44	420.0	896
39	420.0	912
TPP	416	700

[3] Lösungsmittel: Dichlormethan

In Tabelle 5.2 sind zum Beispiel die Soret-Halbwertsbreiten zu sehen. Vergleicht man die Halbwertsbreite des TPPs mit denen der azobenzolsubstituierten Monoporphyrine, so liegt diese Verbreiterung zwischen 180 cm^{-1} und 460 cm^{-1}.

Diese Verbreiterung der Soret-Absorptionsbanden (Tabelle 5.2) kann durch Wechselwirkungen des Porphyrins mit dem Azobenzolchromophor im Grundzustand verursacht werden. Allerdings sind diese Wechselwirkungen nicht besonders ausgeprägt. Dieses liegt wahrscheinlich an der Anordnung des Porphyrinmakrozyklus zur Azobenzoleinheit. Es können konjugative Wechselwirkungen der Aromaten mit dem Porphyrinmakrozyklus auftreten, die aber wegen der mehr oder weniger orthogonalen Anordnung der Phenylreste zum Makrozyklus sehr gering sind. Untersucht wurden diese konjugativen Einflüsse von Connolly et al. [165] für die Serie TPP, Tetra-(2-naphtyl)porphyrin und Tetra-(2-anthryl)porphyrin und die daraus resultierende bathochrome Verschiebung der Absorptionsbanden.

In Abbildung 5.4, die eine Vergrößerung der in Abbildung 5.3 vorgestellten Soret-Bande darstellt, kann man die Verbreiterung der Soret-Absorption noch besser erkennen.

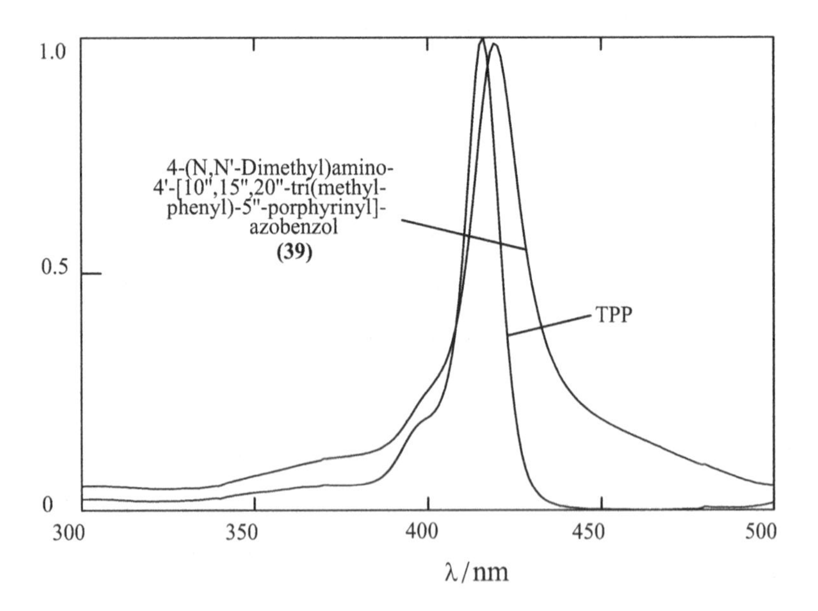

Abb. 5.4: Verschiebung der Soret-Bande des 4-(N,N'-Dimethyl)amino-4'-[10'',15'', 20''-tri(4'''-methylphenyl)-5''-porphyrinyl]azobenzol **(39)** im Vergleich zum TPP aufgenommen in Dichlormethan.

Wie schon erwähnt sind auch die Q-Banden rotverschoben, und zwar um ca. 2 nm bis 7 nm, wie man in Abbildung 5.5 erkennen kann.

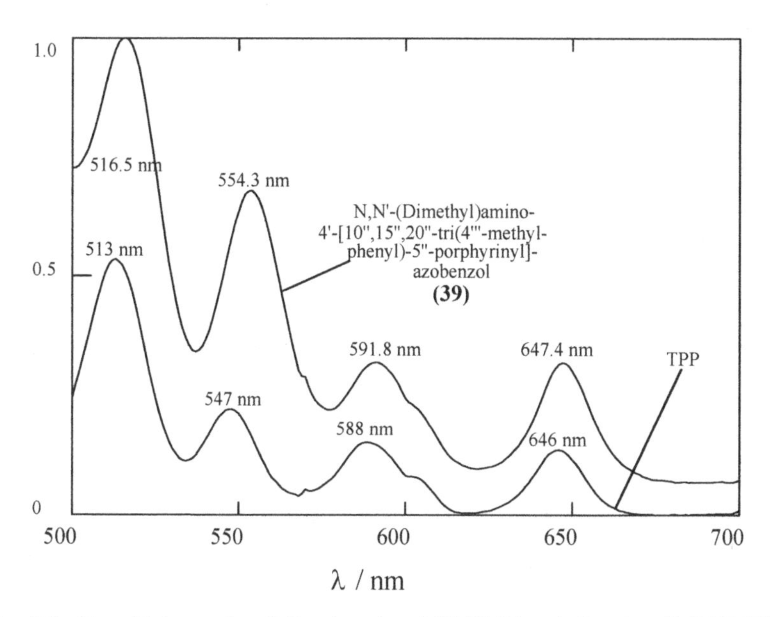

Abb. 5.5: Verschiebung der Q-Banden des 4-(N,N'-Dimethyl)amino-4'-[10'',15'', 20''-tri(4'''-methylphenyl)-5''-porphyrinyl]azobenzol **(39)** im Vergleich zum TPP aufgenommen in Dichlormethan.

Die Q_{00}-Bande, die den ersten angeregten Singulett-Zustand anzeigt, ist bei den freien Basen aufgespalten in die Q_{X00}- und Q_{Y00}-Bande. Die Aufspaltung beträgt ungefähr 3000 cm^{-1}. Zu jeder dieser Banden kommt noch ein Schwingungsniveau hinzu, und man erhält die Q_{X10}- und die Q_{Y10}-Banden. Die Aufspaltung der Q_{X00}- und Q_{X10}-Banden (Absorption) sowie der Q^*_{X00}- und Q^*_{X01}-Banden (Emission) und der Stokes-*Shift* sind in Tabelle 5.3 aufgelistet.

Wie man in Tabelle 5.3 sieht, ist der Stokes-*Shift* der azobenzolsubstituierten Monoporphyrinen etwas größer als beim TPP.

Im Fluoreszenzspektrum wird eine kleinere Aufspaltung beobachtet als bei der Absorption. Da die Fluoreszenz nur vom ersten angeregten Zustand beobachtet wird, wird also bei diesem Vorgang ein anderer Grundzustand erreicht werden als der, von dem man bei der Absorption ausgeht.

Tab. 5.3: Aufspaltung der Q_{X00}-, Q_{X10}- und der Q^*_{X00} -, Q^*_{X01}-Banden und Stokes-Verschiebung [1)].

Porphyrin	Q_{X10}	Q_{X00}	Aufspaltung	Q^*_{X00}	Q^*_{X01}	Aufspaltung	Stokes-*Shift*
	λ/nm	λ/nm	$\Delta\tilde{\nu}$/cm^{-1}	λ/nm	λ/nm	$\Delta\tilde{\nu}$/cm^{-1}	$\Delta\tilde{\nu}$/cm^{-1}
45	591.8	648.3	1485	655.0	718.0	1350	159
46	591.9	648.0	1474	654.5	717.0	1342	155
47	591.4	647.2	1470	654.5	718.5	1372	162
44	591.6	647.1	1461	655.0	718.5	1360	188
43	589.2	646.8	1524	654.0	717.0	1354	172
39	591.8	647.4	1463	654.0	720.0	1413	157
TPP	588	646	1539	652	714	1342	144

[1)]Lösungsmittel: Dichlormethan

In den Abbildungen 5.6 und 5.7 findet man die Aufspaltungen der Q-Banden in den Absorptions- beziehungsweise den Fluoreszenzspektren des 4-(N,N'-Dimethyl)amino-4'-[10'',15'',20''-tri(4'''-methylphenyl)-5''-porphyrinyl]azobenzols **(39)**.

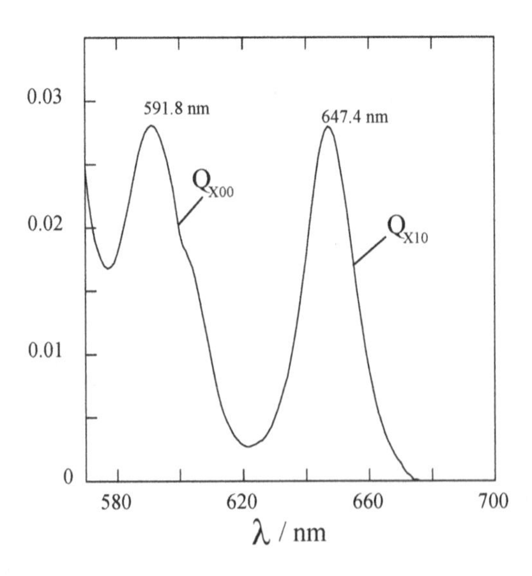

Abb. 5.6: Absorptionsspektrum des 4-(N,N'-Dimethyl)amino-4'-[10'',15'',20''-tri-(4'''-methylphenyl)-5''-porphyrinyl]azobenzols **(39)** aufgenommen in Dichlormethan.

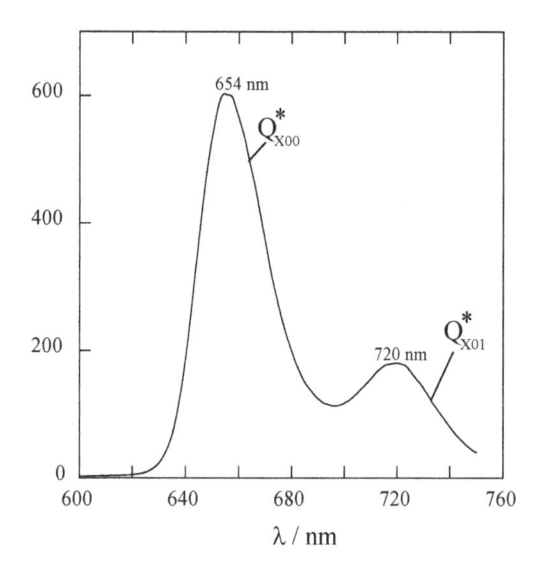

Abb. 5.7: Fluoreszensspektrum des 4-(N,N'-Dimethyl)amino-4'-[10'',15'',20''-tri(4'''-methylphenyl)-5''-porphyrinyl]azobenzol **(39)** aufgenommen in Dichlormethan (Anregungswellenlänge: 419 nm).

Die bathochrome Verschiebung, die man in den Absorptions- und Emissionsspektren beobachten kann, deutet auch auf eine größere π-Elektronenkonjugation hin als beim TPP. Es findet also eine Konjugation der π-Elektronen der Azobenzoleinheit mit den π-Elektronen des Porphyrins statt. Allerdings nimmt der p-Substituent an der Azobenzoleinheit keinen großen Einfluss auf das Absorptionsverhalten.

Eine Möglichkeit dieses Phänomen zu erklären, ist die sterische Anordnung von Porphyrin und Azobenzoleinheit zueinander. Das Porphyrin ist nahezu planar und die *meso*-Substituenten stehen annähernd rechtwinklig (der Winkel beträgt 60° - 90°) zum Porphyrinmakrozyklus, wie man in Abbildung 5.8 erkennen kann.

Diese Abbildung stellt ein Tetra-*meso*-arylsubstituiertes Porphyrin dar. An einer der *meso*-Positionen befindet sich ein Azobenzolrest. Die Abbildung a) stellt das *cis*-Azobenzol dar und b) das *trans*-Azobenzol.

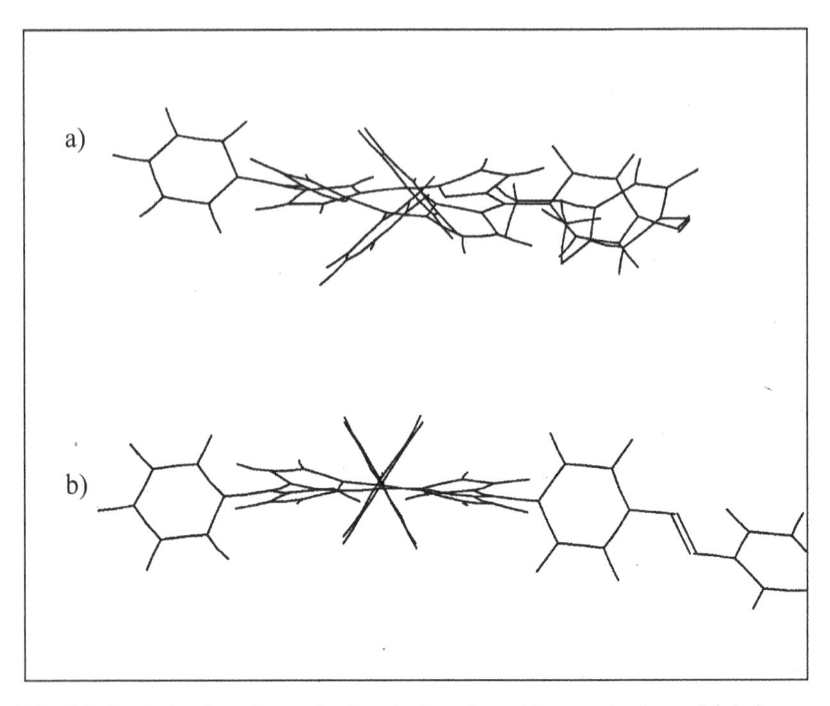

Abb. 5.8: Sterische Anordnung des Porphyrinmakrozyklus zur Azobenzoleinheit (a. *cis*-Azobenzol-Rest b. *trans*-Azobenzol-Rest)

Der zweite Phenylring des *trans*-Azobenzols kann also nur noch sehr schwach mit dem Porphyrin wechselwirken. Bei einer *cis*-Konformation sollten aber zum Beispiel Wechselwirkungen zwischen Porphyrinmakrozyklus und den beiden Phenylresten möglich sein.

Aus dem Vergleich der Intensitätsverhältnisse der Absorptions- und Emissionsbanden, $I(Q_{X00})/I(Q_{X10})$ und $I(Q^*_{X00})/I(Q^*_{X01})$, die in Tabelle 5.4 zu sehen sind, kann man den Einfluss der *meso*-Substituenten auf die π-Elektronendichte des gesamten Makrozyklus ablesen.

Das Intensitätsverhältnis der Q_X-Banden liegt bei den hier untersuchten Monoporphyrinen in der Regel bei $I(Q_{X00})/I(Q_{X10})\approx 1$ beziehungsweise nur wenig unter 1, lediglich beim 2,4,6-Trimethoxy-4'-[10'',15'',20''-tri(4'''-methylphenyl)-5''-porphyrinyl]azobenzol **(43)** ist das Intensitätsverhältnis etwas kleiner. Man stellt auch hier keinen einheitlichen Trend fest, der eine Abhängigkeit von der Natur des p-Substituenten an der Azobenzoleinheit widerspiegelt. Man kann aber aus der Tatsache, dass

$I(Q_{X00})/I(Q_{X10}) \approx 1$ ist, folgern, dass die Geometrie des angeregten Zustandes von der Geometrie des Grundzustandes abweicht.

Tab. 5.4: Intensitätsverhältnisse der $I(Q_{X00})/I(Q_{X10})$- und $I(Q^{*}_{X00})/I(Q^{*}_{X01})$-Banden der Monoporphyrine **39, 43-47**

Porphyrin	$I(Q_{X00})/I(Q_{X10})$	$I(Q^{*}_{X00})/I(Q^{*}_{X01})$
45	0.96	2.8
46	1.04	3.3
47	1.00	3.3
44	0.88	5.1
43	0.76	3.5
39	1.00	3.3
TPP	0.91	2.9

Das Intensitätsverhältnis der Q^{*}_{X}-Banden ist immer deutlich größer als 1. Es liegt bei $I(Q^{*}_{X00})/I(Q^{*}_{X01}) \approx 3$, außer für das 4-Hydroxy-4'-[10'',15'',20''-tri(4'''-methylphenyl)-5''-porphyrinyl]azobenzol **(44)**. Hier ist das Intensitätsverhältnis der Q^{*}-Banden mit $I(Q^{*}_{X00})/I(Q^{*}_{X01}) \approx 5$ also deutlich größer, als für die anderen azobenzolsubstituierten Porphyrine.

Ein Intensitätsverhältnis der Q^{*}_{X}-Banden, das größer als 1 ist, kann folgendermaßen interpretiert werden. Nach Erreichen des angeregten Zustandes kann eine konformative Veränderung es ermöglichen, dass die Grundzustandsgeometrie und die Geometrie des angeregten Zustandes angeglichen werden können. Diese Angleichung der Geometrien gelingt offensichtlich beim 4-Hydroxy-4'-[10'',15'',20''-tri(4'''-methylphenyl)-5''-porphyrinyl]azobenzol **(44)** am besten, denn das Intensitätsverhältnis der Q^{*}_{X}-Banden ist hier am größten.

Berechnet man E_{00} aus den Absorption- und Emissionsspektren, so findet man auch hier bestätigt, dass die Art des p-Substituenten an der Azobenzoleinheit keinen Einfluss auf die spektroskopischen Eigenschaften ausübt. Tabelle 5.5 stellt die Ergebnisse für die E_{00}-Energien, berechnet aus den Absorptions- und Emissionsenergien, zusammen.

Tab. 5.5: Berechnung der E_{00}-Energien aus den Absorptions- und Emissionsbanden.

Porphyrin	Absorption	$E_{Abs.}$		Emission	$E_{Em.}$		E_{00}	
	λ / nm	kcal/mol	eV/mol	λ / nm	kcal/mol	eV/mol	kcal/mol	eV/mol
45	648.3	44.12	1.914	655.0	43.66	1.894	43.89	1.904
46	648.0	44.14	1.915	654.5	43.70	1.896	43.92	1.906
47	647.2	44.19	1.917	654.5	43.70	1.896	43.95	1.907
43	646.8	44.08	1.920	654.0	43.73	1.897	43.91	1.906
44	647.1	44.20	1.917	655.0	43.66	1.894	43.93	1.906
39	647.4	44.18	1.917	654.0	43.73	1.897	43.96	1.907
TPP	646	44.27	1.921	652	43.87	1.903	44.07	1.912

Es sollte an Hand der spektroskopischen Untersuchungen festgestellt werden, wie groß der Einfluss einer Azogruppe auf das Absorptions- und Emissionsverhalten der Porphyrine ist. Bei den Azoverbindungen besitzen die beiden Stickstoffatome freie Elektronenpaare, so dass bei einer *cis-trans*-Isomerisierung noch $n \rightarrow \pi^*$-Anregungen und andere Bewegungsarten zu berücksichtigen sind.

Eine optische Anregung einer der isomeren Formen würde zum angeregten Singulett-Zustand S_1 führen, in dem die Rotationsbarriere erheblich niedriger ist als im Grundzustand.

Wegen sterischer Wechselwirkungen zwischen den Substituenten liegen Edukt und/oder Produkt dieser Reaktion häufig schon im Grundzustand S_0 in einer leicht verdrillten Form vor, so dass die Isomerisierung dann mit einer Rotation um weniger als 180° verbunden ist. Der um nahezu 90° verdrillte Singulett-Anregungszustand wurde früher als hypothetisch angesehen und als „Phantom-Zustand" bezeichnet. Inzwischen haben blitzlichtspektroskopische Untersuchungen im Pikosekundenbereich den Nachweis [166,167] dieses Zustandes erbracht.

PE-spektroskopische Untersuchungen, beispielsweise von Azomethan [168], haben gezeigt, dass das π-MO, wie in dem Orbital-Korrelationsdiagramm für die *cis-trans*-Isomerisierung von Diazenen (Anhang B) zu sehen ist, energetisch zwischen den Orbitalen n_+ und n_- liegt.

Es handelt sich dabei um eine normale HOMO-LUMO-Kreuzung. Allerdings ändert sich die energetische Reihenfolge der n-Orbitale. Die *trans-cis*-Umwandlung ist im Grundzustand verboten und im ersten angeregten Singulett- und Triplettzustand erlaubt [169]. Bei den Azoalkanen handelt es sich dabei um einen $n \rightarrow \pi^*$-angeregten Zustand. Beim Azobenzol erfolgt die *cis-trans*-Isomerisierung im $^1(\pi\text{-}\pi^*)$-Zustand durch Rotation und im $^1(n\text{-}\pi^*)$-Zustand durch Inversion.

Bei den untersuchten Porphyrinen wurden die Absorptionsbanden des Azobenzols durch die Porphyrinabsorptionen, die wesentlich größere Extinktionskoeffizienten besitzen, überlagert. Man kann auf Grund dieser starken Absorptionen die $n \rightarrow \pi^*$- und $\pi \rightarrow \pi^*$-Übergänge der Azo-Absorptionen nicht besonders gut zuordnen, und man kann auch keine Rückschlüsse auf die Isomerie der Azogruppe durchführen.

5.4.1 Lösungsmitteleffekte

Das Lösungsmittel kann durch spezifische und nicht-spezifische Wechselwirkungen die Lichtabsorption organischer Moleküle beeinflussen. Bei den nicht-spezifischen Wechselwirkungen mit aprotischen Lösungsmitteln handelt es sich vorwiegend um Dipol-Dipol- beziehungsweise um Polarisationswechselwirkungen.

Je polarer das Lösungsmittel ist, desto stärker sind diese Wechselwirkungen, und sie lassen sich in vielen Fällen durch ein Kontinuumsmodell beschreiben, in welchem die Wechselwirkungen im Wesentlichen durch die Dielektrizitätskonstante und den Brechungsindex des Lösungsmittels beschrieben wird.

Daneben können auch spezifische Wechselwirkungen wie in H-Brücken oder in Donator-Akzeptor-Komplexen eine Rolle spielen.

Es sind auch eine Reihe von Lösungsmittelparametern wie die Z-Werte [170-172] oder die $\mathbf{E_T}$-Werte [173,174] (Aktivierungsenergie $\mathbf{E_T} = \mathbf{hcN_A\nu}$ in kJ/mol, wobei $\boldsymbol{\nu}$ die gemessene Frequenz des Absorptionsmaximums bedeutet) eingeführt worden, welche die Polarität des Lösungsmittels unter Einfluss aller denkbaren Wechselwirkungen zwischen Lösungsmittel und gelöstem Molekül erfassen.

Die Wechselwirkung nimmt mit steigender Polarität des Lösungsmittels zu, und je nachdem, ob sie den angeregten Zustand oder den Grundzustand stärker stabilisiert, resultiert daraus eine zunehmende bathochrome oder hypsochrome Verschiebung, die als positive oder negative Solvatochromie bezeichnet wird.

Da bei $\pi \rightarrow \pi^*$-Übergängen der angeregte Zustand meist stärker polar ist als der Grundzustand, beobachtet man in der Regel eine positive Solvatochromie.

In der Tabelle 5.7 sind die Absorptions- und Emissionswellenlängen der freien Basen und der Zink-Komplexe der Monoporphyrine **39, 43-47** aufgeführt. Sie sind in verschiedenen Lösungsmitteln aufgenommen, und zwar in Ethylacetat, Dichlormethan/Chlorbenzol und Dichlormethan/Aceton.

Es wurden für diese Untersuchungen Lösungsmittel [175] unterschiedlicher Polarität ausgesucht, um festzustellen, ob eines der Lösungsmittel in der Lage ist, den Grundzustand oder einen angeregten Zustand zu stabilisieren. In der folgenden Tabelle 5.6 bezeichnet ε_r die relative Dielektrizitätskonstante der Lösungsmittel.

Tab. 5.6: Dielektrizitätskonstanten der verwendeten Lösungsmittel.

Lösungsmittel	Ethylacetat	Chlorbenzol/ Dichlormethan	Dichlormethan	Aceton/ Dichlormethan
ε_r	6.02	7.7	8.93	13.6

In der Tabelle 5.7 kann man die aus den spektroskopischen Daten berechneten Soret-Halbwertsbreiten sehen, die aus den verschiedenen Messungen bestimmt worden sind. Zum besseren Vergleich sind die wichtigsten Daten für die Messungen in Dichlormethan hier noch einmal aufgeführt.

Tab. 5.7: Soret-Absorptionsmaximum und Soret-Halbwertsbreite (H.B.) aufgenommen in **a)** Ethylacetat, **b)** Chlorbenzol/Dichlormethan, **c)** Dichlormethan und **d)** Aceton/Dichlormethan.

freie Basen	(a)		(b)		(c)		(d)	
	λ_{max} / nm	H. B. / cm^{-1}	λ_{max} / nm	H. B. / cm^{-1}	λ_{max} / nm	H. B. / cm^{-1}	λ_{max} / nm	H. B. / cm^{-1}
45	415.2	998	419.7	1031	418.4	1040	416.7	1109
46	416.5	920	421.0	961	419.5	1160	417.7	1176
47	416.3	858	421.3	1026	419.8	893	418.1	910
44	417.0	988	421.9	890	419.5	882	418.6	1042
43	416.5	853	420.9	835	420.0	896	417.9	783
39	416.6	910	422.1	1150	420.0	912	418.4	1103

In den drei unterschiedlichen Lösungsmitteln sind die Soret-Banden im Vergleich zum Dichlormethan um 2-5 nm verschoben. Die Differenz zwischen den Q_{X00}- und den Q_{X10}-Banden liegt zwischen 1458 cm^{-1} und 1505 cm^{-1}. Diese Werte weichen im Wesentlichen nicht von den in reinem Dichlormethan bestimmten Werten ab.

Die Soret-Halbwertsbreiten variieren von 783 cm^{-1} bis 1176 cm^{-1}. Für die einzelnen Lösungsmittel wird keine Abhängigkeit der Soret-Halbwertsbreite von der Art des p-Substituenten an der Azobenzoleinheit beobachtet.

Korreliert man die Soret-Banden mit der Substituentenkonstante σ^+, so erhält man die in der Abbildung 5.9 gezeigten Geraden.

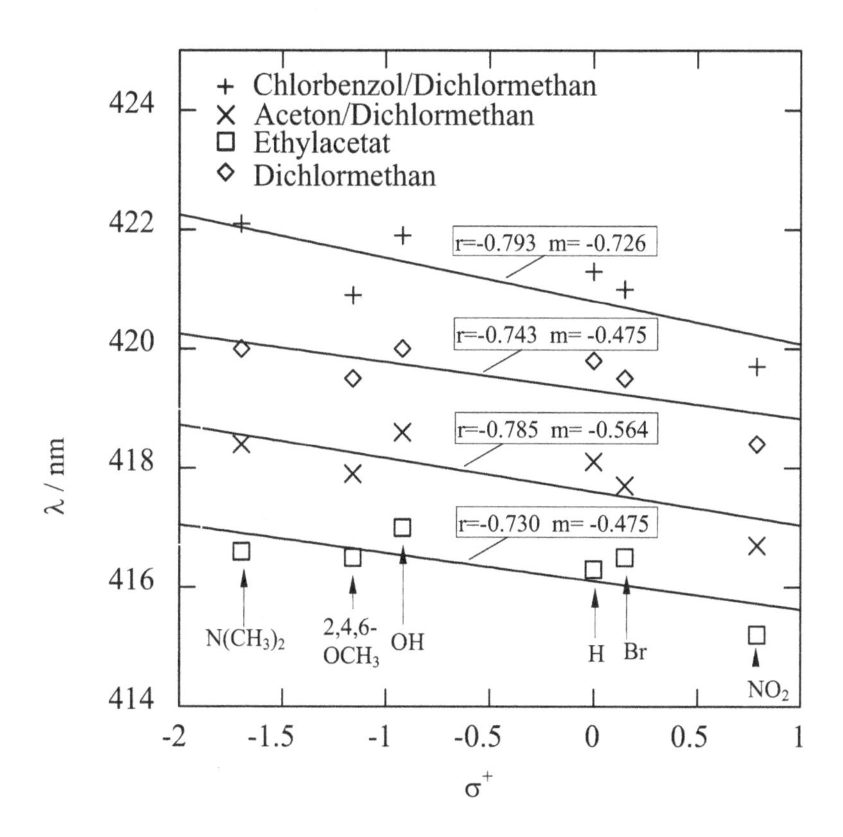

Abb. 5.9: Soret-Absorption ($\lambda_{max.}$) gegen die Substituentenkonstante σ^+ in verschiedenen Lösungsmitteln (Chlorbenzol/Dichlormethan, Dichlormethan, Aceton/Dichlormethan und Ethylacetat). Die Steigungen m verstehen sich hier in Einheiten von nm.

Die Tendenz für die Soret-Absorption ist bei allen vier verschiedenen Lösungsmitteln gleich. Je stärker elektronenziehend der p-Substituent ist, desto weiter ist das Soret-Absorptionsmaximum zu kürzeren Wellenlängen (hypsochrom) verschoben.

Wird die Messung in Dichlormethan als Standard verwendet, wird sichtbar, dass die Soret-Absorption in Ethylacetat und in Aceton/Dichlormethan blau (hypsochrom) verschoben ist und in Chlorbenzol/Dichlormethan rot (bathochrom) verschoben ist.

In den Tabellen 5.8-5.9 sind die charakteristischen Daten für die verschiedenen Porphyrine in den unterschiedlichen Lösungsmitteln zu sehen. In den Tabellen 5.8 ist zunächst der Stokes-***Shift*** für die einzelnen Lösungsmittel berechnet.

Tab. 5.8a,b: Stokes-*Shift* aus den Absorptions- und Fluoreszenzdaten der Monoporphyrine **39, 43-47** aufgenommen in **a)** Ethylacetat und **b)** in Chlorbenzol/Dichlormethan.

(a)	Q_{X00}	Q^*_{X00}	Stokes-*Shift*
Porphyrin	λ/nm	λ/nm	$\Delta\tilde{\nu}$/cm^{-1}
45	647.7	654.5	162
46	647.5	653.5	143
47	647.7	651.0	79
44	647.0	650.0	72
43	647.1	650.0	70
39	647.7	650.0	55

(b)	Q_{X00}	Q^*_{X00}	Stokes-*Shift*
Porphyrin	λ/nm	λ/nm	$\Delta\tilde{\nu}$/cm^{-1}
45	650.0	656.5	154
46	648.5	656.0	178
47	649.1	654.0	116
44	648.7	653.0	102
43	648.7	652.0	78
39	649.4	653.0	85

Tab. 5.8c,d: Stokes-*Shift* aus den Absorptions- und Fluoreszenzdaten der Monoporphyrine **39, 43-47** aufgenommen in **c)** Dichlormethan und **d)** in Aceton/Dichlormethan (1:1).

(c)	Q_{X00}	Q^{*}_{X00}	Stokes-*Shift*
Porphyrin	λ/nm	λ/nm	$\Delta\tilde{\nu}/cm^{-1}$
45	648.3	655.0	159
46	648.0	654.5	155
47	647.2	654.5	162
44	647.1	655.5	188
43	648.8	654.0	172
39	647.4	654.0	157

(d)	Q_{X00}	Q^{*}_{X00}	Stokes-*Shift*
Porphyrin	λ/nm	λ/nm	$\Delta\tilde{\nu}/cm^{-1}$
45	648.0	650.5	60
46	646.5	654.0	179
47	647.4	650.0	62
44	647.4	652.0	110
43	647.2	651.0	91
39	647.9	648.0	3

Der Stokes-*Shift* scheint eine Abhängigkeit von der Art des Lösungsmittels aufzuweisen. Die Größe dieser Verschiebung für ein bestimmtes Porphyrin scheint aber in den drei verschiedenen Lösungsmitteln oft in der gleichen Größenordnung zu sein.

In den Lösungsmitteln Ethylacetat und Chlorbenzol/Dichlormethan, also den unpolareren Lösungsmitteln, kann man für den Stokes-*Shift* deutlich eine Abhängigkeit von der Art des p-Substituenten erkennen. Je elektronenziehender der Substituent ist, desto größer ist der Stokes-*Shift*. Je elektronenreicher der Porphyrinmakrozyklus ist, desto kleiner wird die Verschiebung der Absorptions- und Emissionsbanden.

Zu erwähnen ist auch die ungewöhnlich niedrige Stokes-*Shift* des 4-(N,N'-Dimethyl)amino-4'-[10'',15'',20''-tri(4'''-methylphenyl)-5''-porphyrinyl]azobenzols **(39)** in Aceton/Dichlormethan. Die Q_{X00}- und die Q^*_{X00}-Bande sind nur um 0.1 nm verschoben. Damit beträgt der Stokes-*Shift* nur $\Delta\tilde{\nu} = 3$ cm^{-1}.

Eine mögliche Erklärung dieses Verhaltens ist, dass die Amino-Gruppe in der Lage ist, einen Elektronentransfer von der Aminophenylgruppe auf den Porphyrinmakrozyklus durchzuführen. Es könnte so ein Zwitterion entstehen, das gut stabilisiert ist. Dieser elektronenreiche Makrozyklus würde somit den besonders kleinen Stokes-*Shift* erklären.

In den folgenden Tabellen 5.9a-c sind die unterschiedlichen Intensitätsverhältnisse $I(Q_{X00})/I(Q_{X10})$ und die Aufspaltungen der Q_{X00}- und Q_{X10}-Banden der freien Basen der Monoporphyrine **39, 43-47** zu sehen (aufgenommen in verschiedenen Lösungsmitteln und zwar in Ethylacetat, in Chlorbenzol/Dichlormethan und in Aceton/Dichlormethan).

Die Aufspaltungen der Q_{X00}- und Q_{X10}-Banden unterscheiden sich in den verschiedenen Lösungsmitteln kaum. Die Intensitätsverhältnisse der Q_X-Banden liegen bei allen drei untersuchten Lösungsmitteln bei $I(Q_{X00})/I(Q_{X10}) \approx 1$. Zum Vergleich sind die Werte für die Messungen in Dichlormethan aufgeführt.

Tab. 5.9a: Intensitätsverhältnisse der $I(Q_{X00})/I(Q_{X10})$-Banden und die Aufspaltung der Q_{X00}- und Q_{X10}-Banden der Monoporphyrine **39, 43-47** gemessen in Ethylacetat.

(a)	Q_{X10}	Q_{X00}	Aufspaltung	$I(Q_{X00})/I(Q_{X10})$
Porphyrin	λ/nm	λ/nm	$\Delta\tilde{\nu}$/cm^{-1}	
45	591.5	647.7	1479	1.0
46	590.5	647.5	1503	0.83
47	591.2	647.7	1487	0.98
44	591.1	647.0	1473	0.91
43	591.0	647.1	1479	1.1
39	591.9	647.7	1467	0.96

Tab. 5.9b-d: Intensitätsverhältnisse der $I(Q_{X00})/I(Q_{X10})$-Banden und die Aufspaltung der Q_{X00}- und Q_{X10}-Banden der Monoporphyrine **39, 43-47** gemessen in **b)** Chlorbenzol/Dichlormethan (1:1), **c)** Dichlormethan und **d)** Aceton/Dichlormethan (1:1).

(b) Porphyrin	Q_{X10} λ/nm	Q_{X00} λ/nm	Aufspaltung $\Delta\tilde{\nu}$/cm^{-1}	$I(Q_{X00})/I(Q_{X10})$
45	592.6	650.0	1505	1.0
46	592.6	648.5	1466	0.71
47	592.6	649.1	1481	1.11
44	592.6	648.7	1471	0.95
43	592.2	648.7	1482	0.94
39	592.8	649.4	1482	1.0

(c) Porphyrin	Q_{X10} λ/nm	Q_{X00} λ/nm	Aufspaltung $\Delta\tilde{\nu}$/cm^{-1}	$I(Q_{X00})/I(Q_{X10})$
45	591.8	648.3	1485	0.96
46	591.9	648.0	1474	1.04
47	591.4	647.2	1470	1.00
44	591.6	647.1	1461	0.88
43	589.2	646.8	1524	0.76
39	591.8	647.4	1463	1.0

(d) Porphyrin	Q_{X10} λ/nm	Q_{X00} λ/nm	Aufspaltung $\Delta\tilde{\nu}$/cm^{-1}	$I(Q_{X00})/I(Q_{X10})$
45	591.5	650.0	1505	0.91
46	592.6	648.5	1466	0.91
47	591.4	647.4	1474	1.11
44	591.6	647.4	1469	1.0
43	591.8	647.2	1458	0.92
39	592.1	647.9	1466	1.11

Die Intensitätsverhältnisse der Q_x-Banden liegen bei $I(Q_{X00})/I(Q_{X10}) \approx 1$. Man kann keinen einheitlichen Trend für die verschiedenen Substituenten feststellen, der ihren Einfluss auf das spektroskopische Verhalten der azobenzolsubstituierten Porphyrine wiedergibt. Man kann erkennen, dass die verschiedenen Lösungsmittel nicht in der Lage sind, die Porphyrine maßgeblich zu beeinflussen.

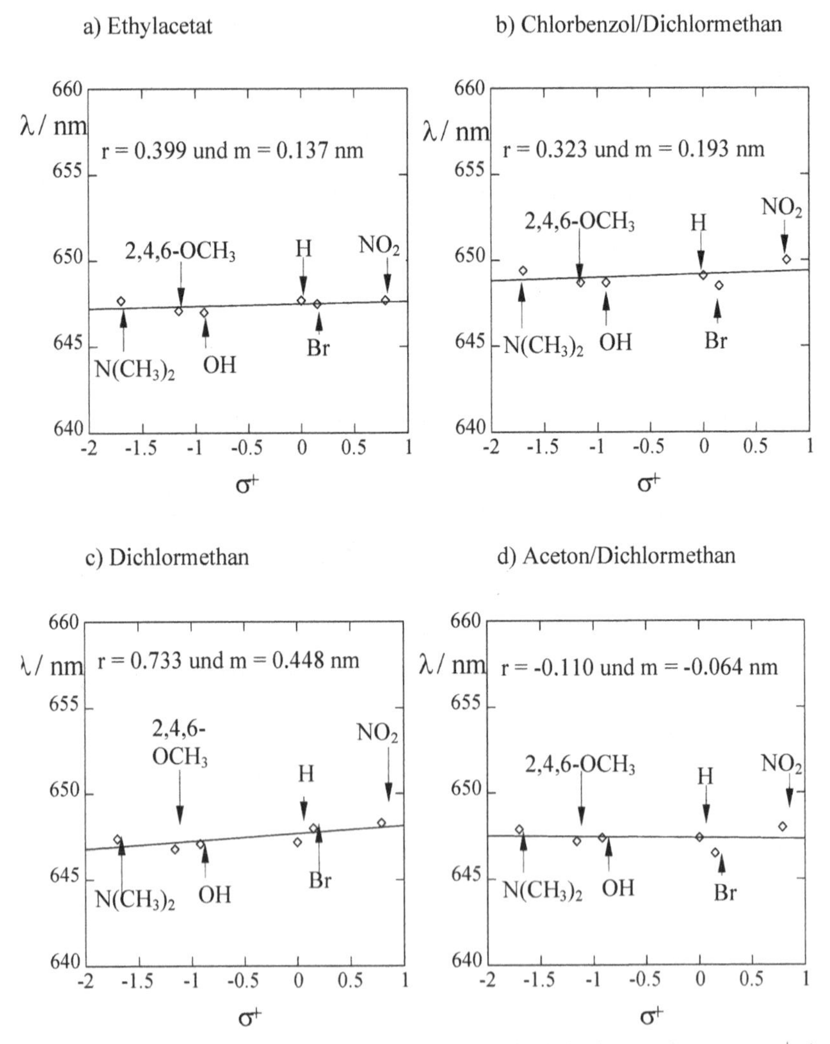

Abb. 5.10: Korrelation der Q_{X00}-Banden gegen die Substituentenkonstante σ^+, bestimmt in verschiedenen Lösungsmitteln.

In den folgenden Abbildungen 5.10a-d sind die Q_{X00}-Banden, gemessen in vier verschiedenen Lösungsmitteln, mit der Substituentenkonstante σ^+ korreliert. Es ist deutlich zu erkennen, dass die Q_{X00}-Bandenlage unabhängig vom σ^+-Wert ist. Die Intensitätsverhältnisse der Q_X-Banden ist bei allen Porphyrinen bei $I(Q_{X00})/I(Q_{X10}) \approx 1$.

In den folgenden Tabellen 5.10a-d) sind die unterschiedlichen Intensitätsverhältnisse der $I(Q^*_{X00})/I(Q^*_{X01})$-Banden und die Aufspaltungen der Q^*_{X00}- und Q^*_{X01}-Banden der freien Basen der Monoporphyrine **39, 43-47** zu sehen (aufgenommen in verschiedenen Lösungsmitteln, nämlich in Ethylacetat, in Chlorbenzol/Dichlormethan und in Aceton/ Dichlormethan).

Tab. 5.10a,b: Aufspaltung der Q^*_{X00}- und Q^*_{X10}-Banden und die Intensitätsverhältnisse der $I(Q^*_{X00})/I(Q^*_{X10})$-Banden der Monoporphyrine **39, 43-47** gemessen in **a)** Ethylacetat und **b)** Chlorbenzol/Dichlormethan (1:1).

(a) Porphyrin	Q^*_{X00} λ/nm	Q^*_{X01} λ/nm	Aufspaltung $\Delta\tilde{\nu}$/cm^{-1}	$I(Q^*_{X00})/I(Q^*_{X01})$
45	654.5	718.5	1372	3.5
46	653.5	718.5	1395	2.9
47	652.0	718.0	1421	3.6
44	652.0	718.0	1421	3.6
43	652.0	718.0	1421	3.6
39	653.0	719.0	1417	3.9

(b) Porphyrin	Q^*_{X00} λ/nm	Q^*_{X01} λ/nm	Aufspaltung $\Delta\tilde{\nu}$/cm^{-1}	$I(Q^*_{X00})/I(Q^*_{X01})$
45	656.5	719.5	1344	3.2
46	656.0	720.0	1366	3.5
47	655.0	720.5	1399	3.7
44	655.5	720.5	1387	3.8
43	655.5	720.5	1387	3.6
39	656.0	720.5	1376	4.1

Tab. 5.10c,d: Aufspaltung der Q^*_{X00}- und Q^*_{X10}-Banden und die Intensitätsverhältnisse der $I(Q^*_{X00})/I(Q^*_{X10})$-Banden der Monoporphyrine **39, 43-47** gemessen in **c)** Dichlormethan und **d)** Aceton/Dichlormethan (1:1).

(c) Porphyrin	Q^*_{X00} λ/nm	Q^*_{X01} λ/nm	Aufspaltung $\Delta\tilde{\nu}$/cm^{-1}	$I(Q^*_{X00})/I(Q^*_{X01})$
45	655.0	718.0	1350	2.8
46	654.5	717.0	1342	3.3
47	654.5	718.5	1372	3.3
44	655.5	718.5	1360	5.1
43	654.0	717.0	1354	3.5
39	654.0	720.0	1413	3.3

(d) Porphyrin	Q^*_{X00} λ/nm	Q^*_{X01} λ/nm	Aufspaltung $\Delta\tilde{\nu}$/cm^{-1}	$I(Q^*_{X00})/I(Q^*_{X01})$
45	650.5	714.0	1378	1.6
46	654.0	718.0	1374	3.8
47	653.0	718.5	1407	3.6
44	652.5	718.5	1419	3.8
43	653.5	719.5	1415	3.8
39	653.5	720.0	1425	4.1

Die Intensitätsverhältnisse der Q^*_X-Banden sind für alle hier untersuchten azobenzolsubstituierten Porphyrine deutlich größer als $I(Q^*_{X00})/I(Q^*_{X01})>1$. Dabei scheint dieses Verhalten unabhängig von der Polarität des Lösungsmittels zu sein. Es sind aber in allen Lösungsmitteln konformative Veränderungen der Geometrie des Porphyrins möglich. Grundzustandsgeometrie und die Geometrie des angeregten Zustandes können sich einander angleichen.

Auffällig ist der kleinere Wert für das 4-Nitro-4'-[10'',15'',20''-tri(4'''-methylpenyl)-5''-porphyrinyl]azobenzol **(45)** in Aceton/Dichlormethan, dem in dieser Reihe polarstem Lösungsmittel. Möglicherweise wird die Geometrie des Porphyrins durch eine Nitrogruppe besser stabilisiert und es ist nicht mehr so leicht möglich, dass sich die Geometrien der verschiedenen Zustände angleichen können, wie zum Beispiel bei den anderen Porphyrinen.

Die Aufspaltungen der Q^*_{X00}- und Q^*_{X01}-Banden sind um ca. 100 cm^{-1} kleiner als die Aufspaltungen der Q_{X00}- und Q_{X10}-Banden. Die Intensitätsverhältnisse der Q^*_X-Banden liegen, wie für die Messungen in Dichlormethan, zwischen 3 und 4.

In den folgenden Abbildungen 5.11a-d) sind die Q^*_{X00}-Banden mit der Substituenten-konstante σ^+ korreliert.

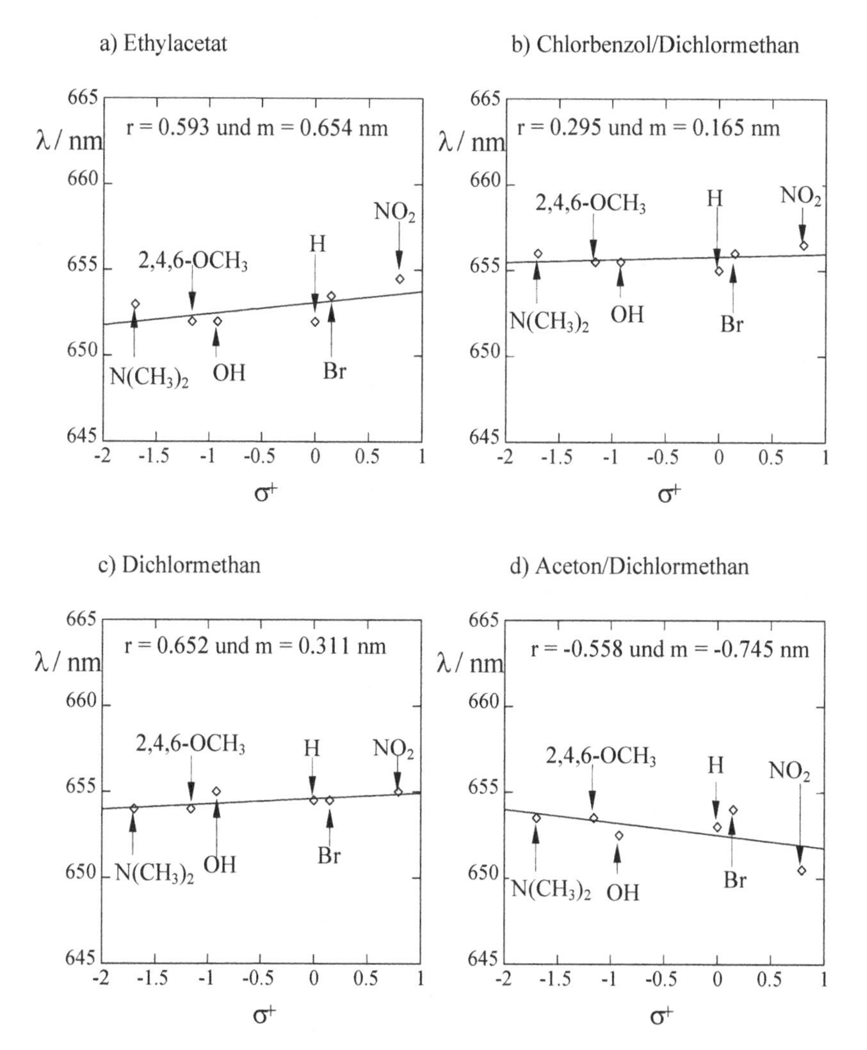

Abb. 5.11: Wellenlängen der Q^*_{X00}-Banden aufgetragen gegen σ^+ in verschiedenen Lösungsmitteln.

Auch für die Q^*_{X00}-Banden ist keine Abhängigkeit von der Substituentenkonstanten σ^+ zu erkennen. Insgesamt betrachtet hat der Substituent an der Azobenzoleinheit nur eine kleine Wirkung auf den Porphyrinmakrozyklus und auf seine spektroskopischen Eigenschaften.

5.5 Spektroskopische Untersuchung der Metalloporphyrine

Auch die Metallkomplexe der azobenzolsubstituierten Monoporphyrine, die Zink- und Kupferkomplexe, wurden spektroskopisch untersucht. In der Tabellen 5.11 kann man zunächst die Soret-Absorptionsmaxima und die Halbwertsbreiten der Metallkomplexe sehen.

Tab. 5.11: Soret-Absorptionsmaxima und Soret-Halbwertsbreiten[I)] (H. B.) der Zink- und Kupferkomplexe der Monoporphyrine **39, 43-47**.

	Soret			Soret	
	λ_{max} / nm	H. B. / cm^{-1}		λ_{max} / nm	H. B. / cm^{-1}
Zn-45	420.8	1018	**Cu-45**	415.1	917
Zn-46	421.8	1206	**Cu-46**	416.3	1040
Zn-47	420.5	902	**Cu-47**	416.3	979
Zn-44	421.0	772	**Cu-44**	416.7	1140
Zn-43	421.8	1081	**Cu-43**	416.4	1275
Zn-39	421.3	911	**Cu-39**	416.6	1355

[I)]Lösungsmittel: Dichlormethan

Auch bei den Metallkomplexen kann man die Verbreiterung der Soret-Absorptionsbanden erkennen, die durch die Wechselwirkungen des Porphyrins mit dem Azobenzol verursacht wird.

Die Q-Bande ist bei den Metallkomplexen aufgespalten in die Q_{00}- und Q_{10}-Bande. Die Aufspaltungen betragen $\Delta\tilde{\nu}$=1255 cm^{-1} bis 1363 cm^{-1} für die Zinkkomplexe und $\Delta\tilde{\nu}$=1162 cm^{-1} bis 1277 cm^{-1} für die Kupferkomplexe. Die Aufspaltung der Q_{00}- und Q_{10}-Banden (Absorption) sowie der Q^*_{X00}- und Q^*_{X01}-Banden (Emission) sind in den Tabellen 5.12-5.13 aufgelistet.

Tab. 5.12: Aufspaltung der Q_{00}-, Q_{10}- und der Q^{*}_{00}-, Q^{*}_{01}-Banden[4] der Zinkkomplexe der Monoporphyrine **39, 43-47** und der Stokes-*Shift*.

Zink-komplexe	Q_{10} λ/nm	Q_{00} λ/nm	Aufspaltung $\Delta\tilde{\nu}$/cm^{-1}	Q^{*}_{00} λ/nm	Q^{*}_{01} λ/nm	Aufspaltung $\Delta\tilde{\nu}$/cm^{-1}	Stokes-*Shift* $\Delta\tilde{\nu}$/cm^{-1}
Zn-45	551.3	595.7	1363	600.0	646.9	1218	121
Zn-46	550.9	592.3	1279	600.0	646.9	1218	220
Zn-47	548.9	588.5	1236	604.0	649.0	1157	448
Zn-44	548.9	588.9	1247	604.0	648.5	1145	437
Zn-43	549.7	590.5	1267	602.5	650.0	1223	344
Zn-39	549.2	589.5	1255	604.5	649.0	1143	432

Neben der Aufspaltung der Q_{00}- und Q_{10}-Banden und der Q^{*}_{00}- und Q^{*}_{01}-Banden wird der Stokes-*Shift* (die Verschiebung der Q_{00} und Q^{*}_{00}-Banden) berechnet. Wie in der Tabelle 5.12 zu sehen ist, ist der Stokes-*Shift* bei den Metallkomplexen etwas größer als bei den freien Basen. Bei den freien Basen liegt der Stokes-*Shift* zwischen $\Delta\tilde{\nu}$=144 cm^{-1} und $\Delta\tilde{\nu}$ = 188 cm^{-1}. Darüber hinaus wird eine Abhängigkeit des Stokes-*Shifts* von den Substituentenkonstanten beobachtet.

Tab. 5.13: Aufspaltung der Q_{00}- und Q_{10}-Banden[4] der Kupferkomplexe der Monoporphyrine **39, 43-47**.

Kupfer-komplexe	Q_{10} λ/nm	Q_{00} λ/nm	Aufspaltung $\Delta\tilde{\nu}$/cm^{-1}
Cu-45	540.4	580.1	1277
Cu-46	539.8	576.5	1189
Cu-47	539.7	575.5	1162
Cu-44	539.5	576.5	1199
Cu-43	539.2	575.8	1188
Cu-39	539.8	577.2	1210

Die Aufspaltungen der Kupferkomplexe der Monoporphyrine (Tabelle 5.13) sind zwischen 50 cm^{-1} und 100 cm^{-1} kleiner als die Aufspaltung der entsprechenden Zinkkomplexe.

[4] Lösungsmittel: Dichlormethan

Ein schweres Atom, zum Beispiel ein Kupfer-Ion, das entweder direkt in ein Molekül eingeführt wird oder im Lösungsmittel enthalten ist, hat auf die Singulett-Triplett-Übergangswahrscheinlichkeit einen ähnlichen Einfluss wie ein paramagnetisches Molekül. Durch die Spin-Bahn-Kopplung des schweren Atoms wird die Spinquantelung aufgehoben. Wenn die Spinquantelung zusammenbricht, werden Singulett-Triplett-Übergänge, sowohl strahlungslos wie auch Strahlungsübergänge, wahrscheinlicher, und der Triplettzustand kann durch direkte Absorption aus dem Grundzustand besetzt werden.

Eine Schweratomsubstitution erhöht die Phosphoreszenzausbeute gegenüber der Fluoreszenzausbeute [176] und setzt sowohl die Phosphoreszenzlebensdauer [177] als auch die Lebensdauer des Triplettzustandes in Lösung herab.

Es ist daher nicht möglich, Fluoreszenzspektren für die Kupferkomplexe aufzunehmen.
Aus dem Vergleich der Intensitätsverhältnisse der Absorptions- und Emissionsbanden, $I(Q_{00})/I(Q_{10})$ und $I(Q^*_{00})/I(Q^*_{01})$, die in Tabelle 5.14 zu sehen sind, kann man den Einfluss der *meso*-Substituenten auf die π-Elektronendichte des gesamten Makrozyklus ablesen.

Die beiden Zinkkomplexe der Porphyrine, die an der Azobenzoleinheit einen Substituenten tragen, der elektronenziehend ist, zeigen ein deutlich anderes Verhalten als die übrigen Porphyrine. Bei ihnen ist das Verhältnis der Q-Banden deutlich $I(Q_{00})/I(Q_{10})<1$ und nicht wie bei den freien Basen $I(Q_{X00})/I(Q_{X10})\approx 1$. Außerdem ist das Intensitätsverhältnis der Q^*-Banden aller Zinkkomplexe deutlich kleiner als bei den freien Basen.

Tab. 5.14: Intensitätsverhältnisse der $I(Q_{00})/I(Q_{10})$- und $I(Q^*_{00})/I(Q^*_{01})$-Banden[5] der Zink- und Kupferkomplexe der Monoporphyrine **39, 43-47**.

Zinkkomplexe	$I(Q_{00})/I(Q_{10})$	$I(Q^*_{00})/I(Q^*_{01})$	Kupferkomplexe	$I(Q_{00})/I(Q_{10})$
Zn-45	0.43	0.3	**Cu-45**	0.26
Zn-46	0.33	1.37	**Cu-46**	0.24
Zn-47	0.87	1.41	**Cu-47**	0.81
Zn-44	0.88	1.44	**Cu-44**	0.81
Zn-43	0.88	1.0	**Cu-43**	0.83
Zn-39	0.89	1.65	**Cu-39**	0.85

[5] Lösungsmittel: Dichlormethan

Die Verhältnisse der Q-Banden $I(Q_{00})/I(Q_{10})$ sind sowohl für die Zinkkomplexe als auch für die Kupferkomplexe kleiner als für die freien Basen. Die Grundzustandsgeometrie weicht deutlich von der des angeregten Zustandes ab. Elektronenziehende Substituenten, wie eine Nitrogruppe, bewirken offensichtlich eine noch größere Differenz zwischen der Geometrie des Grundzustandes und des angeregten Zustandes.

Auch bei den Kupferkomplexen, die an der Azobenzoleinheit einen Substituenten tragen der elektronenziehend ist, ist das Verhältnis der Q-Banden $I(Q_{00})/I(Q_{10})<1$. Für die anderen Kupferkomplexe ist das Verhältnis der Q-Banden aber auch etwas kleiner als bei den freien Basen.

Die Intensitätsverhältnisse der Q^*-Banden sind für die Zinkkomplexe deutlich kleiner als für die freien Basen. Dennoch ist $I(Q^*_{00})/I(Q^*_{01})>1$, außer für das 4-Nitro-4'-[10'',15'',20''-tri(4'''-methylpenyl)-5''-porphyrinato-Zink-(II)]azobenzol **(45)**, für die untersuchten Porphyrine.

Es ist also für das 4-Nitro-4'-[10'',15'',20''-tri(4'''-methylpenyl)-5''-porphyrinato-Zink(II)]azobenzol **(45)** nicht möglich, nach dem Erreichen des angeregten Zustandes eine konformative Änderung durchzuführen, welche die Geometrie des Grundzustandes und des angeregten Zustandes angleicht.

Man kann aus den Absorptions- und Emissionsdaten die E_{00}-Energien berechnen. Auch hier findet man bestätigt, dass die Art des p-Substituenten an der Azobenzoleinheit keinen Einfluss ausübt. Tabelle 5.15 stellt die Ergebnisse für die E_{00}-Energien, die aus den Absorptions- und Emissionsenergien berechnet wurden, dar. Im Vergleich zu den freien Basen ist die E_{00}-Energie der Zinkkomplexe um ca. 0.1 eV größer.

Tab. 5.15: Berechnung der E_{00}-Energien aus den Absorptions- und Emissionsbanden[6] für die Zinkkomplexe der Monoporphyrine **39, 43-47**.

Zink-	Absorption	$E_{Abs.}$		Emission	$E_{Em.}$		E_{00}	
komplexe	λ / nm	kcal/mol	eV/mol	λ / nm	kcal/mol	eV/mol	kcal/mol	eV/mol
Zn-45	595.7	48.01	2.083	600.0	47.67	2.068	47.84	2.076
Zn-46	592.3	48.29	2.095	600.0	47.67	2.068	47.98	2.082
Zn-47	588.5	48.60	2.108	604.0	47.35	2.054	47.98	2.082
Zn-44	588.9	48.57	2.107	604.0	47.35	2.054	47.96	2.081
Zn-43	590.5	48.43	2.101	602.5	47.47	2.059	47.95	2.080
Zn-39	589.5	48.52	2.105	604.5	47.31	2.053	47.92	2.079

[6] Lösungsmittel: Dichlormethan

5.6 Spektroskopische Untersuchung der Diporphyrine

Die im Rahmen dieser Arbeit synthetisierten Diporphyrine haben sehr interessante spektroskopische Eigenschaften.

Vergleicht man die Absorptionsbanden der Diporphyrine mit denen des TPPs, so wird eine noch größere Verbreiterung der Banden festgestellt als bei den azobenzolsubstituierten Monoporphyrinen. Abbildung 5.12 zeigt die Verbreiterung der Absorptionsbanden des 4,4'-Bis[5-(10,15,20-tri(4''hexylphenyl))porphyrinyl]azobenzols (**50**) gegenüber denen des TPPs.

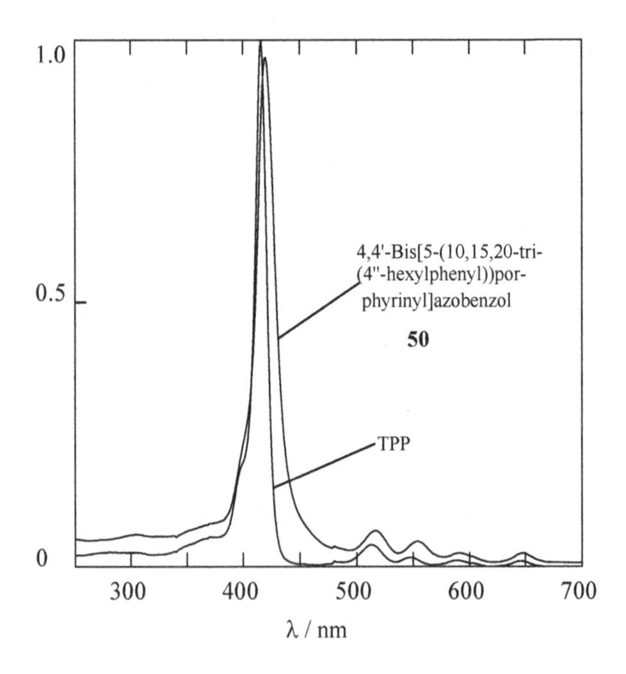

Abb. 5.12: Vergleich der UV-Spektren des TPPs und des 4,4'-Bis[5-(10,15,20-tri(4''-hexylphenyl))porphyrinyl]azobenzols **(50)** aufgenommen in Dichlormethan.

Die Verbreiterungen aller Absorptionsbanden zeigt mögliche Wechselwirkung der Azobenzoleinheit mit dem Porphyrinchromophor im Grundzustand an.

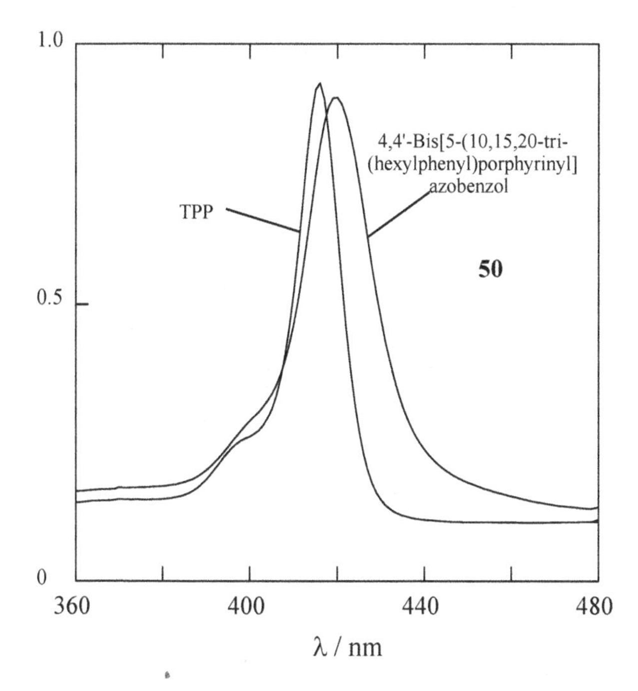

Abb. 5.13: Vergleich der Soret-Absorption des TPPs mit der Soret-Absorption des 4,4'-Bis[5-(10,15,20-tri(4''-hexylphenyl))porphyrinyl]azobenzols **(50)** aufgenommen in Dichlormethan.

Neben der starken Porphyrinabsorption wird eine schwache und sehr stark verbreiterte Absorptionsbanden zwischen 305 nm und 320 nm beobachtet. Diese Absorptionen kann man den $\pi\rightarrow\pi^*$-Absorptionen zuschreiben, wie in Abbildung 5.14 zu sehen ist.

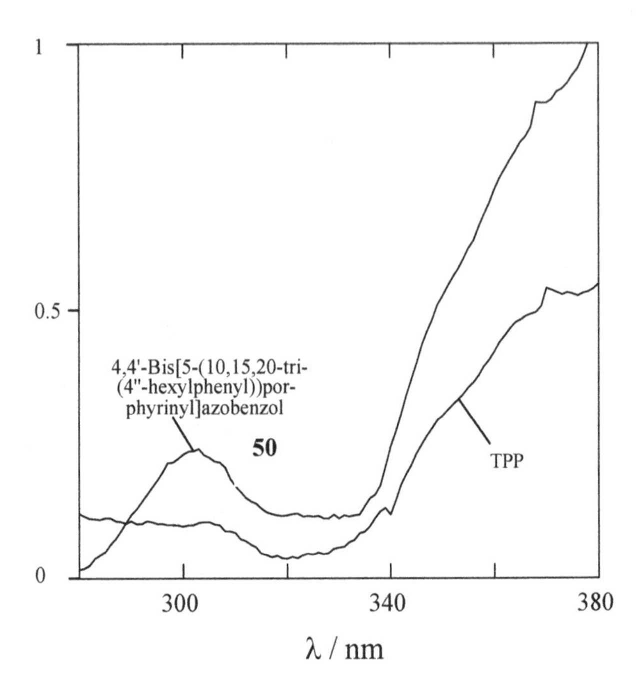

Abb. 5.14: Vergleich der Absorption des TPPs mit der Absorption des 4,4'-Bis[5-(10,15,20-tri(4''-hexylphenyl))porphyrinyl]azobenzols **(50)** aufgenommen in Dichlormethan.

Auch alle Absorptionsbanden der Metallkomplexe zeigen diese Verbreiterung. In Abbildung 5.15 wird für das 4,4'-Bis[5-(10,15,20-tri(4''-hexylphenyl))porphyrinyl]azobenzol **(50)** die schwache $\pi\rightarrow\pi^*$-Absorption bei ca. 320 nm beobachtet. Auch die Soret-Banden sind verbreitert. Die Absorptionen bei ca. 305 nm und bei ca. 320 nm kann man den $\pi\rightarrow\pi^*$-Übergängen und den $n\rightarrow\pi^*$-Übergängen der *E*- und *Z*-Azobenzoleinheit zuordnen.

Werden die Q-Absorptionsbanden der Diporphyrine mit denen des TPPs verglichen, sieht man, dass die Banden nur um ca. 2 nm - 7 nm rot-verschoben sind. In Abbildung 5.16 sind beide Absorptionsspektren in eine Graphik gezeichnet.

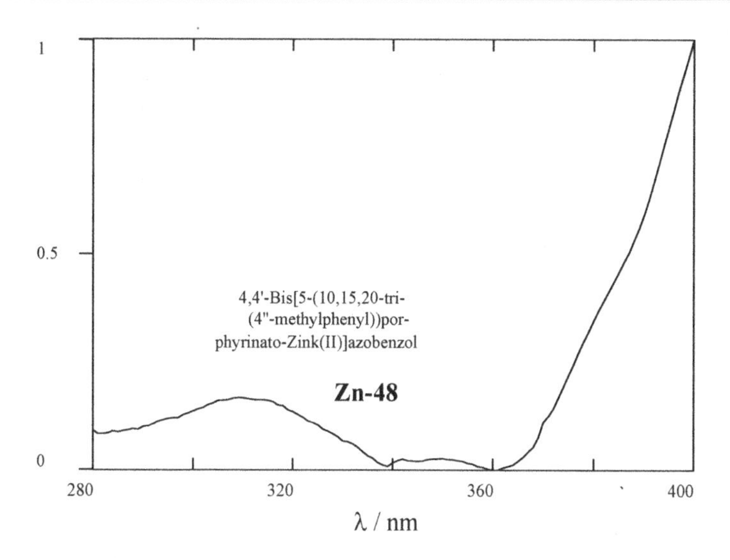

Abb. 5.15: $\pi \rightarrow \pi^*$-Absorption des 4,4'-Bis[5-(10,15,20-tri(4''-methylphenyl))porphyrinato-Zink(II)]azobenzols **(Zn-48)** aufgenommen in Dichlormethan.

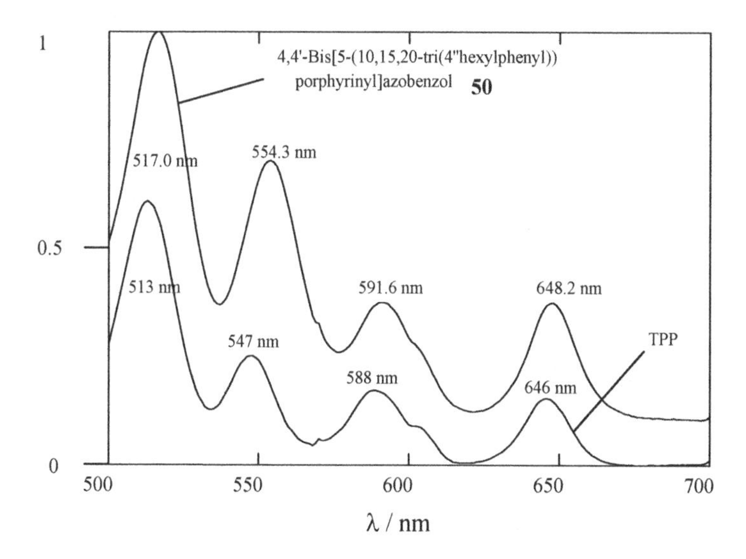

Abb. 5.16: Vergleich der Q-Banden-Absorptionen des TPPs mit denen des 4,4'-Bis[5-(10,15,20-tri(4''-hexylphenyl))porphyrinyl]azobenzols **(50)**.

Die Fluoreszenzspektren der freien Basen zeigen zwei Q-Banden, eine bei ca. 654 nm und die zweite bei ca. 718 nm (Abbildung 5.17a). Auch bei den Zinkkomplexen werden zwei Q-Banden beobachtet. Eine Emission bei ca. 610 nm und die zweite Emission bei ca. 653 nm (Abbildung 5.17b).

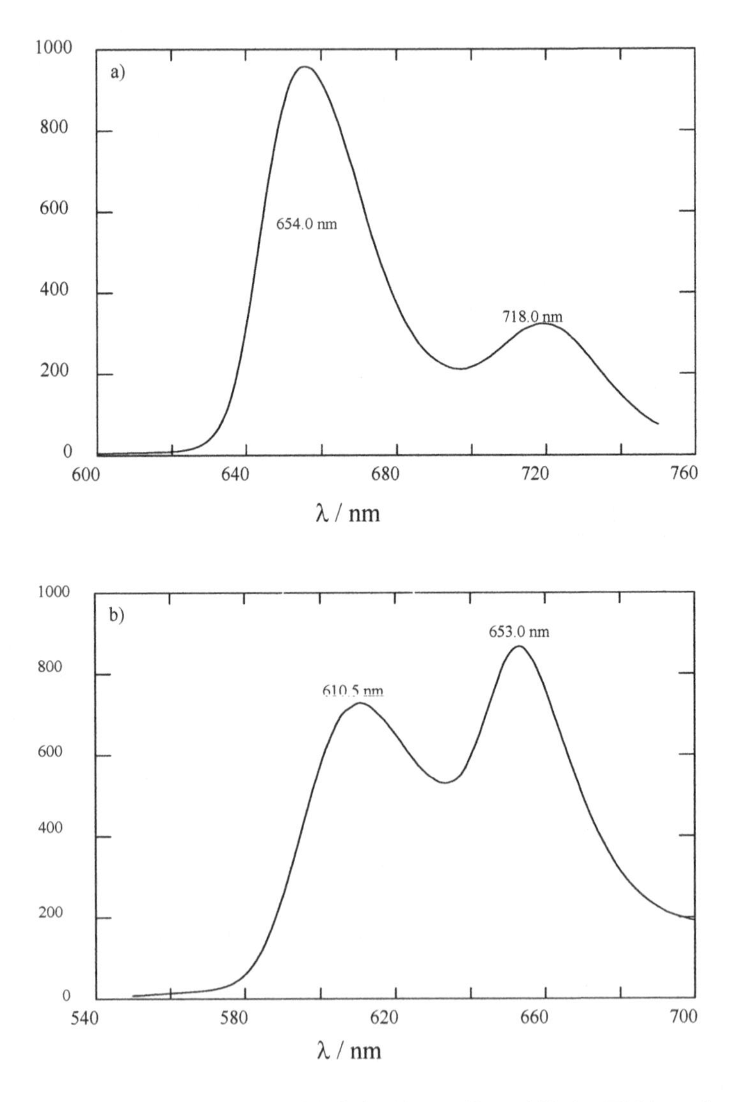

Abb. 5.17: Emissionsspektren a) der freien Base **(49)** und b) des Zinkkomplexes des 4,4'-Bis[5-(10,15,20-tri(4''-isopropylphenyl))porphyrinyl]azobenzols **(Zn-49)**.

Die spektroskopischen Daten lassen keine Unterscheidung zwischen *E*-und *Z*-Isomeren zu. Auf Grund der Reaktionsbedingungen kann man davon ausgehen, dass sich hauptsächlich das *E*-Isomere gebildet hat (thermodynamische Kontrolle). Andererseits lässt die starke Verbreiterung der Soret-Absorptionsbande vermuten, dass diese durch die n→π*-Absorption des *Z*-Isomeren verursacht wird.

Tab. 5.16a-c: Soret-Absorptionen und die Halbwertsbreiten (H. B.) **a)** der Diporphyrine[7], **b)** der Zinkkomplexe der Diporphyrine[7] und **c)** der Kupferkomplexe der Diporphyrine[7].

(a) Porphyrin	Soret	
	λ_{max} / nm	H. B. / cm^{-1}
48	419.9	1151
49	420.3	1216
50	420.1	1031

(b) Zinkkomplexe	Soret	
	λ_{max} / nm	H. B. / cm^{-1}
Zn-48	420.8	966
Zn-49	421.6	1081
Zn-50	421.1	1084

(c) Kupferkomplexe	Soret	
	λ_{max} / nm	H. B. / cm^{-1}
Cu-48	416.7	1157
Cu-49	418.7	1035
Cu-50	417.0	1095

[7] Lösungsmittel: Dichlormethan

Die Halbwertsbreiten der Diporphyrine sowie der Zink- und Kupferkomplexe liegen zwischen 1000 cm^{-1} und 1200 cm^{-1}. Wie schon am Anfang dieses Kapitels erwähnt wurde, sind die Soret-Banden im Vergleich zum TPP und zu den azobenzolsubstituierten Monoporphyrine verbreitert.

In den Tabellen 5.17a,b ist der berechnete Stokes-*Shift* der Diporphyrine zusammengestellt. Sie liegen in der gleichen Größenordnung wie der Stokes-*Shift* der azobenzolsubstituierten Monoporphyrine.

Tab. 5.17: Stokes-*Shift* **a)** der freien Basen der Diporphyrine[8] und **b)** der Zinkkomplexe der Diporphyrine[8].

(a) Porphyrin	Q_{X00} λ/nm	Q^{*}_{X00} λ/nm	Stokes-*Shift* $\Delta\tilde{\nu}$/cm^{-1}
48	647.8	654.5	159
49	650.2	654.0	90
50	648.2	654.5	150

(b) Zinkkomplexe	Q_{00} λ/nm	Q^{*}_{00} λ/nm	Stokes-*Shift* $\Delta\tilde{\nu}$/cm^{-1}
Zn-48	592.3	609.5	480
Zn-49	592.1	610.5	513
Zn-50	590.3	600.0	276

Der Stokes-*Shift* liegt in der gleichen Größenordnung, wie der der azobenzolsubstituierten Monoporphyrine (vergleiche Tabelle 5.3). Auch die Aufspaltung der Q_{X00}- und Q_{X10}-Banden der Diporphyrine liegt bei ca. 1500 cm^{-1} ebenso wie für die azobenzolsubstituierten Monoporphyrine.

[8] Lösungsmittel: Dichlormethan

In der Tabelle 5.18 sind wieder die Aufspaltungen der Q_{X00}- und Q_{X10}-Banden und die entsprechenden Intensitätsverhältnisse der $I(Q_{X00})/I(Q_{X10})$-Banden[I] der freien Basen der Diporphyrine, der Zinkkomplexe der Diporphyrine und der Kupferkomplexe der Diporphyrine zusammengefasst.

Tab. 5.18: Aufspaltung der Q_{X00}- und Q_{X10}-Banden und das Intensitätsverhältnis der $I(Q_{X00})/I(Q_{X10})$-Banden der freien Basen, der Zinkkomplexe und der Kupferkomplexe der Diporphyrine[9] **48-50**.

	Q_{X10}	Q_{X00}	Aufspaltung	$I(Q_{X00})/I(Q_{X10})$
	λ/nm	λ/nm	$\Delta\tilde{\nu}$/cm^{-1}	
48	591.7	647.8	1475	1.0
49	593.0	650.2	1495	1.0
50	591.6	648.2	1488	1.0
Zn-48	550.8	592.3	1282	1.7
Zn-49	550.8	592.1	1276	1.2
Zn-50	549.7	590.3	1261	3.0
Cu-48	547.9	577.9	955	1.4
Cu-49	546.0	580.6	1100	1.9
Cu-50	540.1	577.6	1212	4.3

Offenbar ist die Aufspaltung der Q-Banden der Metallkomplexe kleiner als die der freien Basen. Darüber hinaus zeigen die freien Basen der Diporphyrine ein konstantes Intensitätsverhältnis von $I(Q_{X00})/I(Q_{X10})=1$, während die entsprechenden Intensitätsverhältnisse bei den Metallkomplexen stark variieren und durchweg größer als eins sind.

Die Tabelle 5.19 zeigt, dass die Intensitätsverhältnisse der Q^*_X-Banden der freien Basen der Diporphyrine deutlich größer sind als die der entsprechenden Monoporphyrine. Die Intensitäten der Q^*_X-Banden der Zinkkomplexe sind wie für die Monoporphyrine deutlich kleiner als für die freien Basen.

[9] Lösungsmittel: Dichlormethan

Tab. 5.19: Aufspaltung der Q^*_{X00}- und Q^*_{X01}-Banden und das Intensitätsverhältnis der $I(Q^*_{X00})/I(Q^*_{X01})$-Banden der freien Basen[10] und der Zinkkomplexe der Diporphyrine[10].

	Q^*_{X00}	Q^*_{X01}	Aufspaltung	$I(Q^*_{X00})/I(Q^*_{X01})$
	λ/nm	λ/nm	$\Delta\tilde{\nu}$/cm^{-1}	
48	654.5	719.0	1382	4.2
49	654.0	718.0	1374	4.3
50	654.5	718.5	1372	4.4
Zn-48	609.5	647.0	959	1.4
Zn-49	610.5	653.0	1075	0.8
Zn-50	600.0	643.5	1136	1.0

Auch für die freien Basen der Diporphyrine und für die Zinkkomplexe wurden die E_{00}-Energien berechnet. In den Tabellen 5.20a,b sind die Ergebnisse zusammengefasst.

Tab. 5.20a,b: Berechnung der E_{00}-Energien aus den Absorptions- und Emissionsbanden **a)** der freien Basen[10] und **b)** der Zinkkomplexe der Diporphyrine[10].

(a)	Absorption	$E_{Abs.}$		Emission	$E_{Em.}$		E_{00}	
freie Basen	λ / nm	kcal/mol	eV/mol	λ / nm	kcal/mol	eV/mol	kcal/mol	eV/mol
48	647.8	44.15	1.915	654.5	43.70	1.896	43.92	1.906
49	650.2	43.99	1.908	654.0	43.70	1.893	43.84	1.901
50	648.2	44.12	1.914	654.5	43.70	1.896	43.91	1.905

(b) Zink-	Absorption	$E_{Abs.}$		Emission	$E_{Em.}$		E_{00}	
komplexe	λ / nm	kcal/mol	eV/mol	λ / nm	kcal/mol	eV/mol	kcal/mol	eV/mol
Zn-48	592.3	48.29	2.095	609.5	46.92	2.036	47.61	2.065
Zn-49	592.1	48.30	2.096	610.5	46.85	2.032	47.58	2.064
Zn-50	590.3	48.45	2.102	600.0	47.67	2.068	48.06	2.085

[10] Lösungsmittel: Dichlormethan

Die E_{00}-Energien für die Diporphyrine, für die freien Basen und für die Zinkkomplexe, liegen in der gleichen Größenordnung wie für die freien Basen und die Zinkkomplexe der Monoporphyrine.

Für eines der Diporphyrine, das 4,4'-Bis[5-(10,15,20-tri(4''-methylphenyl))porphyrinyl]azobenzol **(48)**, wurden Spektren in verschiedenen Lösungsmitteln aufgenommen, nämlich in Ethylacetat, Chlorbenzol/Dichlormethan (1:1) und Aceton/Dichlormethan (1:1).

In den Tabellen 5.21-23 werden die Absorptions- und Emissionsspektren sowie die Soret-Banden und Halbwertsbreiten und auch die Intensitätsverhältnisse der $I(Q_{X00})/I(Q_{X10})$-Banden, die in den verschiedenen Lösungsmitteln bestimmt wurden, verglichen.

Tab. 5.21: Absorptions- und Emissionsspektren von 4,4'-Bis[5-(10,15,20-tri(4''-methylphenyl))porphyrinyl]azobenzol **48** in **a)** Ethylacetat, **b)** Chlorbenzol/Dichlormethan (1:1) **c)** Dichlormethan und **d)** Aceton/ Dichlormethan (1:1).

Lösungsmittel	Soret	Q_{Y10}	Q_{Y00}	Q_{X10}	Q_{X00}	Q^*_{X00}	Q^*_{X01}	Stokes-*Shift*
	λ/nm	λ/nm	λ/nm	λ/nm	λ/nm	λ/nm	λ/nm	$\Delta\tilde{\nu}$/cm^{-1}
(a)	416.2	513.9	551.5	592.3	651.7	650.0	-	40.0
(b)	421.4	517.5	555.3	592.3	649.2	653.0	-	90.2
(c)	419.9	516.8	554.5	591.7	647.8	654.5	719.0	159.3
(d)	418.6	515.9	553.3	592.3	649.5	651.0	-	35.6

Die Soret-Absorptionen sind im Vergleich zu den Absorptionen in Dichlormethan in Ethylacetat hypsochrom verschoben und in Chlorbenzol/Dichlormethan und Aceton/ Dichlormethan bathochrom verschoben.

In den Tabellen 5.22 und 5.23 sind die Halbwertsbreiten, die Aufspaltungen und die Intensitätsverhältnisse der Q-Banden zusammengefasst.

Man kann erkennen, dass die Halbwertsbreite für das 4,4'-Bis[5-(10,15,20-tri(4''-methylphenyl))porphyrinyl]azobenzol **(48)** in Ethylacetat, dem unpolarsten Lösungsmittel in dieser Reihe, am größten ist.

Tab. 5.22: Soret-Banden und Halbwertsbreiten von 4,4'-Bis[5-(10,15,20-tri(4''-methylphenyl))porphyrinyl]azobenzol **(48)** in **a)** Ethylacetat, **b)** Chlorbenzol/Dichlormethan (1:1), **c)** Dichlormethan und **d)** Aceton/Dichlormethan (1:1).

Lösungsmittel	Soret	Halbwertsbreite
	λ/nm	$\Delta\tilde{\nu}$/cm^{-1}
(a)	416.2	1324
(b)	421.4	1214
(c)	419.9	1151
(d)	418.6	1160

Tab. 5.23: Intensitätsverhältnisse der $I(Q_{X00})/I(Q_{X10})$-Banden von 4,4'-Bis[5-(10,15,20-tri(4''-methylphenyl))porphyrinyl]azobenzol **(48)** in **a)** Ethylacetat, **b)** Chlorbenzol/Dichlormethan (1:1) **c)** Dichlormethan und **d)** Aceton/Dichlormethan (1:1).

	Q_{X10}	Q_{X00}	$I(Q_{X00})/I(Q_{X10})$	Aufspaltung
	λ/nm	λ/nm		$\Delta\tilde{\nu}$/cm^{-1}
(a)	592.3	651.7	1.08	1551
(b)	592.3	649.2	1.03	1492
(c)	591.7	647.8	1.0	1475
(d)	592.3	649.5	1.07	1499

Die Intensitätsverhältnisse der Q-Banden sind genau wie bei den Monoporphyrinen $I(Q_{X00})/I(Q_{X10})\approx 1$. Die Aufspaltung ist ca. 20 cm^{-1} bis 70 cm^{-1} größer als in Dichlormethan.

5.7 NMR-Spektren der azobenzolsubstituierten Porphyrine

5.7.1 Monoporphyrine

In den ^{1}H-NMR-Spektren findet man für die azobenzolsubstituierten Monoporphyrine die NH-Protonenresonanz bei δ = -2.7 relativ zum TMS als breites Singulett. In Abbildung 5.18 ist das ^{1}H-NMR-Spektrum des 4'-[10'',15'',20''-Tri(4'''-methylphenyl)-5''-porphyrinyl]azobenzols **(47)** zu sehen.

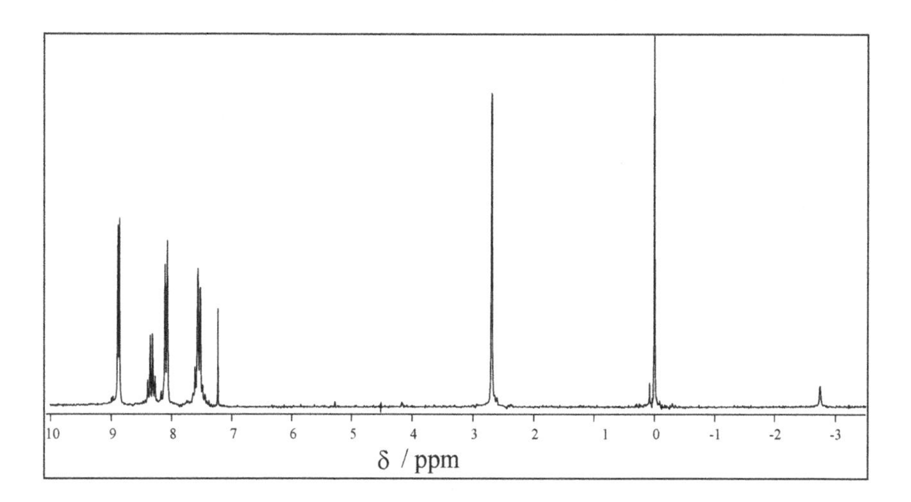

Abb. 5.18: ^{1}H-NMR-Spektrum des 4'-[10'',15'',20''-Tri(4'''-methylphenyl)-5''-porphyrinyl]azobenzols **(47)** aufgenommen in $CDCl_3$ mit TMS als internen Standard.

Lediglich für das 2,4,6-Trimethoxy-4'-[10'',15'',20''-tri(4'''-methylphenyl)-5''-porphyrinyl]azobenzol **(43)** ist das NH-Signal etwas Hochfeld-verschoben (δ = -3.0 ppm relativ zum TMS). Für das 4-Hydroxy-4'-[10'',15'',20''-tri(4'''-methylphenyl)-5''-porphyrinyl]azobenzol **(44)** ist das NH-Signal so breit, dass keine genaue Bestimmung der Lage vorgenommen werden kann. In Abbildung 5.19 ist das ^{1}H-NMR-Spektrum des 4-Hydroxy-4'-[10'',15'',20''-tri(4'''-methylphenyl)-5''-porphyrinyl]azobenzols **(44)** abgebildet.

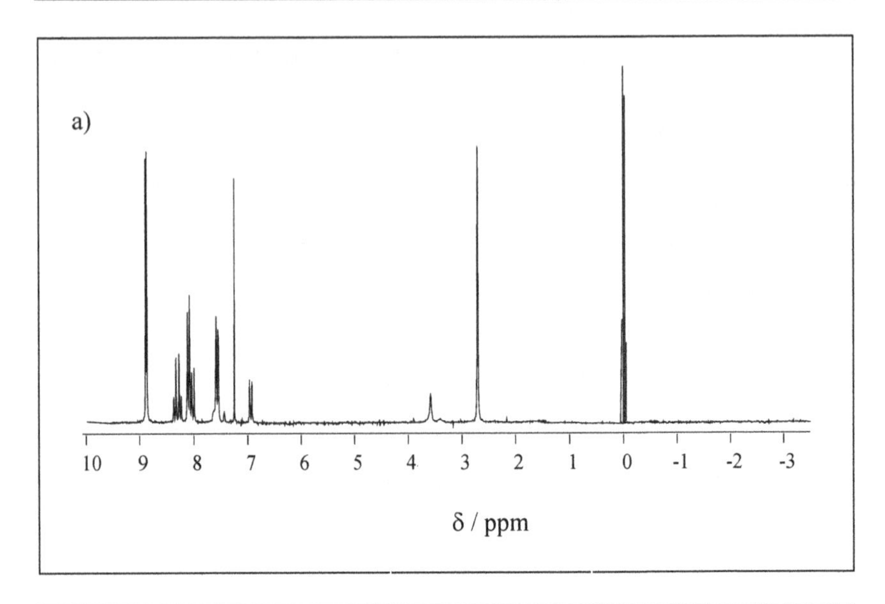

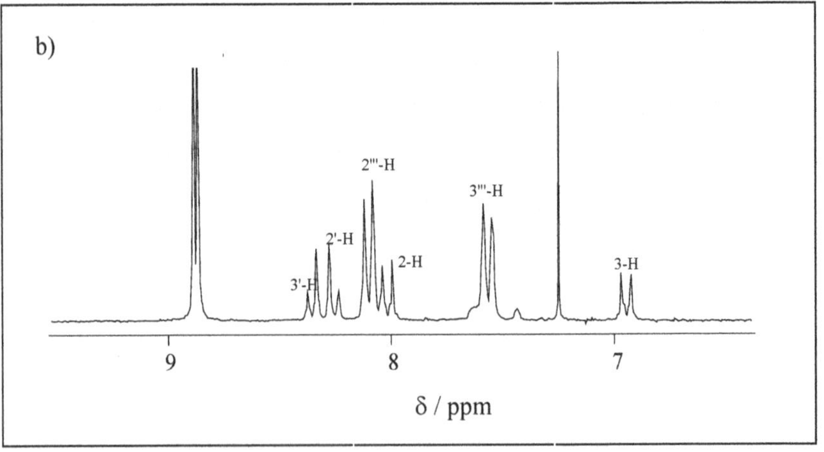

Abb. 5.19: a) ^{1}H-NMR-Spektrum des 4-Hydroxy-4'-[10'',15'',20''-tri(4'''-methylphenyl)-5''-porphyrinyl]azobenzols (**44**). **b)** Ausschnitt des Bereiches zwischen 6.5 ppm und 9.5 ppm aufgenommen in $CDCl_3$ mit TMS als internen Standard.

Um den Einfluss, den ein p-Substituent an der Azobenzoleinheit auf die Lage der Protonenresonanz der 2'-H- oder 3'-H-Protonen besitzt abzuschätzen, wurden diese, wie in Abbildung 5.20a,b zu sehen ist, gegen die Substituentenkonstante σ^+ korreliert. Die Steigungen m und die Korrelationskoeffizienten r sind jeweils in die Graphiken eingetragen.

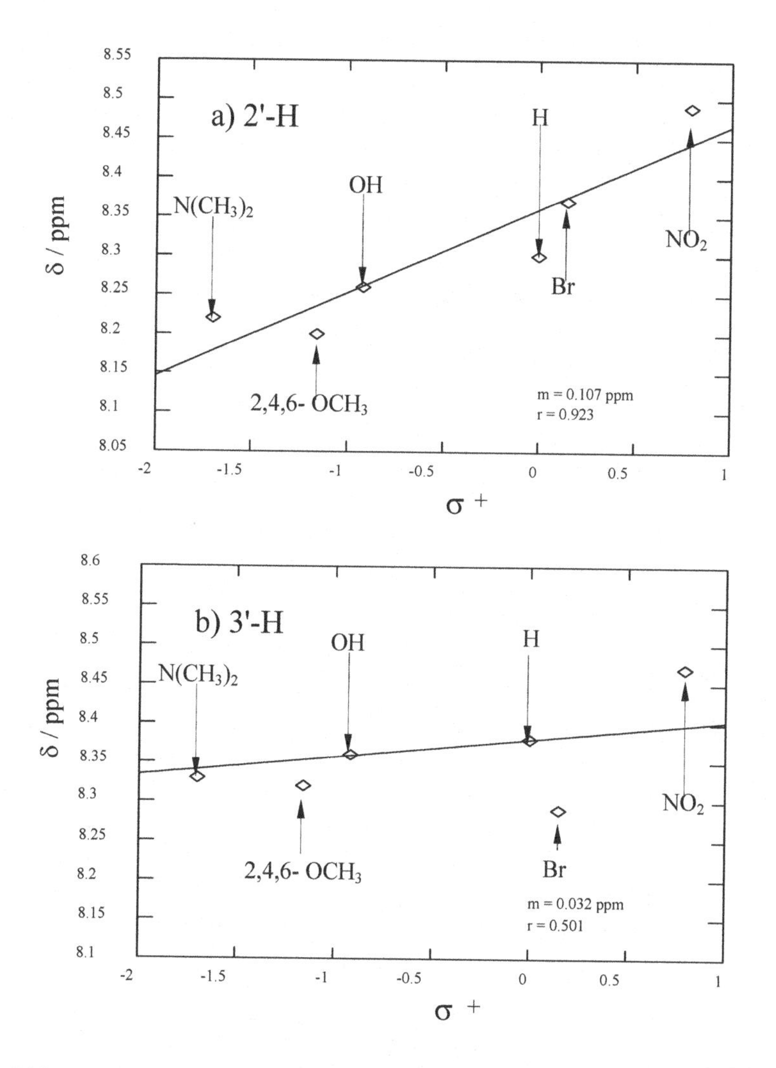

Abb. 5.20a,b: Korrelation **a)** der 2'-H-Protonenresonanz und **b)** der 3'-H-Protonenresonanz gegen die Substituentenkonstante σ^+.

Trotz der nicht besonders guten Korrelation kann man eine deutliche Abhängigkeit der Lage der chemischen Verschiebung der 2'-H- und 3'-H-Protonenresonanz von der Art des p-Substituenten an der Azobenzoleinheit erkennen. Die Protonenresonanz ist umso weiter Tieffeld-verschoben, je größer der Elektronenzug des p-Substituenten ist.

Die Protonenresonanz der Methylgruppen des Tolylrestes findet man bei $\delta = 2.7$ ppm relativ zum TMS. Die Lage dieser Protonenresonanz ist für alle untersuchten Monoporphyrine gleich, unabhängig davon, wie das restliche Substitutionsmuster aussieht.

Für die o- und m-Protonen des Tolylrestes findet man die Dupletts bei $\delta = 8.2$ (2'''-H) und $\delta = 8.3$ (3'''-H). Auch hier wird die Lage der Signale nicht durch den Azobenzolrest beeinflusst.

Die Resonanzen der β-Protonen sind für das 4-Nitro-4'-[10'',15'',20''-tri(4'''-methylphenyl)-5''-porphyrinyl]azobenzol **(45)**, das 4-Brom-4'-[10'',15'',20''-tri(4'''-methylphenyl)-5''-porphyrinyl]azobenzol **(46)** und das 4-(N,N'-Dimethyl)amino-4'-[10'', 15'',20''-tri(4'''-methylphenyl)-5''-porphyrinyl]azobenzol **(39)** aufgespalten. Es wird ein Singulett bei $\delta = 8.88$ und ein AB-System bei $\delta = 8.9$ registriert. Für die anderen azobenzolsubstituierten Monoporphyrine wird nur ein Signal bei $\delta = 8.8$ gemessen.

In der folgenden Tabelle 5.25 sind einige der ^{1}H-NMR-Resonanzen zusammengefasst.

Tab. 5.24: ^{1}H-NMR-Verschiebungen (in ppm) der azobenzolsubstituierten Monoporphyrine gemessen in $CDCl_3$ mit TMS als interner Standard.

Porphyrin	σ^+	NH	CH_3	2'''-H	3'''-H	2'-H	3'-H	β-H	β'-H
45	0.79	-2.76	2.71	8.11	7.58	8.49	8.47	8.87	8.93
46	0.15	-2.75	2.70	8.10	7.55	8.37	8.29	8.87	8.88
47	0	-2.74	2.69	8.10	7.54	8.30	8.38	8.80	-
44	-0.92	-	2.71	8.10	7.57	8.26	8.36	8.80	-
43	-1.16	-3.00	2.70	8.10	7.56	8.20	8.32	8.80	-
39	-1.70	-2.73	2.70	8.10	7.55	8.22	8.33	8.86	8.90

Mit Hilfe der ^{1}H-NMR-Spektren kann man weder entscheiden, welches der beiden möglichen Isomeren vorliegt, noch ob beide Isomere, das *Z*- und das *E*-Isomere, vorliegen. Für die Protonenresonanzen der Azobenzoleinheit findet man für jedes der Protonen nur ein Signal. Es ist möglich, dass auf Grund des sich einstellenden photostationären Gleichgewichtes die Konzentration zu Gunsten eines der Isomeren verschoben ist. Somit kann das andere Isomer nicht registriert werden, weil seine Konzentration zu gering ist.

In den Abbildungen 5.21a,b ist das ^{13}C-NMR-Spektrum des 4-Hydroxy-4'-[10'',15'', 20''-tri(4'''-methylphenyl)-5''-porphyrinyl]azobenzols **(44)** dargestellt.

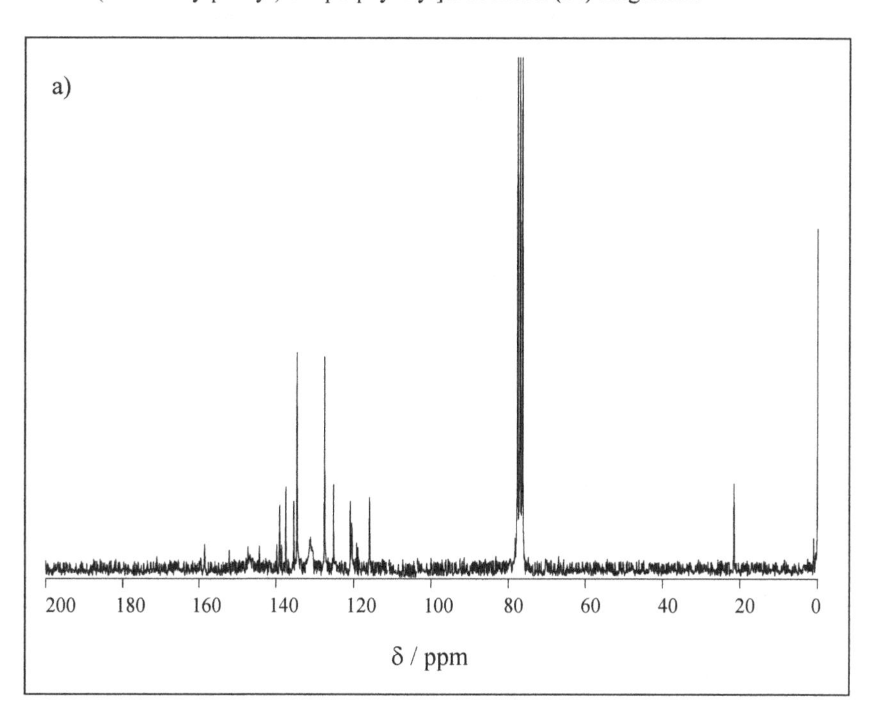

Abb. 5.21a: ^{13}C-NMR-Spektrum des 4-Hydroxy-4'-[10'',15'',20''-tri(4'''-methylphenyl)-5''-porphyrinyl]azobenzols **(44)** aufgenommen in $CDCl_3$.

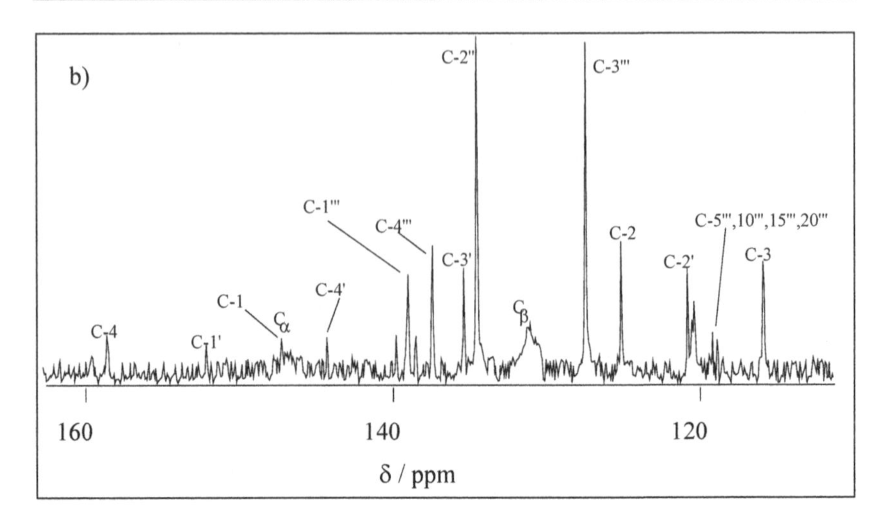

Abb. 5.21b: ^{13}C-NMR-Spektrum des 4-Hydroxy-4'-[10'',15'',20''-tri(4'''-methyl-phenyl)-5''-porphyrinyl]azobenzols **(44)** (Ausschnitt aus **a)**) aufgenommen in $CDCl_3$.

Die ^{13}C-NMR Spektren geben keine weiteren Informationen über das Verhältnis der beiden *E/Z*-Isomeren. In Tabelle 5.26 sind die ^{13}C-NMR-Verschiebungen zusammengefasst.

Tab. 5.25: ^{13}C-NMR-Verschiebungen der azobenzolsubstituierten Monoporphyrine **39, 43-47** in $CDCl_3$.

Porphyrin	σ^+	C-1'	C-2'	C-3'	C-4'	C_α	C_β	C_{meso}
45	0.79	147.76	120.66	134.51	145.74	145.00	129.98	119.4-119.7
46	0.15	151.78	120.35	135.44	145.53	146.50	131.11	118.4-120.5
47	0	152.18	121.10	135.39	158.65	147.00	131.15	120.3-120.5
44	-0.92	152.18	120.88	135.46	144.39	147.00	130.98	119.0-120.4
43	-1.16	152.16	119.48	134.30	142.90	145.31	129.84	118.0-119.3
39	-1.70	152.59	120.49	135.42	143.93	146.80	131.10	119.3-120.3

Für die ^{13}C-NMR-Verschiebungen kann man keinen Einfluss der p-Substituenten an der Azobenzoleinheit auf der Lage der verschiedenen C-Atome erkennen. Durch die

Korrelation der α-C-Atome und der β-C-Atome gegen die Substituentenkonstante σ^+ wird dieses Verhalten bestätigt. Der elektronische Einfluss der p-Substituenten ist so gering, dass der Porphyrinrest weitgehend unbeeinflusst bleibt.

Weiterhin erhält man keine Informationen über die Stereoisomerie der vorliegenden Azobenzoleinheit.

5.7.2 Diporphyrine

Die Aufnahme der NMR-Spektren der Diporphyrine wurde durch ihre geringe Löslichkeit erschwert. In den ^{1}H-NMR-Spektren findet man für die Azobenzol-verbrückten Diporphyrine die NH-Protonenresonanz bei δ = -2.7 bis -2.8 relativ zum TMS als breites Singulett. In Abbildung 5.22 ist das ^{1}H-NMR-Spektrum des 4,4'-Bis[5-(10,15,20-tri(4''-methylphenyl))porphyrinyl]azobenzols **(48)** zu sehen.

Die m- und o-Protonen des Tolylrestes können als Dupletts bei δ = 7.6 und δ = 8.2 registriert werden. Die Protonen an der Azobenzoleinheit ergeben ein Singulett bei δ = 8.80. Die pyrrolischen Protonen ergeben ein Singulett bei δ = 8.4 und ein AB-System bei δ = 8.88.

Die Abbildung 5.23 zeigt verschiedene Temperaturspektren des 4,4'-Bis[5-(10,15,20-tri(4''-hexylphenyl))porphyrinyl]azobenzols **(50)** aufgenommen in einem Gemisch aus Dichlormethan und $CDCl_3$, da die Löslichkeit alleine in $CDCl_3$ nicht ausreichte, um Spektren bei tieferen Temperaturen aufzunehmen.

In diesen Abbildungen ist deutlich zu erkennen, dass die Form der Signale für die β-Protonen sich mit der Temperatur verändert.

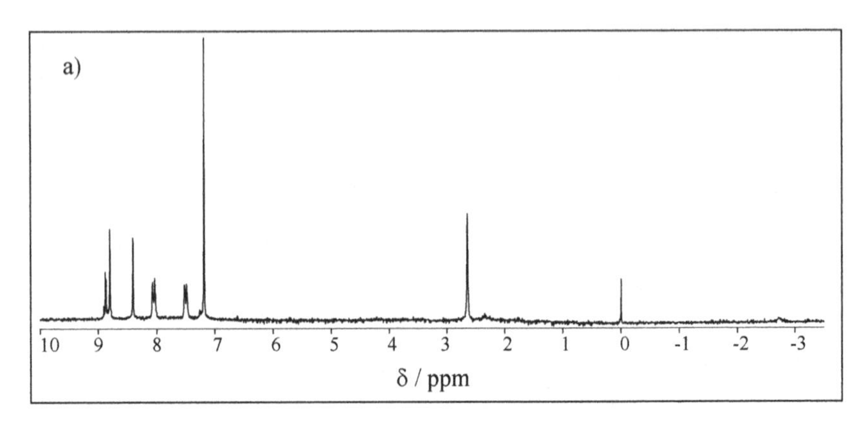

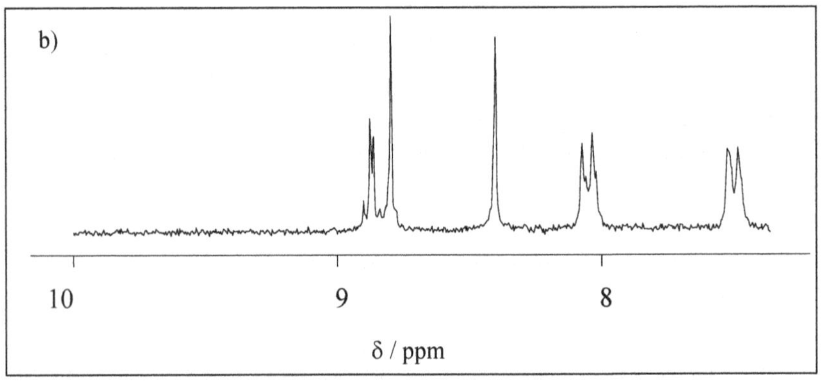

Abb. 5.22: a) ^{1}H-NMR-Spektrum des 4,4'-Bis[5-(10,15,20-tri(4''-methylphenyl))porphyrinyl]azobenzols **(48)** und **b)** Ausschnitt von 7 ppm bis 10 ppm. Aufgenommen in Dichlormethan mit TMS als Standard.

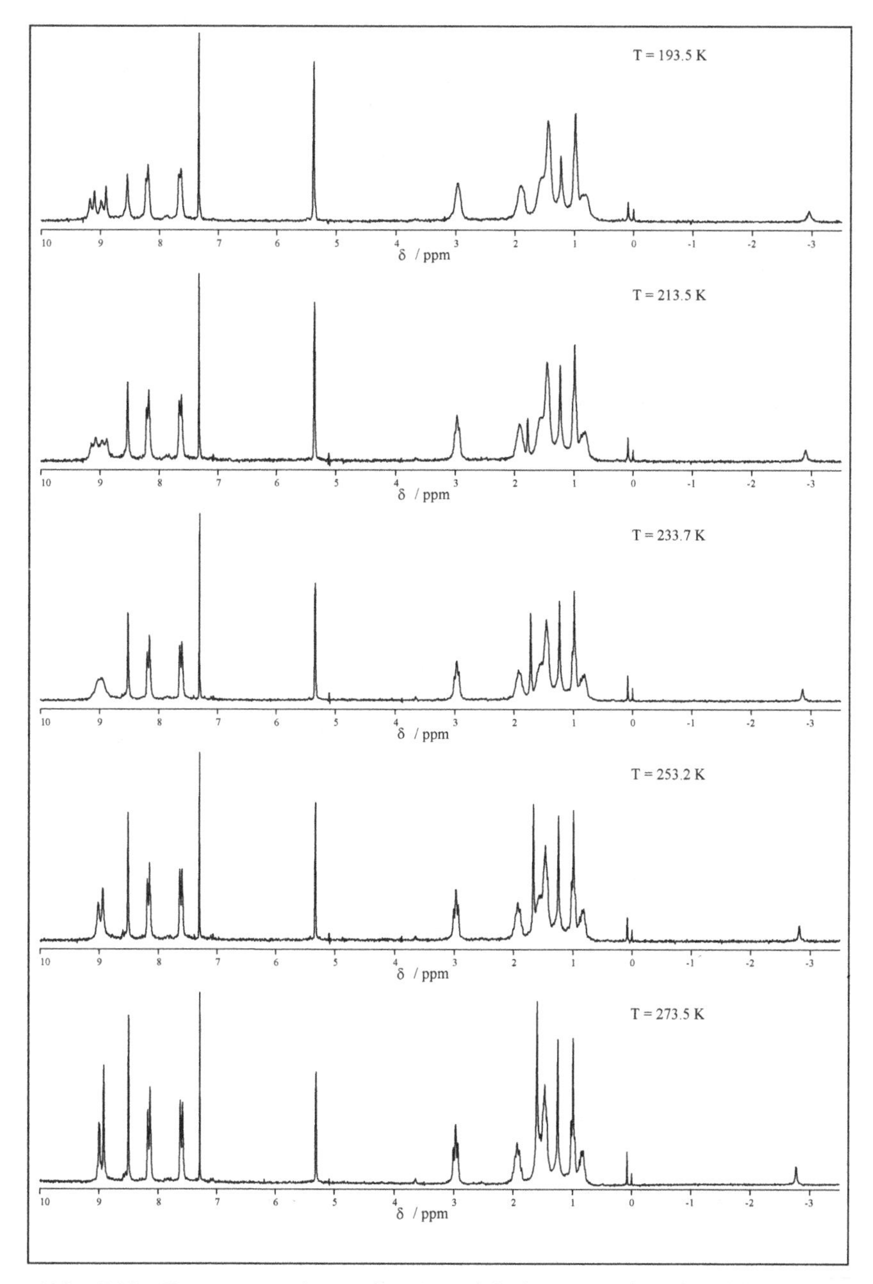

Abb. 5.23: Temperaturspektren des 4,4'-Bis[5-(10,15,20-tri(4''-hexylphenyl))porphyrinyl]azobenzols **(50)** in $Cl_2/CDCl_3$ (1:1) mit TMS als Standard.

Bei hohen Temperaturen erscheint im Spektrum ein Singulett und ein AB-System (Abbildung 5.24). Wird die Temperatur erniedrigt, so verschmelzen die beiden Signale und man kann nur noch ein sehr breites Signal erkennen.

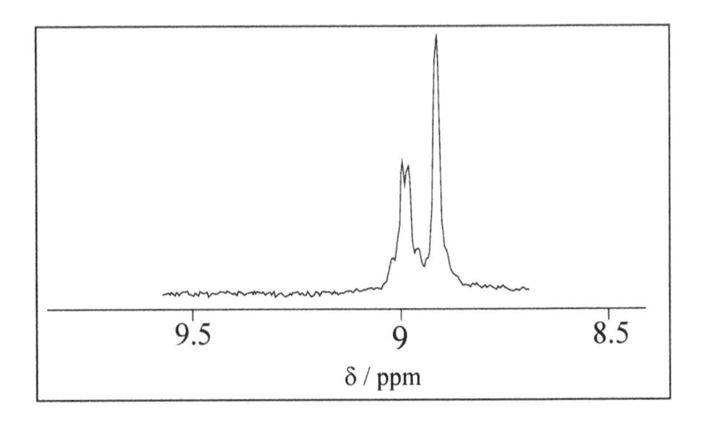

Abb. 5.24: Signale der pyrrolischen Protonen bei 273.5 K in $CD_2Cl_2/CDCl_3$.

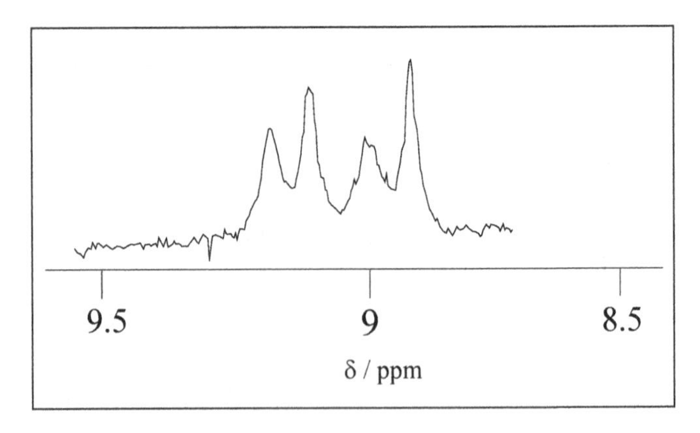

Abb. 5.25: Signale der pyrrolischen Protonen bei 193.5 K in $CD_2Cl_2/CDCl_3$.

Bei tiefen Temperaturen ist das Signal der pyrrolischen Protonen in zwei Signale aufgespalten, wie man in Abbildung 5.25 sehen kann, und zwar in zwei Singuletts und zwei AB-Systeme, welche im 200-MHz-Spektrum bei tiefen Temperaturen nicht mehr vollständig aufgelöst werden.

Eine mögliche Erklärung für dieses Verhalten ist, dass nur eines der beiden möglichen Isomeren vorliegt und zwar das cis-Isomere. Es ist zu erwarten, dass bei tiefen Temperaturen dann die unterschiedlichen pyrrolischen Signale separieren können und man vier unterschiedliche Signale für die verschiedenen pyrrolischen Protonen registriert.

Eine andere Erklärung wäre die *E/Z*-Isomerisierung des Azobenzols, die bei diesen Temperaturen sehr schnell ist, so dass man im NMR-Spektrum ein einziges gemitteltes Signal erhält. Wird die Temperatur erniedrigt, so fallen die beiden Signale zusammen, und zwischen T= 233.6 K und T = 223.6 K sieht man nur noch ein sehr breites Signal. Es könnte sich hier um ein Koaleszenzphänomen handeln. Denn wird die Temperatur noch weiter erniedrigt, wird dieses Signal aufgespalten. Bei niedrigen Temperaturen ist wahrscheinlich keine schnelle Rückisomerisierung mehr möglich, so dass die Signale der beiden Isomere deutlich zu unterscheiden sind.

Aus den Spektren kann man die Koaleszenztemperatur abschätzen. Sie liegt bei ca. T_c = 223.6 K.

Diese zweite Möglichkeit ist aber die weniger wahrscheinliche von den beiden, da eine *E/Z*-Isomerisierung bei den Temperaturen, bei denen die Spektren aufgenommen wurden, unwahrscheinlich ist. Durch die geringe Löslichkeit der Diporphyrine wurde die Aufnahme der ^{13}C-NMR-Spektren erschwert. Auch bei den Metallkomplexen war die Löslichkeit nicht größer.

Alleine für das 4,4'-Bis[5-(10,15,20-tri(4''-hexylphenyl))porphyrinyl]azobenzol **(50)** konnte ein gut auswertbares Spektrum gemessen werden. Zum Vergleich sind in der folgenden Tabelle 5.26 die ^{13}C-Verschiebungen des 4,4'-Bis[5-(10,15,20-tri(4''-hexylphenyl))porphyrinyl]azobenzols **(50)** denen des 4'-[10'',15'',20''-Tri(4'''-methylphenyl)-5''-porphyrinyl]azobenzols **(47)** gegenübergestellt.

Tab. 5.26: ^{13}C-Verschiebungen des 4,4'-Bis[5-(10,15,20-tri(4''-hexylphenyl))porphyrinyl]azobenzols **(50)** und des 4'-Hydroxy-[10'',15'',20''-tri(4'''-methylphenyl)-5''-porphyrinyl]azobenzols **(44)** aufgenommen in $CDCl_3$.

	C-1	C-2	C-3	C-4	C_α	C_β	C_{meso}
50	152.25	121.50	135.61	145.50	147.00	131.82	120.4-120.5

	C-1'	C-2'	C-3'	C-4'	C_α	C_β	C_{meso}
44	152.18	120.88	135.46	144.39	147.00	130.98	119.0-120.4

Man kann erkennen, dass sich die Lage der einzelnen C-Atome der azoverbrückten Diporphyrine kaum von der Lage der azobenzolsubstituierten Monoporphyrine unterscheidet. Die ^{13}C-NMR-Spektren konnten, wie auch schon bei den azobenzolsubstituierten Monoporphyrinen festgestellt werden konnte, keinen weiteren Aufschluss über die Stereoisomerie der azoverbrückten Porphyrine geben.

6

Experimentelle Bestimmung der Freien Enthalphie

Wie schon einleitend erwähnt, eignen sich Porphyrine ausgezeichnet als Modellsubstanzen für die Simulation photochemischer Reaktionszentren. Es ist daher von Interesse, ob sich die hier vorgestellten Porphyrine möglicherweise als Modellsubstanzen für Untersuchungen von lichtinduzierten Elektronen- und Energietransferprozessen eignen.

Aus den Absorptions- und Emissionsdaten sowie aus den elektrochemisch gewonnenen Daten kann man die Energielage für $E^*_{Ox.}$ und die Freie Enthalphie ΔG^{cs} für einen möglichen Elektronentransfer bestimmen.

Die E_{00}-Energie wurde aus den Absorptions- und Emissionsenergien mit der Gleichung

$$E_{00} = (E_{Abs.} - E_{Em.}) / 2 \qquad (6.1)$$

bestimmt.

$E^*_{Ox.}$ ist die Differenz zwischen den aus den elektrochemischen Messungen bestimmten ersten Oxidationspotenzialen $E_{Ox.}$ und der E_{00}-Energie [178] , also

$$E^*_{Ox.} = E_{Ox.} - E_{00} \,. \qquad (6.2)$$

Die Freie Enthalpie ΔG^{cs} wird mit folgender Bilanz berechnet:

$$\Delta G^{cs} = E_{Ox.Por.1} - E_{Red.Azo} - E_{00} - E_C \,, \qquad (6.3)$$

wobei E_C die Coulomb-Wechselwirkung bezeichnet.

Tab. 6.1: Bestimmung der Freien Enthalpie ΔG^{cs} aus den spektroskopischen und elektrochemischen Daten für die freien Basen der Monoporphyrine.

Porphyrin	E_{00}	$E_{Ox.}$	$E^{*}_{Ox.}$	$E_{Red.Azo}$	ΔG^{cs}		
	in eV/mol	in V	in V	in V	in eV	kcal/mol	kJ/mol
45	1.904	0.520	-1.384	-1.850	0.466	10.75	45.15
46	1.906	0.475	-1.431	-	-	-	-
47	1.907	0.510	-1.397	-1.940	0.543	12.52	52.6
44	1.906	0.470	-1.436	-2.090	0.654	15.08	63.3
43	1.906	0.480	-1.426	-2.030	0.604	13.93	58.5
39	1.907	0.520	-1.387	-2.045	0.658	15.17	63.7

Tab. 6.2: Bestimmung der Freien Enthalpie ΔG^{cs} aus den spektroskopischen und elektrochemischen Daten für die Zinkkomplexe der Monoporphyrine.

Zink-komplexe	E_{00}	$E_{Ox.}$	$E^{*}_{Ox.}$	$E_{Red.Azo}$	ΔG^{cs}		
	in eV/mol	in V	in V	in V	in eV	kcal/mol	kJ/mol
Zn-45	2.076	0.240	-1.836	-	-	-	-
Zn-46	2.082	0.300	-1.782	-1.840	0.058	1.34	5.6
Zn-47	2.081	0.290	-1.791	-1.855	0.064	1.48	6.2
Zn-44	2.080	0.310	-1.770	-1.980	0.21	4.84	20.3
Zn-43	2.081	0.280	-1.801	-1.970	0.169	3.90	16.4
Zn-39	2.079	0.285	-1.794	-1.975	0.181	4.17	17.5

Für die Kupferkomplexe wurde die E_{00}-Energie extrapoliert, da es wie schon erwähnt nicht möglich ist, Fluoreszenzdaten für die Kupferkomplexe zu bestimmen. Es wurden hier die Werte, die für die Zinkkomplexe verwendet wurden, herangezogen.

In Tabelle 6.3 sind die berechneten Daten für die Kupferkomplexe zusammengefasst.

Tab. 6.3: Bestimmung der Freien Enthalpie aus ΔG^{cs} den spektroskopischen und elektrochemischen Daten für die Kupferkomplexe der Monoporphyrine.

Kupfer-	E_{00}[11]	$E_{Ox.}$	$E^{*}_{Ox.}$	$E_{Red.Azo}$	ΔG^{cs}		
komplexe	in eV/mol	in V	in V	in V	in eV	kcal/mol	kJ/mol
Cu-45	2.08	-	-	-	-	-	-
Cu-46	2.08	-	-	-	-	-	-
Cu-47	2.08	0.480	-1.6	-1.835	0.24	5.53	23.2
Cu-44	2.08	0.465	-1.615	-1.835	0.22	5.07	21.2
Cu-43	2.08	0.480	-1.6	-1.825	0.23	5.30	22.2
Cu-39	2.08	0.515	-1-565	-1.810	0.25	5.77	24.2

Die so ermittelten Daten zeigen, dass auch für die Kupferkomplexe die Werte für ΔG^{cs} kleiner sind als für die freien Basen.

Tab. 6.4: Bestimmung der Freien Enthalpie ΔG^{cs} aus den spektroskopischen und elektrochemischen Daten für die freien Basen der Diporphyrine.

freie	E_{00}	$E_{Ox.}$	$E^{*}_{Ox.}$	$E_{Red.Azo}$	ΔG^{cs}		
Basen	in eV/mol	in V	in V	in V	in eV	kcal/mol	kJ/mol
48	1.906	0.545	-1.361	-1.525	0.16	3.7	15.5
50	1.905	0.520	-1.385	-1.695	0.31	7.1	29.8

[11] extrapolierte Werte aus den Messungen der Zinkkomplexe

Tab. 6.5: Bestimmung der Freien Enthalpie ΔG^{cs} aus den spektroskopischen und elektrochemischen Daten für die Zinkkomplexe der Diporphyrine.

Zink-	E_{00}	$E_{Ox.}$	$E^{*}_{Ox.}$	$E_{Red.Azo}$ [12]	ΔG^{cs}		
komplexe	in eV/mol	in V	in V	in V	in eV	kcal/mol	kJ/mol
Zn-48	2.065	-	-	-	-	-	-
Zn-50	2.085	0.295	1.790	-1.610	-0.18	-4.14	-17.4

Man kann erkennen, dass ΔG^{cs} für die freien Basen deutliche größer ist als für die Zink- und Kupferkomplexe. Möglicherweise ist eine *E/Z*-Isomerisierung der Azobenzoleinheit durch einen lichtinduzierten Elektronen-Transfer-Mechanismus vorstellbar, aber nur bei den Metallkomplexen der Diporphyrine, denn für alle anderen untersuchten Monoporphyrine ist der Werte für die Freien Enthalpie ΔG^{cs} für den möglichen Ladungstransfer zu groß. Bei den extrapolierten Werten für die Reduktion der Azogruppe wird davon ausgegangen, dass die Lage dieses Potenzials sich genau bei den Monoporphyrinen verhält. Unter dieser Voraussetzung sind die berechneten Werte für ΔG^{cs} negativ und es sollte ein lichtinduzierter Elektronen-Transfer-Mechanismus für die *E/Z*-Isomerisierung der Azobenzoleinheit ohne weiteres möglich sein.

[12] extrapolierter Wert aus den Messungen der freien Basen, unter der Annahme, dass die Reduktion der Azogruppe sich genau wie bei den Monoporphyrinen verhält.

7

Zusammenfassung und Ausblick

Im Rahmen dieser Arbeit ist es gelungen, neue effektive Methoden zur Synthese azobenzolsubstituierter Monoporphyrine und azobenzolverbrückter Diporphyrine zu entwickeln. Diese neuen Methoden zeichnen sich durch die hohen Ausbeuten an Porphyrinen aus. Es konnten sowohl Porphyrine mit Elektronendonatoren als auch mit Elektronenakzeptoren als p-Substituenten an der Azobenzoleinheit hergestellt werden. Darüber hinaus wurden von allen synthetisierten Porphyrinen auch die Zink- und Kupferkomplexe hergestellt.

Für alle der im Rahmen dieser Arbeit hergestellten Porphyrine wurden die Absorptions- und Emissionsdaten bestimmt. Außerdem wurden die Porphyrine elektrochemisch vermessen. Alle freien Basen der Porphyrine zeigten eine sehr starke Absorptionsbande im UV-Bereich, die Soret-Bande, und vier mäßig starke Banden im sichtbaren Bereich, die Q-Banden. Bei den Metallkomplexen wurden zwei Q-Banden registriert.

Zusammenfassend kann man sagen, dass sowohl die Soret- als auch die Q-Banden der azobenzolsubstituierten Porphyrine in ihrer Lage weitgehend unverändert bleiben, auch wenn der Substituent an der Azobenzoleinheit verändert wird. Es werden keine signifikanten Unterschiede im Absorptionsverhalten festgestellt. Auch der Abstand zwischen den Q_{X00}- und Q_{X10}-Banden aller azobenzolsubstituierten Porphyrine ist annähernd als konstant anzusehen.

Es wird eine deutliche Verbreiterung der Absorptionsbanden im Vergleich zum TPP festgestellt. Diese Verbreiterung ist auf Wechselwirkungen der π-Elektronen des Porphyrinzyklus mit den π-Elektronen des Azobenzolrestes zurückzuführen. Besonders ausgeprägt ist dieses Verhalten bei den Diporphyrinen. Die spektroskopischen Daten lassen vermuten, dass Lage und Verschiebung der S_0- und S_1-Zustände durch die π-Elektronenkonjugation beeinflusst wird.

Es wird eine bathochrome (Rot-)Verschiebung der Absorptionsbanden im Vergleich zum Tetraphenylporphyrin (TPP) beobachtet. Diese Verschiebung beträgt ca. 2 nm bis 7 nm sowohl für die Q-Banden als auch für die Soret-Banden.

Aber auch die Differenz, also die Aufspaltung der Q_{X00}- und der Q_{X10}-Banden, ist im Vergleich zum TPP etwas größer. Die Rot-Verschiebung könnte prinzipiell durch die Einführung des weiteren Phenylrestes verursacht werden, da eine weitere konjugative Wechselwirkung des Aromaten mit dem Porphyrin-Makrozyklus nicht ausgeschlossen werden kann. Im Vergleich zur Q_{X00}- und Q_{X10}-Aufspaltung ist die Aufspaltung der Q^*_{X00}- und Q^*_{X01}-Banden um ca. 100 cm^{-1} kleiner.

Insgesamt besitzen die Substituenten an der Azobenzoleinheit einen geringen Einfluss auf das Absorptionsverhalten des Porphyrins. Ausnahme ist ein weiterer Porphyrinrest als zusätzlicher Substituent an der Azobenzoleinheit. Es wurden die E_{00}-Energien aus den Absorptions- und Emissionsspektren berechnet. Auch hier wurde festgestellt, dass keine Abhängigkeit von der Art des p-Substituenten an der Azobenzoleinheit vorliegt.

Aus den elektrochemischen und den spektroskopischen Daten wurde daher die Freie Enthalpie ΔG^{cs} für einen möglichen Ladungstransfer berechnet. Die Werte für ΔG^{cs} für die Zinkkomplexe sind deutlich kleiner als die für die freien Basen. Eine *E/Z*-Isomerisierung der Azobenzoleinheit sollte durch einen lichtinduzierten Elektronen-Transfer-Mechanismus bei diesen Systemen nicht möglich sein, da die Werte für die Freie Enthalpie viel zu groß sind. Auch für die entsprechenden Kupferkomplexe wurde ΔG^{cs} berechnet und auch hier waren die Werte zu groß, um einen solchen Mechanismus ablaufen zu lassen.

Auch bei den freien Basen der Diporphyrine ist der Wert für ΔG^{cs} noch zu groß, eine *E/Z*-Isomerisierung durch einen lichtinduzierten Elektronen-Transfer-Mechanismus ablaufen zu lassen.

Untersucht man aber die Metallkomplexe, hier die Zinkkomplexe, so sieht man, dass ΔG^{cs} negativ wird und nun eine Isomerisierung durch einen lichtinduzierten Elektronen-Transfer möglich ist. Diese Eigenschaft sollte diese neuen, im Rahmen der vorliegenden Arbeit entwickelten Systeme interessant für neue technische Anwendungen werden lassen. Zum Beispiel in der molekularen Elektronik als Speicher auf molekularer Grundlage.

Bei zukünftigen Forschungsvorhaben sollten die Speichereigenschaften der hier vorgestellten Porphyrine mit Methoden der Kurzzeitspektroskopie im Zentrum des Interesses stehen. Von weiterem Interesse wäre es zu erforschen, wie ein β-Substituent das Absorptions- und Emissionsverhalten sowie das elektrochemische Verhalten beeinflussen kann.

8

Experimenteller Teil

8.1 Allgemeines

8.1.1 Geräte

8.1.1.1 Spektrometer

Zur Aufnahme von Spektren standen folgende Geräte zur Verfügung:

• NMR:	90	MHz	^{1}H-NMR	: Varian EM 90
	200	MHz	^{1}H-NMR und 50 MHz ^{13}C-NMR	: Varian XL 200

Die ^{1}H-NMR chemischen Verschiebungen (δ) beziehen sich auf TMS als internen Standard. Die ^{1}H-NMR-Daten sind 200 MHz Spektren entnommen.

• MS:	VG 70-250 E
• IR:	Shimadzu IR-435
• UV:	Kontron Uvicon 860
• Fluoreszenz:	SMC 210 Perkin Elmer Luminescene Spectrometer LS50
• Elektrochemie:	Taccussel Potentiostat-Galvanostat Typ PJT 24-1 Interface Potentiostat / Micro-Ordinateur Typ IMT 1 Siemens Oscillar D 1015 100 MHz

8.1.1.2 Chromatographiesysteme

Zur präparativen Reinigung und zur Analytik standen folgende Chromatographiesysteme zur Verfügung:

- ***Präparative MPLC***

Die präparativen MPLC-Trennungen wurden mit folgenden Geräten durchgeführt:

• Pumpe:	Knauer HPLC Pumpe 64
• Probenaufgabeventil:	VICI-Valco-Motorventil Rheodyne 7125
• Trennsäulen:	Glassäulen 3.0 cm x 25 cm, gefüllt mit LiChroprep Si 60, 15-25 µm Korngröße (SiO_2)
• Detektor:	Merck-Hitachi 655A-22
• Fraktionssammler:	Lincoln Isco Foxy

- ***Analytische HPLC***

• Chromatographiesystem:	LDC Milton Roy, HPLC-Automation System
• Pumpe:	Knauer HPLC Pumpe 64
• Probenaufgabeventil:	Rheodyne 7125
• Trennsäulen:	250 cm x 4.5 mm Stahlsäulen, Kieselgel oder RP-18, 5 µm Korngröße
• Detektor:	Dioden-Array-Detektor Perkin Elmer LC 480
• Integrator:	Hitachi Merck D2000

8.1.2 Lösungsmittel

- ***Dichlormethan***

Sowohl für einige präparative Umsetzungen als auch für die elektrochemischen Messungen wurde das Dichlormethan (Merck, reinst) über konzentrierter Schwefelsäure gerührt und mit Wasser und Natriumhydrogencarbonatlösung gewaschen. Anschließend wurde das Dichlormethan über Calciumchlorid getrocknet und über Sicapent (Merck) unter Rückfluss gekocht. Das destillierte Dichlormethan wurde anschließend über Calciumhydrid stehengelassen und bei Bedarf destilliert.

Für alle anderen präparativen Umsetzungen sowie für die Chromatographie wurde Dichlormethan (Merck, reinst) über Kaliumcarbonat destilliert.

- ***Tetrahydrofuran***

Für die elektrochemischen Messungen wurde Tetrahydrofuran (Janssen, reinst) über Kaliumhydroxidpulver (Merck, p.A.) 8 h unter Rückfluss gekocht und anschließend abdestilliert. Das abdestillierte Tetrahydrofuran wurde dann über Natrium stehengelassen und bei Bedarf abdestilliert.

- ***Chloroform***

Für die UV- und Fluoreszenz-Messungen wurde Chloroform (Merck, p.A.) zunächst über Kaliumcarbonat destilliert und kurz vor Gebrauch über basisches Aluminiumoxid filtriert.

8.1.3 Katalysatoren

8.1.3.1 Synthese von Tetrakis[3,5-bis(trifluoromethyl)phenyl]borat (37)

Zu 404 mg (16.60 mmol) Magnesiumspäne in 12 ml absolutem Diethylether wurden 4 g (13.65 mmol) 3,5-Bis(trifluormethyl)-1-brombenzol zugetropft. Anschließend wurden 345 mg (2.45 mmol) Bortrifluor-Etherat zur Lösung gegeben und die Reaktionsmischung 12 h unter Rückfluss gekocht.

Nachdem die Lösung abgekühlt war, wurde sie auf wässrige Natriumcarbonatlösung (24 g Na_2CO_3 in 100 ml Wasser) gegeben. Das ausgefallene Magnesiumcarbonat wurde abfiltiert und 3mal mit je 15 ml Diethylether gewaschen. Die vereinigten organischen Phasen wurden über Natriumsulfat getrocknet und das Lösungsmittel anschließend abdestilliert. Zur Reinigung wurde über Kieselgel chromatographiert. Als Eluent wurde zunächst Hexan verwendet. Das Produkt wurde dann mit Dichlormethan und Methanol isoliert. Das Natriumtetrakis[3,5-bis(trifluoromethyl)phenyl]borat [179,180] wurde aus Dichlormethan umkristallisiert.

Ausbeute: 2.6 g (86 %)
^{1}H-NMR ($CDCl_3$-DMSO-d_6): δ = 2.95(s), 7.50-7.70 (m).- IR(KBr): $\tilde{\nu}$ = 3500, 1350, 1280, 1200-1100 cm^{-1}.

8.1.3.2 Synthese von aktiviertem Mangandioxid

1.70 g (10.00 mmol) Mangansulfat wurde in 50 ml Wasser gelöst und mit 1.70 g Kaliumhydroxid versetzt. Anschließend wurden 2.40 g (15.19 mmol) Kaliumpermanganat zur Lösung gegeben. Nach 1 h Rühren wurde das ausgefallene Mangandioxid abfiltriert und solange mit Wasser gewaschen bis das Filtrat farblos war. Das Mangandioxid wurde bei 100 °C getrocknet.

8.2 Synthesen

8.2.1 Synthese der Ausgangsporphyrine

8.2.1.1 Synthese von 5-(4'-Acetamidophenyl)-10,15,20-tri(4"- methylphenyl)porphyrin (9)

In einem 2-ℓ-Dreihalskolben mit Rückflusskühler und Tropftrichter wurden 7.21 g (60.00 mmol) 4-Methylbenzaldehyd **(7)** und 3.23 g (20.00 mmol) 4-Acetamidobenzaldehyd **(8)** in ca. 1.5 ℓ Propionsäure vorgelegt und anschließend bis zum Sieden erhitzt. Zur siedenden Lösung wurden 5.37 g (80.00 mmol) Pyrrol **(4)** getropft und 1 h unter Rückfluss erhitzt. Die Lösung wurde über Nacht bei Raumtemperatur stehengelassen.

Ein Teil des Porphyringemisches kristallisierte über Nacht aus. Dieser Teil wurde von der überstehenden Propionsäure abfiltriert. Aus dem Filtrat wurde die Propionsäure weitgehend abdestilliert. Nach dem Abkühlen wurde die restliche Propionsäure vom Rückstand abgesaugt und der Filterkuchen erst mit Wasser und dann mit Methanol gewaschen. Der Rückstand wurde dann bei ca. 100 °C im Ölpumpenvakuum getrocknet.

Zur Trennung des entstanden Porphyringemisches wurde über Kieselgel (Säule: 20 cm x 15 cm) chromatographiert. Zunächst wurde das Tetratolylporphyrin mit Dichlormethan als Laufmittel abgetrennt. Anschließend wurde mit Dichlormethan mit ca. 5 % Ethylacetat das 5-(4'-Acetamidophenyl)-10,15,20-tri(4''-methylphenyl)porphyrin abgetrennt. Das Produkt wurde bei ca. 100 °C im Ölpumpenvakuum getrocknet.

Als weitere Nebenprodukte entstanden das 5,10-Di(4'-acetamidophenyl)-15,20-di(4''-methylphenyl)porphyrin, das 5,15-Di(4'-acetamidophenyl)-10,20-di(4''-methylphenyl)porphyrin und das 5-(4'-Acetamidophenyl)-15,10,20-tri(4''-methylphenyl)porphyrin. Diese Produkte wurden massenspektroskopisch identifiziert.

5,10,15,20-Tetra(4'-methylphenyl)porphyrin

Ausbeute: 1.55 g (15.4 %)

5-(4'-Acetamidophenyl)-10,15,20-tri(4''-methylphenyl)porphyrin

Ausbeute: 2.25 g (15.8 %)
^{1}H-NMR ($CDCl_3$): δ = -2.79 (br.s, 2 H, NH), 2.32 (s, 3 H, Acetamido-CH_3), 2.69 (s, 9 H, Tolyl-CH_3), 7.53 (d, J = 7.6 Hz, 6 H, H_m), 7.83 (d, J = 8.6 Hz, 2 H, $H_{m'}$), 8.07 (d, J = 8.0 Hz, 6 H, H_o), 8.13 (d, J = 8.4 Hz, 2 H, $H_{o'}$), 8.84 (s, 8 H, $H_ß$).- ^{13}C-NMR ($CDCl_3$): δ = 21.52 (q, Tolyl-CH_3), 24.81 (q, Acetamido-CH_3), 117.92 (d, $C_{m'}$), 118.00 (s, C_{meso}), 120.16 (s, C_{meso}), 127.39 (d, C_m), 131.00 (s, $C_ß$), 134.49 (d, C_o), 135.05 (d, C_o), 137.33 (s, C_p), 137.46 (s, $C_{p'}$), 138.18 (s, $C_{ipso'}$), 139.20 (s, C_{ipso}), 145.98 (br.s, C_α), 168.63 (s, C=O).- UV-Vis (CH_2Cl_2): λ (log ε) = 419 (5.388), 516 (3.974), 552 (3.743), 591 (3.436), 647 (3.398).- FAB-MS: m/z = 714 (74) [M^+ + 1].

8.2.1.2 Synthese von 5-(4'-Aminophenyl)-10,15,20-tri(4''-methylphenyl)porphyrin (34)

280 mg (0.390 mmol) 5-(4'-Acetamidophenyl)-10,15,20-tri(4''-methylphenyl)-porphyrin **(9)** wurden in ca. 150 ml halbkonzentrierter Salzsäure 5 h unter Rückfluss gekocht. Nach dem Abkühlen wurde mit wässriger Kaliumhydroxidlösung neutralisiert und das 5-(4'-Aminophenyl)-10,15,20-tri(4''-methylphenyl)porphyrin 5mal mit je 25 ml Dichlormethan extrahiert.

Die vereinigten organischen Phasen wurden über Natriumsulfat getrocknet, filtriert und das Dichlormethan abdestilliert.

Die Reinigung erfolgte über Kieselgel (Säule: 5 cm x 20 cm) mit Dichlormethan als Elutionsmittel.

Ausbeute: 230 mg (87.6%)
^{1}H-NMR ($CDCl_3$): δ = -2.76 (br.s, 2 H, NH), 2.70 (s, 9 H, Tolyl-CH_3), 3.98 (br.s, 2 H, NH_2), 7.03 (d, J = 8.4 Hz, 2 H, $H_{o'}$), 7.54 (d, J = 7.8 Hz, 6 H, H_m), 7.78 (d, J = 8.4 Hz, 2 H, $H_{m'}$), 8.09 (d, J = 8.0 Hz, 6 H, H_o), 8.85 (s, 4 H, $H_ß$), 8.88 (AB, 4 H, $H_{ß'}$).- ^{13}C-NMR ($CDCl_3$): δ = 21.55 (q, Tolyl-CH_3), 113.43 (d, $C_{m'}$), 119.77 (s, C_{meso}), 119.96 (s, C_{meso}), 120.50 (s, C_{meso}), 127.38 (d, C_m), 130.84 (br.s, $C_ß$), 132.53 (s, $C_{ipso'}$), 134.51 (d,

C_o), 135.68 (s, $C_{o'}$), 137.26 (s, C_{ipso}), 139.34 (s, C_p), 145.92 (s, $C_{p'}$).- UV-Vis (CH_2Cl_2): λ (log ε) = 420 (5.515), 518 (4.070), 593 (3.732), 649 (3.730).- FAB-MS: m/z = 672 (100) [M^+].

$C_{47}H_{37}N_5 \cdot H_2O$ (689.87)	Ber.	C 81.83	H 5.70N 10.15
	Gef.	C 82.03	H 5.51N 10.31

8.2.1.3 Synthese von 5-(4'-Acetamidophenyl)-10,15,20-tri(4''-isopropylphenyl)porphyrin (13)

In einem 2-ℓ-Dreihalskolben mit Rückflusskühler und Stickstoffansatz wurden 1.67 g (11.25 mmol) 4-Isopropylbenzaldehyd **(10)**, 0.61 g (3.75 mmol) 4-Acetamidobe zaldehyd **(8)** und 1.01 g (15.00 mmol) Pyrrol **(4)** in 1.5 ℓ Dichlormethan mit 2.3 ml (30.00 mmol) Trifluoressigsäure unter Stickstoff versetzt.

Nach 1 h rühren bei Raumtemperatur unter Stickstoff wurden 2.77 g (11.25 mmol) p-Chloranil zur Lösung gegeben, und es wurde nochmals 1 h bei Raumtemperatur gerührt. Anschließend wurde mit 2.17 ml (30.00 mmol) Triethylamin neutralisiert.

Das Dichlormethan wurde abrotiert und zur Trennung des Reaktionsgemisches wurde über Kieselgel (Säule: 10 cm x 15 cm) mit Dichlormethan als Elutionsmittel chromatographiert.

Zunächst wurde das 5,10,15,20-Tetra(4'-isopropylphenyl)porphyrin isoliert.

Ausbeute: 368 mg (17%)

^{1}H-NMR ($CDCl_3$): δ = -2.78 (br.s, 2 H, NH), 1.59 (d, J = 6.8 Hz, 24 H, -CH_3), 3.26 (sept, J = 6.8 Hz, 4 H, CH), 7.60 (d, J = 7.8 Hz, 8 H, H_m), 8.14 (d, J = 7.8 Hz, 8 H, H_m), 8.14 (d, J = 7.8 Hz, 8 H, H_o), 8.87 (s, 8 H, $H_ß$).- ^{13}C-NMR ($CDCl_3$): δ = 24.30 (q, -CH_3), 34.11 (d, -CH), 120.12 (s, C_{meso}), 124.73 (d, C_m), 131.00 (s, $C_ß$), 134.70 (d, C_o), 139.60 (s, C_{ipso}), 148.14 (s, C_p).- UV-Vis (CH_2Cl_2): λ (log ε) = 418.5 (5.598), 516.4 (4.226), 552.0 (3.996), 591.6 (3.695), 648.8 (3.630).- FAB-MS: m/z = 784 (100) [M^++1].

$C_{56}H_{54}N_4$ (783.07)	Ber.	C 85.89	H 6.95N 7.15
	Gef.	C 85.97	H 7.02N 7.22

Das 5-(4'-Acetamidophenyl)-10,15,20-tri(4''-isopropylphenyl)porphyrin wurde durch Zugabe von ca. 1 % Ethylacetat zum Elutionsmittel isoliert.

Ausbeute: 568 mg (19%)

^{1}H-NMR ($CDCl_3$): δ = -2.74 (br.s, 2 H, NH), 1.54 (d, J = 7.4 Hz, 18 H, -CH_3), 2.34 (s, 3 H, Acetamido-CH_3), 3.26 (sept, J = 7.4 Hz, 3 H, -CH), 7.59 (d, J = 8.2 Hz, 6 H, H_o),

7.85 (d, J = 8.4 Hz, 2 H, $H_{m'}$), 8.12 (d, J = 7.8 Hz, 6 H, H_m), 8.10 (d, J = 8.4 Hz, 2 H, $H_{o'}$), 8.85 (AB, 4 H, $H_{ß'}$), 8.87 (s, 4 H, $H_ß$).- ^{13}C-NMR ($CDCl_3$): δ = 24.30 (q, $-CH_3$), 24.89 (q, Acetamido-CH_3), 34.11 (d, -CH), 117.91 (d, $C_{m'}$), 119.08 (s, C_{meso}), 120.28 (s, C_{meso}), 127.73 (d, C_m), 130.96 (s, $C_ß$), 134.69 (d, C_o), 135.14 (d, $C_{o'}$), 137.47 (s, $C_{ipso'}$), 138.26 (s, $C_{p'}$), 139.50 (s, C_p), 146.58 (br.s, C_α), 148.01 (s, C_{ipso}),168.62 (s, C=O).- UV-Vis (CH_2Cl_2): λ (log ε) = 419.1 (5.595), 516.4 (4.224), 552.3 (4.006), 591.9 (3.690), 648.6 (3.688).- FAB-MS: m/z = 798 (100) [M^+].

$C_{55}H_{51}N_5O$ (798.05)	Ber.	C 82.78	H 6.44N 8.78
	Gef.	C 81.53	H 6.44N 8.93

8.2.1.4 Synthese von 5-(4'-Aminophenyl)-10,15,20-tri(4''-isopropylphenyl)-porphyrin (35)

In einem 250-ml-Rundkolben wurden 200 mg (0.250 mmol) 5-(4'-Acetamidophenyl)-10,15,20-tri(4''-isopropylphenyl)porphyrin **(13)** mit 150 ml halbkonzentrierter wässriger Salzsäure versetzt und 5 h unter Rückfluss gekocht. Nach dem Abkühlen wurde die Reaktionslösung mit verdünnter Kaliumhydroxidlösung neutralisiert und anschließend 5mal mit jeweils 50 ml Dichlormethan extrahiert. Die vereinigten organischen Phasen wurden über Natriumsulfat getrocknet, das Filtrat wurde am Rotationsverdampfer eingeengt und zur Reinigung über Kieselgel chromatographiert (Säule: 10 cm x 15 cm).

Ausbeute: 165 mg (87%)

^{1}H-NMR ($CDCl_3$): δ = -2.74 (br.s, 2 H, NH), 1.54 (d, J = 6.8 Hz, 18 H, $-CH_3$), 3.25 (sept, J = 6.8 Hz, 3 H, -CH), 3.98 (br.s, 2 H, $-NH_2$), 7.04 (d, J = 8.4 Hz, 2 H, $H_{m'}$), 7.59 (d, J = 7.8 Hz, 6 H, H_o), 7.99 (d, J = 8.4 Hz, 2 H, $H_{o'}$), 8.13 (d, J = 7.8 Hz, 6 H, H_m), 8.86 (s, 4 H, $H_ß$), 8.90 (AB, 4 H, $H_{ß'}$).- ^{13}C-NMR ($CDCl_3$): δ = 24.30 (q, $-CH_3$), 34.11 (d, -CH), 113.43 (s, C_{meso}), 120.12 (s, C_{meso}), 124.73 (d, C_m), 131.00 (s, $C_ß$), 134.70 (d, C_o), 139.60 (s, C_{ipso}), 148.14 (s, C_p).- UV-Vis (CH_2Cl_2): λ (log ε) = 418.5 (5.598), 516.4 (4.226), 552.0 (3.996), 591.6 (3.695), 648.8 (3.630).- FAB-MS: m/z = 757 (100) [M^++1].

$C_{53}H_{49}N_5$ (756.01)	Ber.	C 84.20	H 6.53N 9.26
	Gef.	C 84.29	H 6.59N 9.33

8.2.1.5 Synthese von 5-(4'-Acetamidophenyl)-10,15,20-tri(4"-hexyl-phenyl)porphyrin (14)

In einem 2-ℓ-Dreihalskolben mit Rückflusskühler und Stickstoffansatz wurden 4.79 g (18.10 mmol) 4-Hexylbenzaldehyddiethylacetal **(11)**, 1.03 g (6.30 mmol) 4-Acetamidobenzaldehyd **(8)** und 1.69 g (25.20 mmol) Pyrrol **(4)** in 1.4 ℓ Dichlormethan gelöst und unter Stickstoff mit 4.4 ml (57.00 mmol) Trifluoressigsäure versetzt.

Nach 1 h rühren bei Raumtemperatur wurden 4.68 g (19.00 mmol) p-Chloranil zur Lösung gegeben und nochmals 1 h bei Raumtemperatur gerührt. Anschließend wurde die Lösung mit 4.34 ml (60.00 mmol) Triethylamin neutralisiert.

Das Dichlormethan wurde am Rotationsverdampfer abdestilliert, und zur Trennung des Reaktionsgemisches wurde über Kieselgel mit Dichlormethan als Elutionsmittel chromatographiert.

Zunächst wurde das 5,10,15,20-Tetra(4'-hexylphenyl)porphyrin isoliert.

Ausbeute: 1.8 g (41.8 %)

^{1}H-NMR ($CDCl_3$): δ = -2.72 (br.s, 2 H, NH), 0.85 (m, 12 H, $-CH_3$), 1.54 (m, 24 H, 3''-H, 4''-H, 5''H), 1.88 (m, 8 H, 2''-H), 2.92 (t, J = 7.8 Hz, CH_2-Aryl), 7.52 (d, J = 7.8 Hz, 8 H, H_m), 8.10 (d, J = 7.8 Hz, H_o), 8.86 (s, 8 H, H_β).- ^{13}C-NMR ($CDCl_3$): δ = 14.20 (q, $-CH_3$), 22.72 (t, 5''-CH_2), 29.22 (t, 3''-CH_2), 31.62 (t, 4''-CH_2), 31.87 (t, 2''-CH_2), 35.97 (t, 1''-CH_2), 120.12 (s, C_{meso}), 126.65 (d, C_m), 131.07 (d, C_β), 134.54 (d, C_o), 139.40 (s, C_{ipso}), 142.30 (s, C_p), 146.75 (br.s, C_α).- UV-Vis (CH_2Cl_2): λ (log ε) = 418.6 (5.543), 516.1 (4.103), 551.2 (3.833), 591.5 (3.477), 647.5 (3.580).- FAB-MS: m/z = 951 (100) [M^+].

$C_{68}H_{78}N_4$ (951.41)	Ber.	C 85.85	H 8.26N 5.89
	Gef.	C 85.89	H 8.26N 5.94

Als zweite Fraktion konnte das 5-(4'-Acetamidophenyl)-10,15,20-tri(4''-hexylphenyl)porphyrin isoliert werden.

Ausbeute: 1.04 g (18.8 %)

^{1}H-NMR ($CDCl_3$): δ = -2.76 (br.s, 2 H, NH), 0.98 (m, 9 H, $-CH_3$), 1.51 (m, 18 H, 3''-H, 4''-H, 5''-H), 1.89(m, 6 H, 2''-H), 2.29 (s, Acetamido-CH_3), 2.93 (t, J = 8.4 Hz, 8 H, 1''-CH_2), 7.42 (s, 1H, Acetamido-NH), 7.53 (d, J = 7.8 Hz, 6 H, H_m), 7.80 (d, J = 8.4 Hz, 2 H, $H_{m'}$), 8.09 (d, J = 7.8 Hz, 6 H, H_o), 8.11 (d, J = 7.8 Hz, 2 H, $H_{o'}$), 8.84 (AB, J = 3.8 Hz, 4 H, H_β), 8.86 (s, 4 H, H_β).- ^{13}C-NMR ($CDCl_3$): δ = 14.22 (q, $-CH_3$), 22.77 (t, 5''-CH_2), 24.85 (q, Acetamido-CH_3), 29.27 (t, 3''-CH_2), 31.63 (t, 4''-CH_2), 31.89 (t, 2''-CH_2), 36.02 (t, 1''-CH_2), 117.93 (d, $C_{m'}$), 119.13 (s, C_{meso}), 120.26 (s,

C_{meso}), 120.36 (s, C_{meso}), 126.70 (d, C_m), 131.18 (br.d, $C_ß$), 134.59 (d, C_o), 135.09 (d, $C_{o'}$), 137.49 (s, $C_{ipso'}$), 138.25 (s, $C_{p'}$), 139.39 (s, C_{ipso}), 142.38 (s, C_p), 145.0 (br.s, C_α), 168.57 (s, C=O).- UV-Vis (CH_2Cl_2): λ (log ε) = 419.2 (5.660), 516.2 (4.383), 551.9 (4.239), 591.2 (4.095), 648.5 (4.145). -FAB-MS: m/z = 924 (100)[M^+].

$C_{64}H_{69}N_5O$ (924.30)	Ber.	C 83.17	H 7.52N 7.58O 1.93
	Gef.	C 83.03	H 7.46N 7.58O 1.73

8.2.1.6 Synthese von 5-(4'-Aminophenyl)-10,15,20-tri(4''-hexylphenyl)-porphyrin (36)

In einem 100-ml-Rundkolben wurden 135 mg (0.150 mmol) 5-(4'-Acetamidophenyl)-10,15,20-tri(4''-hexylphenyl)porphyrin **(14)** mit 50 ml halbkonzentrierter wässriger Salzsäure versetzt und 4 h unter Rückfluss gekocht.

Nach dem Abkühlen wurde die Reaktionsmischung mit verdünnter Kaliumhydroxidlösung neutralisiert und anschließend 5mal mit je 25 ml Dichlormethan extrahiert. Die vereinigten organischen Phasen wurden über Natriumsulfat getrocknet, das Dichlormethan wurde abdestilliert, und zur Reinigung des Rohproduktes wurde über Kieselgel chromatographiert (Säule: 5 cm x 30 cm). Als Eluent wurde Dichlormethan verwendet.

Ausbeute: 80 mg (62 %)

^{1}H-NMR ($CDCl_3$): δ = -2.72 (br.s, 2 H, NH), 0.99 (m, 9 H, -CH_3), 1.52 (m, 18 H, 3''-H, 4''-H, 5''-H), 1.92 (m, 6 H, 2''-H), 2.95 (t, *J* = 7.8 Hz, 6 H, 1''-CH_2), 3.93 (br.s, 2 H, NH_2), 7.01 (d, *J* = 8.4 Hz, 2 H, $H_{m'}$), 7.55 (d, *J* = 7.8 Hz, 6 H, H_m), 7.99 (d, *J* = 8.2 Hz, 2 H, $H_{o'}$), 8.12 (d, *J* = 8.2 Hz, 6 H, H_o), 8.73 (s, 4 H, $H_ß$), 8.93 (AB, *J* = 3.4 Hz, 4 H, $H_{ß'}$).- ^{13}C-NMR ($CDCl_3$): δ = 14.24 (q, CH_3), 22.76 (t, 5''-CH_2), 29.26 (t, 3''-CH_2), 31.63 (t, 4''-CH_2), 31.88 (t, 2''-CH_2), 35.98 (t, 1''-CH_2), 113.41 (d, $C_{m'}$), 119.91 (s, C_{meso}), 120.07 (s, C_{meso}), 120.51 (s, C_{meso}), 126.66 (d, C_m), 131.02 (s, $C_ß$), 132.50 (s, $C_{ipso'}$), 134.58 (d, C_o), 135.69 (d, $C_{o'}$), 139.51 (s, C_p), 142.28 (s, C_{ipso}), 145.88 (s, $C_{p'}$), 146.50 (br.s, C_α).- UV-Vis (CH_2Cl_2): λ (log ε) = 420.7 (5.607), 517.7 (4.221), 555.1 (4.061), 592.0 (3.671), 649.3 (3.709).- FAB-MS: m/z = 883 (90) [M^++1].

$C_{62}H_{67}N_5$ (882.26)	Ber.	C 84.41	H 7.65N 7.94
	Gef.	C 84.54	H 7.61N 7.99

8.2.2 Synthese der azobenzolsubstituierten Monoporphyrine

8.2.2.1 Synthese von 4-Nitro-4'-[10'',15'',20''-tri(4'''-methylphenyl)-5''-porphyrinyl]azobenzol (45)

In einem 50-ml-Rundkolben wurden eine Lösung aus 100 mg (0.149 mmol) 5-(4'-Aminophenyl)-10,15,20-tri(4''-methylphenyl)porphyrin **(34)** und 250 mg (0.302 mmol) 4-Nitroanilin in 25 ml Chloroform mit 1.9 g frisch gefälltem Mangandioxid versetzt. Die Lösung wurde 2 h unter Rückfluss am Wasserabscheider erhitzt. Nachdem die Lösung abgekühlt war, wurde das Mangandioxid abfiltriert und der Rückstand 3mal mit je 5 ml Chloroform gewaschen. Die vereinigten organischen Phasen wurden über Natriumsulfat getrocknet. Anschließend wurde das Chloroform abdestilliert und zur Grobreinigung das Reaktionsprodukt über Kieselgel (Säule: 20 cm x 5 cm) mit Dichlormethan als Laufmittel chromatographiert. Anschließend wurde über Kieselgel-DC-Platten (Schichtdicke: 0.5 mm) mit Dichlormethan/Hexan (1:1) als Laufmittel chromatographiert.

Ausbeute: 22 mg (18.3 %)

^{1}H-NMR ($CDCl_3$): δ = -2.76 (br.s, 2 H, NH), 2.71 (s, 9 H, $-CH_3$), 7.58 (d, *J* = 7.8 Hz, 6 H, 3'''-H), 8.11 (d, *J* = 8.2 Hz, 6 H, 2'''-H), 8.17 (d, *J* = 6.0 Hz, 2 H, 2-H), 8.40 (d, *J* = 8.0 Hz, 2 H, 3-H), 8.47 (d, *J* = 8.0 Hz, 2 H, 3'-H), 8.49 (d, *J* = 8.0 Hz, 2 H, 2'-H), 8.87 (s, 4 H, $H_β$), 8.93 (AB, *J* = 2.0 Hz, 4 H, $H_β$).- ^{13}C-NMR ($CDCl_3$): δ = 20.51 (q, CH_3-4'''), 119.40, 119.71 (s, C-5'',10'',15'',20''), 120.66 (d, C-2'), 122.58 (d, C-2), 123.85 (d, C-3), 126.40 (d, C-3'''), 129.98 (d, $C_β$), 133.47 (d, C-2'''), 134.51 (d, C-3'), 136.40 (s, C-4'''), 138.04 (s, C-1'''), 145.0 (br.s, $C_α$), 145.74 (s, C-4'), 147.76 (s, C-1'), 150.75 (s, C-4), 154.83 (s, C-1).- UV-Vis (CH_2Cl_2): λ (log ε) = 418.4 (5.158), 516.1 (3.963), 555.5 (3.777), 591.8 (3.423), 648.3 (3.404).- FAB-MS: m/z = 807 (45) [M^+ + 1].- Fluoreszenz (CH_2Cl_2): λ = 655.0, 718.0 nm (Anregungswellenlänge: 419 nm).

$C_{53}H_{39}N_7O_2$ (805.95)	Ber.	C 78.99	H 4.88	N 12.17
	Gef.	C 78.66	H 4.48	N 12.38

8.2.2.2 Synthese von 4-Brom-4'-[10'',15'',20''-tri(4'''-methylphenyl)-5''-porphyrinyl]azobenzol (46)

Zu einer Lösung aus 50 mg (0.074 mmol) 5-(4'-Aminophenyl)-10,15,20-tri(4''-methylphenyl)porphyrin **(34)** und 52 mg (0.302 mmol) 4-Bromoanilin in 15 ml Chloroform wurden 900 mg frisch gefälltes Mangandioxid gegeben. Die Lösung wurde 2 h unter Rückfluss am Wasserabscheider erhitzt. Nachdem die Lösung abgekühlt war, wurde das Mangandioxid abfiltriert, der Rückstand 3mal mit je 5 ml Chloroform gewaschen. Die vereinigten organischen Phasen wurden über Natriumsulfat getrocknet. Anschließend wurde das Chloroform abdestilliert und zur Grobreinigung das Reaktionsprodukt über Kieselgel (Säule: 20 cm x 5 cm) mit Dichlormethan als Laufmittel chromatographiert. Anschließend wurde über Kieselgel-DC-Platten (Schichtdicke: 0.5 mm) mit Dichlormethan/Hexan (1:1) als Laufmittel chromatographiert.

Ausbeute: 22 mg (35.2 %)

^{1}H-NMR ($CDCl_3$): δ = -2.75 (br.s, 2 H, NH), 2.70 (s, 9 H, $-CH_3$), 7.55 (d, J = 7.8 Hz, 6 H, 3'''-H), 7.73 (d, J = 8.8 Hz, 2 H, 2-H), 7.96 (d, J = 8.8 Hz, 2 H, 3-H), 8.10 (d, J = 7.8 Hz, 6 H, 2'''-H), 8.29 (d, J = 8.2 Hz, 2 H, 3'-H), 8.37 (d, J = 8.6 Hz, 2 H, 2'-H), 8.87 (s, 4 H, $H_ß$), 8.88 (AB, J = 2.0 Hz, 4 H, $H_ß$).- ^{13}C-NMR ($CDCl_3$): δ = 21.53 (q, CH_3-4'''), 118.43, 120.54 (s, C-5'',10'',15'',20''), 120.35 (d, C-2'), 121.14 (d, C-2), 124.52 (d, C-4), 127.42 (d, C-3'''), 131.11 (d, $C_ß$), 132.47 (d, C-3), 134.49 (d, C-2'''), 135.44 (d, C-3'), 137.13 (s, C-4'''), 139.13 (s, C-1'''), 145.53 (s, C-4'), 146.50 (br.s, $C_α$), 150.90 (s, C-1), 151.78 (s, C-1').- UV-Vis (CH_2Cl_2): λ (log ε) = 354.5 (4.367), 419.5 (5.467), 516.6 (4.177), 553.1 (3.994), 591.9 (3.655), 6448.0 (3.671) nm.- FAB-MS: m/z = 839 (100) [M^+ + 1].- Fluoreszenz (CH_2Cl_2): λ = 654.5, 717.0 nm (Anregungswellenlänge: 419 nm).

$C_{53}H_{39}N_7Br$ (839.85)	Ber.	C 75.80	H 4.68	N 7.20
	Gef.	C 75.88	H 4.86	N 7.40

8.2.2.3 Synthese von 4'-[10",15",20"-Tri(4"'-methylphenyl)-5"-porphyrinyl]azobenzol (47)

In einem 5-ml-Rundkolben wurden 140 mg (0.208 mmol) 5-(4'-Aminophenyl)-10,15,20-tri(4''-methylphenyl)porphyrin **(34)** unter Stickstoff in 3 ml Eisessig gelöst und auf 40 °C erwärmt. Anschließend wurden 35 mg (0.330 mmol) Nitrosobenzol **(17)** zur Lösung gegeben und 2 h auf 70 °C erwärmt. Die Lösung wurde dann quasistatisch auf Raumtemperatur abgekühlt ($Δϑ / Δt ≈ 5$ °C / h).

Der Eisessig wurde im Ölpumpenvakuum abdestilliert. Der Rückstand wurde in Dichlormethan aufgenommen und über Kieselgel (Säule: 5 cm x 30 cm) mit Dichlormethan als Laufmittel chromatographiert.

Ausbeute: 97 mg (61.4 %)

^{1}H-NMR ($CDCl_3$): δ = -2.74 (br.s, 2 H, NH), 2.69 (s, 9 H, CH_3), 7.54 (d, J = 7.8 Hz, 6 H, 3'''-H), 7.55 (m, 3 H, 3-H,4-H), 8.01 (d, J = 7.8 Hz, 1 H, 2-H), 8.10 (d, J = 7.8 Hz, 6 H, 2'''-H), 8.30 (d, J = 8.4 Hz, 2 H, 2'-H), 8.38 (d, J = 8.8 Hz, 2 H, 3'-H), 8.80 (d, 8

H, J = 4.8 Hz, $H_β$).- ^{13}C-NMR ($CDCl_3$): δ = 21.55 (q, CH_3-4'''), 120.34, 120.53 (s, C-5'',10'',15'',20''), 121.10 (d, C-2'), 123.06 (d, C-2), 127.44 (d, C-3'''), 129.24 (d, C-3), 131.15 (d, $C_β$), 134.51 (d, C-2'''), 135.39 (d, C-3'), 137.38 (s, C-4'''), 139.15 (s, C-1'''), 145.17 (s, C-4'), 147.00 (br.s, $C_α$), 152.02 (s, C-1), 152.18 (s, C-1'), 158.65 (s, C-4).- UV-Vis (CH_2Cl_2): λ (log ε) = 340.0 (4.191), 419.8 (5.522), 516.6 (4.182), 553.4 (3.978), 591.4 (3.604), 647.2 (3.604).- FAB-MS: m/z = 761 (100) [M^+ + 1].- Fluoreszenz (CH_2Cl_2): λ = 654.0, 720.0 nm (Anregungswellenlänge: 419 nm).

$C_{53}H_{40}N_6$ (760.95)	Ber.	C 83.66	H 5.30	N 11.04
	Gef.	C 83.55	H 5.29	N 10.86

8.2.2.4 Synthese von 4-Hydroxy-4'-[10'',15'',20''-tri(4'''-methylphenyl)-5''-porphyrinyl]azobenzol (44)

170 mg (0.250 mmol) 5-(4'-Aminophenyl)-10,15,20-tri(4''-methylphenyl)porphyrin **(34)** wurden in 25 ml Dichlormethan gelöst. Dann wurden 62 mg (0.890 mmol) Natriumnitrit und 2 mg Tetrakis[3,5-bis (trifluoromethyl)phenyl]borat (TFPB) **(37)** als Phasentransferkatalysator (PTK) zur Lösung gegeben. Zur stark gerührten Lösung wurden 25 ml 0.5 M Schwefelsäure gegeben. Nach 15 min. bei 30 °C wurden 140 mg (1.490 mmol) Phenol zur Lösung gegeben. Nach 3 h wurde die Reaktionsmischung vorsichtig mit wässriger Kaliumhydroxidlösung (10 %) neutralisiert. Die wässrige Phase wurde abgetrennt und 3mal mit je 15 ml Dichlormethan gewaschen. Die vereinigten organischen Phasen wurden über Natriumsulfat getrocknet, das Lösungsmittel am Rotationsverdampfer abdestilliert und der Rückstand durch Säulenchromatographie über Kieselgel (Säule: 5 cm x 25 cm) mit Dichlormethan als Eluent gereinigt.

Ausbeute: 75 mg (38 %)

^{1}H-NMR ($CDCl_3$): δ = 2.71 (s, 9 H, CH_3), 3.56 (br.s, 1 H, 4-OH), 6.95 (d, J = 9.4 Hz, 2 H, 3-H), 7.57 (d, J = 7.8 Hz, 6 H, 3'''-H), 8.02 (d, J = 8.8 Hz, 2 H, 2-H), 8.10 (d, J = 8.4 Hz, 6 H, 2'''-H), 8.26 (d, J = 8.8 Hz, 2 H, 2'-H), 8.36 (d, J = 8.8 Hz, 2 H, 3'-H), 8.80 (d, 8 H, J = 4.0 Hz, $H_β$).- ^{13}C-NMR ($CDCl_3$): δ = 21.55 (q, CH_3-4'''), 115.92 (d, C-3), 118.95, 119.24, 120.44 (s, C-5'',10'',15'',20''), 120.88 (d, C-2'), 125.50 (d, C-2), 127.50 (d, C-3'''), 130.98 (d, $C_β$), 134.60 (d, C-2'''), 135.46 (d, C-3'), 137.51 (s, C-4'''), 139.08 (s, C-1'''), 144.39 (s, C-4'), 147.00 (br.s, $C_α$), 147.32 (s, C-1), 152.18 (s, C-1'), 158.65 (s, C-4).- UV-Vis (CH_2Cl_2): λ (log ε) = 340.0 (4.191), 420.0 (5.488), 516.7 (4.112), 553.6 (3.905), 591.6 (3.413), 647.1 (3.368).- FAB-MS: m/z = 777 (81) [M^+].- Fluoreszenz (CH_2Cl_2): λ = 655.0, 718.5 nm (Anregungswellenlänge: 419 nm).

$C_{53}H_{40}N_6O$ (776.95)	Ber.	C 81.93	H 5.19	N 10.82	O 2.06
	Gef.	C 81.37	H 5.22	N 10.97	O 2.44

8.2.2.5 Synthese von 2,4,6-Trimethoxy-4'-[10'',15'',20''-tri(4'''-methylphenyl)-5''-porphyrinyl]azobenzol (43)

102 mg (0.150 mmol) 5-(4'-Aminophenyl)-10,15,20-tri(4''-methylphenyl)porphyrin **(34)** wurden in 25 ml Dichlormethan gelöst. Dann wurden 40 mg (0.580 mmol) Natriumnitrit und 1.5 mg Tetrakis[3,5-bis(trifluoromethyl)phenyl]borat (TFPB) **(37)** als Phasentransferkatalysator (PTK) zur Lösung gegeben. Zur stark gerührten Lösung wurden 20 ml 0.5 M Schwefelsäure gegeben. Nach 15 min. bei 30 °C wurden 173 mg (1.030 mmol) 1,3,5-Trimethoxybenzol zur Lösung gegeben. Nach 2.5 h wurde die Reaktionsmischung vorsichtig mit 10 %iger Kaliumhydroxidlösung neutralisiert. Die wässrige Phase wurde abgetrennt und 3mal mit je 15 ml Dichlormethan gewaschen. Die vereinigten organischen Phasen wurden über Natriumsulfat getrocknet, das Lösungsmittel wurde am Rotationsverdampfer abdestilliert und der Rückstand durch Säulenchromatographie über Kieselgel (Säule: 5 cm x 25 cm) mit Dichlormethan als Eluent gereinigt.

Ausbeute: 68 mg (53 %)

^{1}H-NMR ($CDCl_3$): δ = -3.00 (br.s, 2 H, NH), 2.70 (s, 9 H, -CH_3), 3.90 (s, 3 H, 4-OCH_3), 3.97 (s, 6 H, 2-OCH_3), 6.28 (s, 2 H, 3-H), 7.56 (d, *J* = 7.8 Hz, 6 H, 3'''-H), 8.10 (d, *J* = 7.8 Hz, 6 H, 2'''-H), 8.20 (d, *J* = 8.6 Hz, 2 H, 2'-H), 8.32 (d, *J* = 8.6 Hz, 2 H, 3'-H), 8.80 (d, 8 H, *J* = 4.0 Hz, $H_β$).- ^{13}C-NMR ($CDCl_3$): δ = 20.51 (q, CH_3-4'''), 54.59 (q, OCH_3-4, 55.60 (q, OCH_3-2,6), 90.47 (d, C-3), 118.08, 119.28 (s, C-5'',10'',15'',20''), 119.48 (d, C-2'), 126.24 (d, C-3''), 129.84 (d, $C_β$), 130.29 (s, C-1), 133.49 (d, C-2'''), 134.30 (d, C-3'), 136.38 (s, C-1'''), 138.13 (d, C-4'''), 142.90 (s, C-4'), 145.31 (br.s, $C_α$), 152.16 (s, C-1'), 154.45 (d, C-2), 161.67 (s, C-4).- UV-Vis (CH_2Cl_2): λ (log ε) = 340.5 (4.177), 419.5.(5.485), 516.2 (4.162), 553.0 (3.955), 589.2 (3.629), 646.8 (3.545).- FAB-MS: m/z = 851 (100) [M^+ - 1].- Fluoreszenz (CH_2Cl_2): λ = 654.0, 717.0 nm (Anregungswellenlänge: 419 nm).

$C_{56}H_{47}N_6O_3$ (852.04)	Ber.	C 78.94	H 5.56N 9.86O 5.63
	Gef.	C 78.83	H 5.52N 9.86O 5.79

8.2.2.6 Synthese von 4-(N,N'-Dimethyl)amino-4'-[10'',15'',20''-tri(4'''-methylphenyl)-5''-porphyrinyl]azobenzol (39)

55 mg (0.082 mmol) 5-(4'-Aminophenyl)-10,15,20-tri(4''-methylphenyl)porphyrin **(34)** wurden in 25 ml Dichlormethan gelöst. Dann wurden 7 mg (0.101 mmol) Natriumnitrit und 5 mg Tetrakis[3,5-bis(trifluoromethyl)phenyl]borat (TFPB) **(37)** als Phasentransferkatalysator (PTK) zur Lösung gegeben. Zur stark gerührten Lösung wurden 10 ml 0.5 M Schwefelsäure gegeben. Nach 15 min. bei 30 °C wurden 15 mg (0.124 mmol) N,N'-Dimethylanilin zur Lösung gegeben. Nach 6 h wurde die Reaktions-

mischung vorsichtig mit wässriger Kaliumhydroxid (10 %) neutralisiert. Die wässrige Phase wurde abgetrennt und 3mal mit je 15 ml Dichlormethan gewaschen. Die vereinigten organischen Phasen wurden über Natriumsulfat getrocknet, das Lösungsmittel wurde am Rotationsverdampfer abdestilliert und der Rückstand durch Säulenchromatographie über Kieselgel (Säule: 5 cm x 25 cm) mit Dichlormethan als Eluent gereinigt.

Ausbeute: 28 mg (42 %)

^{1}H-NMR ($CDCl_3$): δ = -2.73 (br.s, 2 H, NH), 2.70 (s, 9 H, 4'''-CH_3), 3.13 (s, 6 H, 4-$N(CH_3)_2$), 6.81 (d, *J* = 9.2 Hz, 2 H, 3-H), 7.55 (d, *J* = 8.0 Hz, 6 H, 3'''-H), 8.04 (d, *J* = 9.2 Hz, 2 H, 2-H), 8.10 (d, *J* = 7.8 Hz, 6 H, 2''-H), 8.22 (d, *J* = 8.6 Hz, 2 H, 2'-H), 8.33 (d, *J* = 8.4 Hz, 2 H, 3'-H), 8.86 (s, 4 H, $H_β$), 8.90 (d, 4 H, *J* = 2.4 Hz, $H_{β'}$).- ^{13}C-NMR ($CDCl_3$): δ = 21.57 (q, CH_3-4'''), 40.38 (q, $N(CH_3)_2$-4), 111.59 (d, C-3), 119.31, 120.31 (s, C-5'',10'',15'',20''), 120.49 (d, C-2'), 125.26 (d, C-2), 127.47 (d, C-3'''), 131.10 (d, $C_β$), 134.56 (d, C-2'''), 135.42 (d, C-3'), 137.41 (d, C-4'''), 139.20 (s, C-1'''), 143.32 (s, C-1), 143.93 (s, C-4'), 146.80 (br.s, $C_α$), 152.59 (s, C-1'), 152.72 (s, C-4).- UV-Vis (CH_2Cl_2): λ (log ε) = 460.7 (4.804), 420.0 (5.430), 516.5 (4.263), 554.3 (4.076), 591.8 (3.549), 647.4 (3.549).- FAB-MS: m/z = 805 (62) [M^+ + 1].- Fluoreszenz (CH_2Cl_2): λ = 654.0, 720.0 nm (Anregungswellenlänge: 419 nm).

$C_{55}H_{45}N_7$ (804.02)	Ber.	C 82.16	H 5.64N 12.19
	Gef.	C 81.31	H 5.73N 11.10

8.2.3 Metallkomplexe der azobenzolsubstituierten Monoporphyrine - Synthese der Zinkkomplexe

8.2.3.1 Synthese von 4-Nitro-4'-[10'',15'',20''-tri(4'''-methylphenyl)-5''-porphyrinato-Zink(II)]azobenzol (Zn-45)

3 mg (0.004 mmol) 4-Nitro-4'-[10'',15'',20''-tri(4'''-methylphenyl)-5''-porphyrinyl]-azobenzol **(45)** wurde zu einer Suspension von 21 mg (0.096 mmol) Zinkacetat in 10 ml Methanol/Dichlormethan (1:9) gegeben und 4 h unter Rückfluss erhitzt. Anschließend wurden 50 ml Wasser zur Lösung gegeben, die organische Phase wurde abgetrennt und zur Entfernung der Zinkacetatreste wurde 3mal mit je 15 ml Wasser gewaschen. Die organische Phase wurde dann über Magnesiumsulfat getrocknet, und das Lösungsmittelgemisch am Rotationsverdampfer abdestilliert. Der Rückstand wurde zur Reinigung über Kieselgel chromatographiert (Säule: 20 cm x 1.5 cm). Als Laufmittel wurde Dichlormethan verwendet.

Ausbeute: 3 mg (93 %)

UV-Vis (CH_2Cl_2): λ (log ε) = 420.8, 551.3, 595.7.- Fluoreszenz (CH_2Cl_2): λ = 608.0, 653.5 nm (Anregungswellenlänge: 419 nm)- FAB-MS: m/z = 868 (65) [M^++1].

8.2.3.2 Synthese von 4-Brom-4'-[10",15",20"-tri(4'"-methylphenyl)-5"-porphyrinato-Zink(II)]azobenzol (Zn-46)

2 mg (0.002 mmol) 4-Brom-4'-[10'',15'',20''-tri(4'''-methylphenyl)-5''-porphyrinyl]azobenzol **(46)** wurde zu einer Suspension von 15 mg (0.068 mmol) Zinkacetat in 10 ml Methanol/Dichlormethan (1:9) gegeben und 3.5 h unter Rückfluss erhitzt. Anschließend wurden 50 ml Wasser zur Lösung gegeben, die organische Phase wurde abgetrennt, und zur Entfernung der Zinkacetatreste wurde 3mal mit je 15 ml Wasser gewaschen. Die organische Phase wurde dann über Magnesiumsulfat getrocknet und das Lösungsmittelgemisch am Rotationsverdampfer abdestilliert. Der Rückstand wurde zur Reinigung über Kieselgel chromatographiert (Säule: 20 cm x 1.5 cm). Als Laufmittel wurde Dichlormethan verwendet.

Ausbeute: 2 mg (93 %)

^{1}H-NMR ($CDCl_3$): δ = 2.69 (s, 9 H, -CH_3), 7.54 (d, J = 7.8 Hz, 6 H, 3'''-H), 7.72 (d, J = 8.4 Hz, 2 H, 2-H), 7.96 (d, J = 8.8 Hz, 2 H, 3-H), 8.09 (d, J = 7.8 Hz, 6 H, 2'''-H), 8.28 (d, J = 8.8 Hz, 2 H, 3'-H), 8.37 (d, J = 8.4 Hz, 2 H, 2'-H), 8.95 (s, 4 H, $H_ß$), 8.96 (AB, J = 2.0 Hz, 4 H, $H_ß$).- UV-Vis (CH_2Cl_2): λ (log ε) = 330.3, 421.8, 550.9, 592.3.- Fluoreszenz (CH_2Cl_2): λ = 606.0, 647.0 nm (Anregungswellenlänge: 419 nm).- FAB-MS: m/z = 901 (74) [M^+-1].

8.2.3.3 Synthese von 4'-[10",15",20"-Tri(4'"-methylphenyl)-5"-porphyrinato-Zink(II)]azobenzol

8 mg (0.011 mmol) 4'-[10'',15'',20''-tri(4'''-methylphenyl)-5''-porphyrinyl]azobenzol wurde zu einer Suspension von 20 mg (0.091 mmol) Zinkacetat in 30 ml Methanol/Dichlormethan (1:9) gegeben und 3 h unter Rückfluss erhitzt. Anschließend wurden 50 ml Wasser zur Lösung gegeben, die organische Phase wurde abgetrennt und zur Entfernung der Zinkacetatreste 3mal mit je 15 ml Wasser gewaschen. Die organische Phase wurde dann über Magnesiumsulfat getrocknet und das Lösungsmittelgemisch am Rotationsverdampfer abdestilliert. Der Rückstand wurde zur Reinigung über Kieselgel chromatographiert (Säule: 20 cm x 1.5 cm). Als Laufmittel wurde Dichlormethan verwendet.

Ausbeute: 8 mg (91 %).
^{1}H-NMR ($CDCl_3$): δ = 2.71 (s, 9 H, 4'''-CH_3), 7.56 (d, *J* = 7.8 Hz, 6 H, 3'''-H), 7.58 (m, 3 H, 3-H, 4-H), 8.02 (d, *J* = 8.4 Hz, 2 H, 2-H), 8.11 (d, *J* = 7.8 Hz, 6 H, 2'''-H), 8.31 (d, *J* = 8.8 Hz, 2 H, 2'-H), 8.39 (d, *J* = 8.8 Hz, 2 H, 3'-H), 8.96 (s, 4 H, $H_β$), 8.98 (d, *J* = 4.0 Hz, 4 H, $H_β$).- UV-Vis (CH_2Cl_2): λ (log ε) = 342.1 (4.335), 420.5 (5.458), 548.9 (4.177), 588.5 (3.624).- Fluoreszenz (CH_2Cl_2): λ = 604.0, 649.0 nm (Anregungswellenlänge: 419 nm).- FAB-MS: m/z = 825 (100) [M^+].

8.2.3.4 Synthese von 4-Hydroxy-4'-[10'',15'',20''-tri(4'''-methylphenyl)-5''-porphyrinato-Zink(II)]azobenzol (Zn-44)

15 mg (0.019 mmol) 4-Hydroxy-4'-[10'',15'',20''-tri(4'''-methylphenyl)-5''-porphyrinyl]azobenzol **(44)** wurde zu einer Suspension von 25 mg (0.114 mmol) Zinkacetat in Methanol/Dichlormethan (1:9) gegeben und 3 h unter Rückfluss erhitzt. Anschließend wurden 50 ml Wasser zur Lösung gegeben, die organische Phase wurde abgetrennt und zur Entfernung der Zinkacetatreste 3mal mit je 10 ml Wasser gewaschen. Die organische Phase wurde dann über Magnesiumsulfat getrocknet und das Lösungsmittelgemisch am Rotationsverdampfer abdestilliert. Der Rückstand wurde über Kieselgel chromatographiert (Säule: 20 cm x 1.5 cm). Als Laufmittel wurde Dichlormethan verwendet.

Ausbeute: 14 mg (86 %).
^{1}H-NMR ($CDCl_3$): δ = 2.71 (s, 9 H, 4'''-CH_3), 5.14 (br.s, 1 H, 4-OH), 7.02 (d, *J* = 8.6 Hz, 2 H, 3-H), 7.56 (d, *J* = 8.4 Hz, 6 H, 3'''-H), 8.05 (d, *J* = 8.8 Hz, 2 H, 4-H), 8.10 (d, *J* = 7.8 Hz, 6 H, 2'''-H_o), 8.25 (d, *J* = 8.0 Hz, 2 H, 2'-H), 8.36 (d, *J* = 8.4 Hz, 2 H, 3'-H), 8.98 (d, 8 H, *J* = 4.0 Hz, $H_β$).- UV-Vis (CH_2Cl_2): λ (log ε) = 342.1 (4.335), 421.0 (5.527), 548.9 (4.259), 588.9 (3.748).- Fluoreszenz (CH_2Cl_2): λ = 604.0, 648.5 nm (Anregungswellenlänge: 419 nm).- FAB-MS: m/z = 841 (73) [M^+].

8.2.3.5 Synthese von 2,4,6-Trimethoxy-4'-[10'',15'',20''-tri(4'''-methylphenyl)-5''-porphyrinato-Zink(II)]azobenzol (Zn-43)

20 mg (0.024 mmol) 2,4,6-Trimethoxy-4'-[10'',15'',20''-tri(4'''-methylphenyl)-5''-porphyrinyl]azobenzol **(43)** wurde zu einer Suspension von 20 mg (0.091 mmol) Zinkacetat in 50 ml Methanol/Dichlormethan (1:9) gegeben und 5 h unter Rückfluss erhitzt. Nachdem die Reaktionsmischung abgekühlt war wurde 50 ml Wasser zur Lösung gegeben und die organische Phase abgetrennt. Zur Entfernung der Zinkacetatreste wurde 3mal mit je 25 ml Wasser gewaschen. Die organische Phase wurde dann über Natriumsulfat getrocknet und das Lösungsmittelgemisch am Rotationsverdampfer

abdestilliert. Der Rückstand wurde zur Reinigung über Kieselgel chromatographiert (Säule: 20 cm x 1.5 cm). Als Laufmittel wurde Dichlormethan verwendet.

Ausbeute: 19 mg (88 %)

^{1}H-NMR ($CDCl_3$): δ = 2.70 (s, 9 H, CH_3), 3.88 (s, 3 H, 4-OCH_3), 3.96 (s, 6 H, 2,6-OCH_3), 6.25 (s, 2 H, 3-H), 7.55 (d, *J* = 7.8 Hz, 6 H, 3'''-H), 8.11 (d, *J* = 7.2 Hz, 6 H, 2'''-H), 8.21 (d, *J* = 8.2 Hz, 2 H, 2'-H), 8.34 (d, *J* = 8.2 Hz, 2 H, 3'-H), 8.97 (s, 4 H, $H_β$), 9.01 (AB, *J* = 2.4 Hz, 4 H, $H_{β'}$).- UV-Vis (CH_2Cl_2): λ (log ε) = 348.0 (4.371), 421.8 (5.653), 549.7 (4.377), 590.5 (3.888).- Fluoreszenz (CH_2Cl_2): λ = 602.5, 650.0 nm (Anregungswellenlänge: 419 nm).- FAB-MS: m/z = 915 (100) [M^+].

8.2.3.6 Synthese von 4-(N,N'-Dimethyl)amino-4'-[10",15",20"-tri(4'"-methylphenyl)-5"-porphyrinato-Zink(II)]azobenzol (Zn-39)

20 mg (0.025 mmol) 4-(N,N'-Dimethyl)amino-4'-[10'',15'',20''-tri(4'''-methylphenyl)-5''-porphyrinyl]azobenzol **(39)** wurde zu einer Suspension von 35 mg (0.159 mmol) Zinkacetat in 45 ml Methanol/Dichlormethan (1:9) gegeben und 3 h unter Rückfluss erhitzt. Anschließend wurde 70 ml Wasser zur Lösung gegeben, die organische Phase wurde abgetrennt und zur Entfernung der Zinkacetatreste 3mal mit je 15 ml Wasser gewaschen. Die organische Phase wurde dann über Magnesiumsulfat getrocknet und das Lösungsmittelgemisch am Rotationsverdampfer abdestilliert. Der Rückstand wurde zur Reinigung über Kieselgel chromatographiert (Säule: 20 cm x 1.5 cm). Als Eluent wurde Dichlormethan verwendet.

Ausbeute: 18 mg (83 %)

^{1}H-NMR ($CDCl_3$): δ = 2.70 (s, 9 H, CH_3), 3.08 (s, 6 H, 4-$N(CH_3)_2$), 6.80 (d, *J* = 9.2 Hz, 2 H, 3-H), 7.56 (d, *J* = 7.8 Hz, 6 H, 3'''-H), 8.03 (d, *J* = 8.8 Hz, 2 H, 2-H), 8.11 (d, *J* = 7.8 Hz, 6 H, 2''-H), 8.22 (d, *J* = 8.2 Hz, 2 H, 2'-H), 8.34 (d, *J* = 8.2 Hz, 2 H, 3'-H,), 8.97 (s, 4 H, $H_β$), 9.00 (AB, 4 H, *J* = 2.4 Hz, $H_{β'}$).- UV-Vis (CH_2Cl_2): λ (log ε) = 465.3 (4.850), 421.3 (5.431), 549.2 (4.295), 589.5 (3.852).- Fluoreszenz (CH_2Cl_2): λ = 604.5, 649.0 nm (Anregungswellenlänge: 419 nm).- FAB-MS: m/z = 868 (100) [M^+].

8.2.4 Metallkomplexe der azobenzolsubstituierten Monoporphyrine - Synthese der Kupferkomplexe

8.2.4.1 Synthese von 4-Nitro-4'-[10",15",20"-tri(4'"-methylphenyl)-5"-porphyrinato-Kupfer(II)]azobenzol (Cu-45)

5 mg (0.006 mmol) 4-Nitro-4'-[10'',15'',20''-tri(4'''-methylphenyl)-5''-porphyrinyl]azobenzol **(45)** wurde zu einer Suspension von 25 mg (0.126 mmol) Kupferacetat in 10 ml Methanol/Dichlormethan (1:9) gegeben und 2.5 h unter Rückfluss erhitzt. Danach wurde 25 ml Wasser zur Reaktionsmischung gegeben, die organische Phase abgetrennt und 4mal mit je 15 ml Wasser gewaschen. Die vereinigten organischen Phasen wurden über Natriumsulfat getrocknet, und das Lösungsmittelgemisch wurde am Rotationsverdampfer abdestilliert. Zur Reinigung des Rückstandes wurde über Kieselgel chromatographiert (Säule: 20 cm x 1.5 cm). Als Laufmittel wurde Dichlormethan verwendet.

Ausbeute: 5 mg (93 %)
UV-Vis (CH_2Cl_2): λ = 336.6, 415.1, 540.4, 580.1. - FAB-MS: m/z = 867 (25) [M^+].

8.2.4.2 Synthese von 4-Brom-4'-[10",15",20"-tri(4'"-methylphenyl)-5"-porphyrinato-Kupfer(II)]azobenzol (Cu-46)

2 mg (0.002 mmol) 4'-Brom-[10'',15'',20''-tri(4'''-methylphenyl)-5''-porphyrinyl]-azobenzol **(46)** wurde zu einer Suspension von 20 mg (0.100 mmol) Kupferacetat in 10 ml Methanol/Dichlormethan (1:9) gegeben und 2.5 h unter Rückfluss erhitzt. Danach wurde 50 ml Wasser zur Reaktionsmischung gegeben, die organische Phase abgetrennt und 4mal mit je 15 ml Wasser gewaschen. Die vereinigten organischen Phasen wurden über Natriumsulfat getrocknet, und das Lösungsmittelgemisch wurde am Rotationsverdampfer abdestilliert. Zur Reinigung des Rückstandes wurde über Kieselgel chromatographiert (Säule: 20 cm x 1.5 cm). Als Laufmittel wurde Dichlormethan verwendet.

Ausbeute: 2 mg (93 %)
UV-Vis (CH_2Cl_2): λ = 370.0, 416.3, 539.8, 576.5.- FAB-MS: m/z = 900 (24) [M^+].

8.2.4.3 Synthese von 4'-[10",15",20"-Tri(4'"-methylphenyl)-5"-porphyrinato-Kupfer(II)]azobenzol (Cu-47)

25 mg (0.033 mmol) 4'-[10'',15'',20''-Tri(4'''-methylphenyl)-5''-porphyrinyl]azobenzol **(47)** wurde zu einer Suspension von 25 mg (0.126 mmol) Kupferacetat in Methanol/Dichlormethan (1:9) gegeben und 2.5 h unter Rückfluss erhitzt. Danach wurde 50 ml Wasser zur Reaktionsmischung gegeben, die organische Phase abgetrennt und

4mal mit je 15 ml Wasser gewaschen. Die vereinigten organischen Phasen wurden über Natriumsulfat getrocknet, und das Lösungsmittelgemisch wurde am Rotationsverdampfer abdestilliert. Zur Reinigung des Rückstandes wurde über Kieselgel chromatographiert (Säule: 20 cm x 1.5 cm). Als Laufmittel wurde Dichlormethan verwendet.

Ausbeute: 18 mg (84 %)

UV-Vis (CH_2Cl_2): λ (log ε) = 338.0 (4.418), 416.2 (5.595), 539.7 (4.324), 575.5 (3.506).- FAB-MS: m/z = 823 (100) [M^+].

8.2.4.4 Synthese von 4-Hydroxy-4'-[10'',15'',20''-tri(4'''-methylphenyl)-5''-porphyrinato-Kupfer(II)]azobenzol (Cu-44)

20 mg (0.026 mmol) 4-Hydroxy-4'-[10'',15'',20''-tri(4'''-methylphenyl)-5''-porphyrinyl]azobenzol **(44)** wurde zu einer Suspension von 25 mg (0.126 mmol) Kupferacetat in Methanol/Dichlormethan (1:9) gegeben und 3 h unter Rückfluss erhitzt. Danach wurden 50 ml Wasser zur Reaktionsmischung gegeben, die organische Phase separiert und 3mal mit jeweils 10 ml Wasser gewaschen. Die vereinigten organischen Phasen wurden über Magnesiumsulfat getrocknet, und das Lösungsmittelgemisch wurde am Rotationsverdampfer abdestilliert. Zur Reinigung des Rückstandes wurde über Kieselgel chromatographiert (Säule: 20 cm x 1.5 cm). Als Eluent wurde Dichlormethan verwendet.

Ausbeute: 18 mg (84 %)

UV-Vis (CH_2Cl_2): λ (log ε) = 338.0 (4.418), 416.7 (5.625), 539.5 (4.375), 576.5 (3.633).- FAB-MS: m/z = 839 (91) [M^+].

8.2.4.5 Synthese von 2,4,6-Trimethoxy-4'-[10'',15'',20''-tri(4'''-methylphenyl)-5''-porphyrinato-Kupfer(II)]azobenzol (Cu-43)

25 mg (0.029 mmol) 2,4,6-Trimethoxy-4'-[10'',15'',20''-tri(4'''-methylphenyl)-5''-porphyrinyl]azobenzol **(43)** wurde zu einer Suspension von 25 mg (0.126 mmol) Kupferacetat in Methanol/Dichlormethan (1:9) gegeben und 3.5 h unter Rückfluss erhitzt. Danach wurde 50 ml Wasser zur Reaktionsmischung gegeben, die organische Phase abgetrennt und 4mal mit je 15 ml Wasser gewaschen. Die vereinigten organischen Phasen wurden über Natriumsulfat getrocknet, und das Lösungsmittelgemisch wurde am Rotationsverdampfer abdestilliert. Zur Reinigung des Rückstandes wurde über Kieselgel chromatographiert (Säule: 20 cm x 1.5 cm). Als Laufmittel wurde Dichlormethan verwendet.

Ausbeute: 25 mg (93 %).
UV-Vis (CH_2Cl_2): λ (log ε) = 342.7 (4.250), 416.4 (5.592), 539.2 (4.323), 575.8 (3.515).- FAB-MS: m/z = 914 (100) [M^+].

8.2.4.6 Synthese von 4-(N,N'-Dimethyl)amino-4'-[10",15",20"-tri(4'"-methylphenyl)-5"-porphyrinato-Kupfer(II)]azobenzol (Cu-39)

120 mg (0.149 mmol) 4-(N,N'-Dimethyl)amino-4'-[10'',15'',20''-tri(4'''-methylphenyl)-5''-porphyrinyl]azobenzol **(39)** wurde zu einer Suspension von 50 mg (0.251 mmol) Kupferacetat in Methanol/Dichlormethan (1:9) gegeben und 2.5 h unter Rückfluss erhitzt. Danach wurde 50 ml Wasser zur Reaktionsmischung gegeben, die organische Phase abgetrennt und 4mal mit je 25 ml Wasser gewaschen. Die vereinigten organischen Phasen wurden über Natriumsulfat getrocknet, und das Lösungsmittelgemisch wurde am Rotationsverdampfer abdestilliert. Zur Reinigung des Rückstandes wurde über Kieselgel chromatographiert (Säule: 20 cm x 1.5 cm). Als Laufmittel wurde Dichlormethan verwendet.

Ausbeute: 90 mg (70 %)
UV-Vis (CH_2Cl_2): λ (log ε) = 363.0 (4.171), 416.6 (5.390), 539.8 (4.278), 577.2 (3.636).- FAB-MS: m/z = 866 (87) [M^+].

8.2.5 Synthese der azobenzolsubstituierten Diporphyrine

8.2.5.1 Synthese von 4,4'-Bis[5-(10,15,20-tri(4"-methylphenyl))porphyrinyl]azobenzol (48)

2 g frisch gefälltes Mangandioxid wurde zu einer Lösung von 100 mg (0.149 mmol) 5-(4'-Aminophenyl)-10,15,20-tri(4''-methylphenyl)porphyrin **(34)** in 25 ml Chloroform gegeben. Die Lösung wurde 7 h unter Rückfluss am Wasserabscheider erhitzt. Nachdem die Lösung abgekühlt war, wurde das Mangandioxid abfiltriert und der Rückstand 3mal mit je 5 ml Chloroform gewaschen. Die vereinigten organischen Phasen wurden über Natriumsulfat getrocknet. Anschließend wurde das Chloroform abdestilliert. Zur Reinigung wurde das Reaktionsprodukt über Kieselgel (Säule: 20 cm x 5 cm) mit Chloroform als Laufmittel chromatographiert.

Ausbeute: 60 mg (60 %)
^{1}H-NMR ($CDCl_3$): δ = -2.77 (br.s, 4 H, NH), 2.71 (s, 18 H, Tolyl-CH_3), 7.50 (d, *J* = 7.8 Hz, 12 H, H_m), 8.05 (d, *J* = 7.8 Hz, 12 H, H_o), 8.40 (s, 8 H, Azo-Aryl-H), 8.80 (s, 8 H, $H_β$), 8.88 (AB, *J* = 6.0 Hz, 8 H, $H_{β'}$).- UV-Vis (CH_2Cl_2): λ (log ε) = 305 (4.560),

420 (5.840), 517 (4.650), 555 (4.480), 592 (4.103), 648 (4.100).- Fluoreszenz (CH_2Cl_2): λ = 655.0, 718.0 nm (Anregungswellenlänge: 419 nm).- FAB-MS: m/e = 1338 (40) [M^+].
UV-Extinktionen und ^{13}C-NMR-Daten konnten auf Grund der geringen Löslichkeit nicht bestimmt werden.

$C_{94}H_{70}N_{10} \cdot H_2O$ (1357.69)	Ber.	C 83.16	H 5.35N 10.31
	Gef.	C 83.26	H 5.94N 10.42

8.2.5.2 Synthese von 4,4'-Bis[5-(10,15,20-tri(4''-isopropylphenyl))porphyrinyl]azobenzol (49)

Zu einer Suspension von 2.5 g frisch gefälltem Mangandioxid in 25 ml Chloroform wurde 105 mg (0.139 mmol) 5-(4'-Aminophenyl)-10,15,20-tri(4''-isopropylphenyl)-porphyrin **(35)** gegeben. Die Lösung wurde 7 h unter Rückfluss am Wasserabscheider erhitzt. Nachdem die Lösung abgekühlt war, wurde das Mangandioxid abfiltriert und der Rückstand wurde 3mal mit je 5 ml Chloroform gewaschen. Die vereinigten organischen Phasen wurden über Natriumsulfat getrocknet. Anschließend wurde das Chloroform abdestilliert. Zur Reinigung wurde das Reaktionsprodukt über Kieselgel (Säule: 20 cm x 5 cm) mit Chloroform als Laufmittel chromatographiert.

Ausbeute: 66 mg (63 %)
^{1}H-NMR ($CDCl_3$): δ = -2.70 (br.s, 4 H, NH), 1.56 (d, J = 6.8 Hz, 36 H, -CH_3), 3.28 (sept, J = 6.8 Hz, 6 H, -CH), 7.63 (d, J = 6.4 Hz, 12 H, H_m), 8.16 (d, J = 6.4 Hz, 12 H, H_o), 8.49 (s, 8 H, Azo-Aryl-H), 8.90 (s, 8 H, $H_ß$), 8.97 (s, 8 H, $H_{ß'}$).- UV-Vis (CH_2Cl_2): λ = 305.0, 420.3, 518.1, 554.7, 593.0, 650.2.- Fluoreszenz (CH_2Cl_2): λ = 653 nm (Anregungswellenlänge: 419 nm).- FAB-MS: m/e = 1507 (100) [M^+].
UV-Extinktionen und ^{13}C-NMR-Daten konnten auf Grund der geringen Löslichkeit nicht bestimmt werden.

$C_{106}H_{94}N_{10}$ (1508.00)	Ber.	C 84.43	H 6.28N 9.29
	Gef.	C 84.29	H 6.46N 9.24

8.2.5.3 Synthese von 4,4'-Bis[5-(10,15,20-tri(4''-hexylphenyl))porphyrinyl]azobenzol (50)

3 g frisch gefälltes Mangandioxid wurden in 30 ml Chloroform suspendiert. Anschließend wurde 200 mg (0.227 mmol) 5-(4'-Aminophenyl)-10,15,20-tri(4''-hexylphenyl)porphyrin **(36)** zur Suspension gegeben. Die Lösung wurde 7 h unter Rückfluss am Wasserabscheider erhitzt. Nachdem die Lösung abgekühlt war, wurde das Mangandioxid abfiltriert und der Rückstand 3mal mit je 15 ml Chloroform gewaschen. Die

vereinigten organischen Phasen wurden über Magnesiumsulfat getrocknet. Anschließend wurde das Chloroform abdestilliert. Zur Reinigung wurde das Reaktionsprodukt über Kieselgel (Säule: 20 cm x 5 cm) mit Chloroform als Laufmittel chromatographiert.

Ausbeute: 167 mg (84 %)

^{1}H-NMR ($CDCl_3$): δ = -2.70 (br.s, 4 H, NH), 1.56 (d, J = 6.8 Hz, 12 H, $-CH_3$), 3.28 (sept, J = 6.8 Hz, 6 H, -CH), 7.63 (d, J = 6.4 Hz, 12 H, H_m), 8.16 (d, J = 6.4 Hz, 12 H, H_o), 8.49 (s, 8 H, Azo-Aryl-H), 8.90 (s, 8 H, $H_ß$), 8.97 (s, 8 H, $H_{ß'}$).- ^{13}C-NMR ($CDCl_3$): δ = 14.23 (q, $-CH_3$), 22.78 (t, 5''-CH_2), 29.28 (t, 3''-CH_2), 31.68 (t, 4''-CH_2), 31.93 (t, 2''-CH_2), 36.03 (t, 1''-CH_2), 120.50 (s, C_{meso}), 121.50 (d, C_2), 126.78 (d, C_m), 131.82 (d, $C_ß$), 134.60 (d, C_o), 135.61 (d, C_3), 139.37 (s, C_{ipso}), 142.46 (s, C_p), 145.50 (s, C_4), 147.00 (br.s, C_α), 152.25 (s, C_1).- UV-Vis (CH_2Cl_2): λ = 305.0, 420.3, 518.1, 554.7, 593.0, 650.2.- Fluoreszenz (CH_2Cl_2): λ = 655.0, 719.0 nm (Anregungswellenlänge: 419 nm).- FAB-MS: m/e = 1759 (100) [M^+].

$C_{124}H_{130}N_{10}$ (1760.49)	Ber.	C 84.60	H 7.44	N 7.69
	Gef.	C 84.60	H 7.49	N 8.03

8.2.6 Synthese der Metallkomplexe der azobenzolsubstituierten Diporphyrine - Synthese der Zinkkomplexe

8.2.6.1 Synthese von 4,4'-Bis[5-(10,15,20-tri(4''-methylphenyl))porphyrinato-Zink(II)]azobenzol (Zn-48)

10 mg (0.075 mmol) 4,4'-Bis[5-(10,15,20-tri(4'''-methylphenyl))porphyrinyl] azobenzol (**48**) wurde zu einer Suspension von 131 mg (0.597 mmol) Zinkacetat in 30 ml Methanol/Chloroform (1:9) gegeben und 2 h unter Rückfluss erhitzt. Nachdem die Lösung abgekühlt war, wurden 50 ml Wasser zur Lösung gegeben. Dann wurde die organische Phase abgetrennt und zur Entfernung der Zinkacetatreste 3mal mit je 10 ml Wasser gewaschen. Die organische Phase wurde dann über Magnesiumsulfat getrocknet und das Lösungsmittelgemisch am Rotationsverdampfer abdestilliert. Der Rückstand wurde über Kieselgel chromatographiert (Säule: 15 cm x 1.5 cm). Als Eluent wurde Chloroform verwendet.

Ausbeute: 9 mg (86 %)

UV-Vis (CH_2Cl_2): λ = 307.4, 340.0, 420.8, 550.3, 592.3.- Fluoreszenz (CH_2Cl_2): λ = 609.5, 647.0 nm (Anregungswellenlänge: 420 nm).

UV-Extinktionen und ^{13}C-NMR-Daten konnten auf Grund der geringen Löslichkeit nicht bestimmt werden.

8.2.6.2 Synthese von 4,4'-Bis[5-(10,15,20-tri(4"-isopropylphenyl))porphyrinato-Zink(II)]azobenzol (Zn-49)

21 mg (0.139 mmol) 4,4'-Bis[5-(10,15,20-tri(4'''-isopropylphenyl))porphyrinyl]azobenzol **(49)** wurden in 25 ml Methanol/Chloroform (1:9) gelöst, mit 110 mg (0.501 mmol) Zinkacetat versetzt und 5 h unter Rückfluss erhitzt. Anschließend wurde 50 ml Wasser zur Lösung gegeben, die organische Phase abgetrennt und zur Entfernung der Zinkacetatreste 3mal mit je 10 ml Wasser gewaschen. Die organische Phase wurde dann über Magnesiumsulfat getrocknet und das Lösungsmittelgemisch am Rotationsverdampfer abdestilliert. Der Rückstand wurde über Kieselgel chromatographiert (Säule: 15 cm x 1.5 cm) mit Chloroform als Laufmittel.

Ausbeute: 17 mg (75 %)

UV-Vis (CH_2Cl_2): λ = 302.0, 342.1, 421.6, 550.8, 592.1. - Fluoreszenz (CH_2Cl_2): λ = 610.5, 653.0 nm (Anregungswellenlänge: 420 nm).

UV-Extinktionen und ^{13}C-NMR-Daten konnten auf Grund der geringen Löslichkeit nicht bestimmt werden.

8.2.6.3 Synthese von 4,4'-Bis[5-(10,15,20-tri(4"-hexylphenyl))porphyrinato-Zink(II)]azobenzol (Zn-50)

10 mg (0.006 mmol) 4,4'-Bis[5-(10,15,20-tri(4''hexylphenyl))porphyrinyl]azobenzol **(50)** wurde zu einer Suspension von 50 mg (0.228 mmol) Zinkacetat in 15 ml Methanol/Chloroform (1:9) gegeben und 4 h unter Rückfluss erhitzt. Anschließend wurde 50 ml Wasser zur Lösung gegeben, die organische Phase abgetrennt und zur Entfernung der Zinkacetatreste 3mal mit je 10 ml Wasser gewaschen. Die organische Phase wurde dann über Magnesiumsulfat getrocknet und das Lösungsmittelgemisch am Rotationsverdampfer abdestilliert. Der Rückstand wurde über Kieselgel chromatographiert (Säule: 15 cm x 1.5 cm). Als Laufmittel wurde Chloroform verwendet.

Ausbeute: 9 mg (84 %)

UV-Vis (CH_2Cl_2): λ = 312.3, 342.0, 421.1, 549,7, 590.3.- Fluoreszenz (CH_2Cl_2): λ = 600.0, 643.5 nm (Anregungswellenlänge: 419 nm).

UV-Extinktionen und ^{13}C-NMR-Daten konnten auf Grund der geringen Löslichkeit nicht bestimmt werden.

8.2.7 Synthese der Metallkomplexe der azobenzolsubstituierten Diporphyrine - Synthese der Kupferkomplexe

8.2.7.1 Synthese von 4,4'-Bis[5-(10,15,20-tri(4"-methylphenyl))porphyrinato-Kupfer(II)] azobenzol (Cu-48)

10 mg (0.007 mmol) 4,4'-Bis[5-(10,15,20-tri(4'''-methylphenyl))porphyrinyl]azobenzol **(48)** wurde zu einer Suspension von 60 mg (0.301 mmol) Kupferacetat in 25 ml Methanol/Chloroform (1:9) gegeben und 4 h unter Rückfluss erhitzt. Nachdem die Lösung abgekühlt war, wurde 50 ml Wasser zur Lösung gegeben, dann die organische Phase abgetrennt und zur Entfernung der Kupferacetatreste 3mal mit je 10 ml Wasser gewaschen. Die organische Phase wurde dann über Magnesiumsulfat getrocknet und das Lösungsmittelgemisch am Rotationsverdampfer abdestilliert. Der Rückstand wurde über Kieselgel chromatographiert (Säule: 15 cm x 1.5 cm). Als Eluent wurde Chloroform verwendet.

Ausbeute: 10 mg (91 %)
UV-Vis (CH_2Cl_2): λ = 309.3, 340.0, 416.7, 547.9, 577.9.
Die genauen UV-Extinktionen konnten auf Grund der geringen Löslichkeit nicht bestimmt werden.

8.2.7.2 Synthese von 4,4'-Bis[5-(10,15,20-tri(4"-isopropylphenyl))porphyrinato-Kupfer(II)]azobenzol (Cu-49)

20 mg (0.013 mmol) 4,4'-Bis[5-(10,15,20-tri(4'''-isopropylphenyl))porphyrinyl]azobenzol **(49)** wurde in 45 ml Methanol/Chloroform (1:9) gelöst, mit 55 mg (0.276 mmol) Kupferacetat versetzt und 3 h unter Rückfluss erhitzt. Anschließend wurde 50 ml Wasser zur Lösung gegeben, die organische Phase abgetrennt und zur Entfernung der Kupferacetatreste 3mal mit je 10 ml Wasser gewaschen. Die organische Phase wurde dann über Magnesiumsulfat getrocknet und das Lösungsmittelgemisch am Rotationsverdampfer abdestilliert. Der Rückstand wurde über Kieselgel chromatographiert (Säule: 15 cm x 1.5 cm) mit Chloroform als Laufmittel.

Ausbeute: 19 mg (90 %)
UV-Vis (CH_2Cl_2): λ = 309.7, 340.3, 418.7, 546.0, 580.6.
Die genauen UV-Extinktionen konnten auf Grund der geringen Löslichkeit nicht bestimmt werden.

8.2.7.3 Synthese von 4,4'-Bis[5-(10,15,20-tri(4"-hexylphenyl))porphyrinato-Kupfer(II)]azobenzol (Cu-50)

12 mg (0.007 mmol) 4,4'-Bis[5-(10,15,20-tri(4''hexylphenyl))porphyrinyl]azobenzol **(50)** wurde zu einer Suspension von 50 mg (0.251 mmol) Kupferacetat in Methanol/ Chloroform (1:9) gegeben und 4 h unter Rückfluss erhitzt. Anschließend wurde 50 ml Wasser zur Lösung gegeben, die organische Phase abgetrennt und zur Entfernung der Kupferacetatreste 3mal mit je 10 ml Wasser gewaschen. Die organische Phase wurde dann über Magnesiumsulfat getrocknet und das Lösungsmittelgemisch am Rotationsverdampfer abdestilliert. Der Rückstand wurde über Kieselgel chromatographiert (Säule: 15 cm x 1.5 cm). Als Laufmittel wurde Chloroform verwendet.

Ausbeute: 11 mg (86 %)

UV-Vis (CH_2Cl_2): λ = 309.0, 341.7, 417.0, 540,1, 577.6.

Die genauen UV-Extinktionen konnten auf Grund der geringen Löslichkeit nicht bestimmt werden.

8.3 Elektrochemische Messungen

8.3.1 Allgemeines

Die Messung der Potenziale erfolgte durch zyklische Voltammetrie mittels einer 3-Elektroden-Anordnung. Als Arbeitselektrode fand eine Platin-Elektrode Verwendung, die in der institutseigenen Glaswerkstatt hergestellt wurde. Als Gegenelektrode diente ebenfalls eine Platin-Elektrode. Als Referenzelektrode diente eine Silber/Silberchlorid-Elektrode (ges. Lithiumchlorid in Ethanol). Die Spannungsvorschubsgeschwindigkeiten wurden zwischen 20 mV/s und 20 V/s variiert. Als interner Standard wurde Ferrocen (Merck, zur Synthese) verwendet. Die Messungen wurden zwischen 20 °C und 25 °C durchgeführt. Die Konzentration der Porphyrine betrug zwischen $c = 10^{-2}$ mol/l und $c = 10^{-5}$ mol/l. Als Leitsalze wurden Tetrabutylammoniumtetrafluoroborat, Tetrabutylammoniumtetrafluorophosphat und Tetrabutylammoniumperchlorat verwendet. Die Konzentration wurde zwischen 0.08 M und 0.05 M variiert. Die Ergebnisse der Messungen sind Mittelwerte aus verschiedenen Messungen mit der gleichen Spannungsvorschubsgeschwindigkeit.Vor Beginn jeder Messreihe wurde eine iR-Drop-Kompensation durchgeführt.

8.3.2 Messungen der freien Basen der Monoporphyrine

8.3.2.1 Elektrochemische Messungen des 4-Nitro-4'-[10",15",20"-tri(4'"-methylphenyl)-5"-porphyrinyl]azobenzol (45)

Tab. 8.1: Messungen des 4-Nitro-4'-[10'',15'',20''-tri(4'''-methylphenyl)-5''-porphyrinyl]azobenzols in Dichlormethan mit verschiedenen Spannungsvorschubsgeschwindigkeiten (Referenz: Ferrocen, Referenzelektrode: Ag-AgCl).

v	$E^{(a1)}$	$E^{(c1)}$	ΔE	$E^{(1/2)}$	$E^{(a2)}$	$E^{(c2)}$	ΔE	$E^{(1/2)}$	$E^{(a)}$ Ferrocen	$E^{(c)}$ Ferrocen	$E^{(1/2)}$ Ferrocen
V/s	V	V	mV	V	V	V	mV	V	V	V	V
0.02	1.063	0.986	77	1.025	1.274	1.178	96	1.226	-	-	-
0.05	1.062	0.986	76	1.024	1.276	1.198	78	1.237	0.600	0.460	0.530
0.1	1.082	0.989	93	1.036	1.296	1.197	99	1.247	-	-	-
0.2	1.083	0.999	84	1.041	1.295	1.206	89	1.251	-	-	-
0.5	1.082	0.999	83	1.041	1.300	1.208	92	1.254	0.695	0.379	0.537
1.0	1.096	0.991	105	1.044	1.302	1.200	102	1.251	0.612	0.444	0.528
5.0	1.111	0.981	130	1.046	1.326	1.195	131	1.261	-	-	-

Tab. 8.2a,b: Messungen des 4-Nitro-4'-[10'',15'',20''-tri(4'''-methylphenyl)-5''-porphyrinyl]azobenzols in Dichlormethan mit verschiedenen Spannungsvorschubsgeschwindigkeiten (Referenz: Ferrocen, Referenzelektrode: Ag-AgCl).

v	$E^{(c1)}$	$E^{(a1)}$	ΔE	$E^{(1/2)}$	$E^{(c2)}$	$E^{(a2)}$	ΔE	$E^{(1/2)}$
V/s	V	V	mV	V	V	V	mV	V
0.05	-0.856	-0.722	134	-0.789	-1.019	-0.905	114	-0.962
0.1	-0.852	-0.721	131	-0.787	-1.042	0.921	121	-0.982
0.2	-0.853	-0.725	128	-0.789	-1.039	-0.925	114	-0.982
0.5	-0.850	-0.719	131	-0.785	-1.052	-0.924	128	-0.988
1.0	-0.869	-0.712	157	-0.791	-1.065	-0.981	84	-0.995

v	$E^{(c3)}$	$E^{(a3)}$	ΔE	$E^{(1/2)}$	$E^{(a)}$ Ferrocen	$E^{(c)}$ Ferrocen	$E^{(1/2)}$ Ferrocen
V/s	V	V	mV	V	V	V	V
0.05	-1.298	-1.206	92	-1.252	0.600	0.460	0.530
0.1	-1.314	-1.202	112	-1.258	0.612	0.444	0.528
0.2	-1.314	-1.193	121	-1.254	-	-	-
0.5	-1.334	-1.186	148	-1.254	0.695	0.379	0.537
1.0	-1.373	-1.183	190	-1.278	0.700	0.364	0.532

Tab. 8.3a,b: Messungen des 4-Nitro-4'-[10'',15'',20''-tri(4'''-methylphenyl)-5''-porphyrinyl]azobenzols in Tetrahydrofuran mit verschiedenen Spannungsvorschubsgeschwindigkeiten (Referenz: Ferrocen, Referenzelektrode: Ag-AgCl)

v	$E^{(c1)}$	$E^{(a1)}$	ΔE	$E^{(1/2)}$	$E^{(c2)}$	$E^{(a2)}$	ΔE	$E^{(1/2)}$
V/s	V	V	mV	V	V	V	mV	V
0.02	-0.683	-0.611	72	-0.647	-0.958	-0.872	86	-0.915
0.05	-0.693	-0.611	82	-0.652	-0.941	-0.882	59	-0.912
0.1	-0.718	-0.601	117	-0.660	-	-	-	-
0.2	-0.719	-0.601	118	-0.660	-0.994	-0.879	65	-0.912
0.5	-0.725	-0.591	134	-0.658	-0.997	-0.866	131	-0.932
1.0	-0.758	-0.575	183	-0.667	-1.039	-0.846	193	-0.943
2.0	-0.761	-0.545	216	-0.653	-	-0.823	-	-

v	$E^{(c3)}$	$E^{(a3)}$	ΔE	$E^{(1/2)}$	$E^{(c4)}$	$E^{(a4)}$	ΔE	$E^{(1/2)}$	$E^{(a)}$ Ferrocen	$E^{(c)}$ Ferrocen	$E^{(1/2)}$ Ferrocen
V/s	V	V	mV	V	V	V	mV	V	V	V	V
0.02	-1.196	-1.092	104	-1.144	-1.523	-1.379	144	-1.451	-	-	-
0.05	-1.193	-1.085	108	-1.139	-1.527	-1.373	154	-1.450	0.755	0.610	0.683
0.1	-1.217	-1.055	162	-1.136	-1.530	-1.368	162	-1.449	0.765	0.603	0.684
0.2	-1.203	-1.098	105	-1.151	-1.580	-1.386	194	-1.483	0.789	0.583	0.686
0.5	-1.232	-1.079	153	-1.156	-1.590	-1.366	224	-1.478	0.843	0.529	0.686
1.0	-1.281	-1.049	232	-1.165	-	-1.344	-	-	0.840	0.530	0.685

8.3.2.2 Elektrochemische Messungen des 4-Brom-4'-[10",15",20"-tri(4'''-methylphenyl)-5"-porphyrinyl]azobenzols (46)

Tab. 8.4: Messungen des 4-Brom-4'-[10'',15'',20''-tri(4'''-methylphenyl)-5''-porphyrinyl]azobenzols in Dichlormethan mit verschiedenen Spannungsvorschubsgeschwindigkeiten (Referenz: Ferrocen, Referenzelektrode: Ag-AgCl).

v	$E^{(a1)}$	$E^{(c1)}$	ΔE	$E^{(1/2)}$	$E^{(a2)}$	$E^{(c2)}$	ΔE	$E^{(1/2)}$	$E^{(a)}$ Ferrocen	$E^{(c)}$ Ferrocen	$E^{(1/2)}$ Ferrocen
V/s	V	V	mV	V	V	V	mV	V	V	V	V
0.05	1.067	0.990	77	1.029	1.284	1.192	92	1.238	-	-	-
0.1	1.055	0.963	92	1.009	1.289	1.195	94	1.242	0.564	0.456	0.510
0.2	1.065	0.971	94	1.018	1.295	-	-	-	-	-	-
0.5	1.068	0.968	100	1.018	1.312	1.168	144	1.240	0.653	0.391	0.522
1.0	1.044	0.936	108	0.990	1.302	1.187	115	1.245	0.568	0.464	0.516
2.0	1.023	-	-	-	1.286	1.218	68	1.252	0.564	0.456	0.510
5.0	1.118	0.929	189	1.024	1.359	1.160	199	1.260	-	-	-
10.0	1.055	0.954	101	1.005	-	-	-	-	0.653	0.391	0.522
15.0	1.082	0.950	132	1.016	1.336	1.165	171	1.251	-	-	-

Tab. 8.5: Messungen des 4-Brom-4'-[10'',15'',20''-tri(4'''-methylphenyl)-5''-porphyrinyl]azobenzols in Tetrahydrofuran mit verschiedenen Spannungsvorschubsgeschwindigkeiten (Referenz: Ferrocen, Referenzelektrode: Ag-AgCl).

v	$E^{(c1)}$	$E^{(a1)}$	ΔE	$E^{(1/2)}$	$E^{(c2)}$	$E^{(a2)}$	ΔE	$E^{(1/2)}$	$E^{(a)}$ Ferrocen	$E^{(c)}$ Ferrocen	$E^{(1/2)}$ Ferrocen
V/s	V	V	mV	V	V	V	mV	V	V	V	V
0.05	-1.113	-0.985	128	-1.049	-1.552	-1.401	151	-1.477	0.583	0.762	0.673
0.1	-1.122	-0.949	173	-1.036	-1.554	-1.378	176	-1.466	0.569	0.767	0.668
0.2	-1.118	-0.911	207	-1.015	-1.546	-1.347	199	-1.447	-	-	-
0.5	-1.156	-0.886	270	-1.021	-1.621	-1.327	294	-1.474	0.522	0.826	0.674
1.0	-1.216	-0.859	357	-1.038	-	-1.317	-	-	0.498	0.846	0.672
2.0	-1.294	-0.814	480	-1.054	-	-1.291	-	-	-	-	-

8.3.2.3 Elektrochemische Messungen des 4'-[10",15",20"-Tri(4'"-methylphenyl)-5"-porphyrinyl]azobenzols (47)

Tab. 8.6: Messungen des 4'-[10'',15'',20''-Tri(4'''-methylphenyl)-5''-porphyrinyl]-azobenzols in Dichlormethan mit verschiedenen Spannungsvorschubsgeschwindigkeiten (Referenz: Ferrocen, Referenzelektrode: Ag-AgCl).

v	$E^{(a1)}$	$E^{(c1)}$	ΔE	$E^{(1/2)}$	$E^{(a2)}$	$E^{(c2)}$	ΔE	$E^{(1/2)}$	$E^{(a)}$ Ferrocen	$E^{(c)}$ Ferrocen	$E^{(1/2)}$ Ferrocen
V/s	V	V	mV	V	V	V	mV	V	V	V	V
0.1	1.052	0.976	76	1.014	1.296	1.190	106	1.243	-	-	-
1.0	1.049	0.965	84	1.007	1.275	1.181	94	1.228	0.539	0.451	0.495
2.0	1.053	0.963	90	1.008	1.289	1.169	120	1.229	-	-	-
5.0	1.048	0.971	77	1.010	1.280	1.182	98	1.231	-	-	-
10.0	1.056	0.964	92	1.010	1.302	1.176	126	1.239	-	-	-

Tab. 8.7: Messungen des 4'-[10'',15'',20''-Tri(4'''-methylphenyl)-5''-porphyrinyl]-azobenzols in Dichlormethan mit verschiedenen Spannungsvorschubsgeschwindigkeiten (Referenz: Ferrocen, Referenzelektrode: Ag-AgCl).

v	$E^{(c1)}$	$E^{(a1)}$	ΔE	$E^{(1/2)}$	$E^{(c2)}$	$E^{(a2)}$	ΔE	$E^{(1/2)}$	$E^{(a)}$ Ferrocen	$E^{(c)}$ Ferrocen	$E^{(1/2)}$ Ferrocen
V/s	V	V	mV	V	V	V	mV	V	V	V	V
1.0	-1.305	-1.140	165	-1.223	-	-	-	-	0.539	0.461	0.500
2.0	-1.317	-1.145	172	-1.231	-	-	-	-	-	-	-
5.0	-1.211	-1.143	68	-1.177	-	-	-	-	-	-	-
10.0	-1.228	-1.140	88	-1.184	-	-	-	-	-	-	-

Tab. 8.8: Messungen des 4'-[10'',15'',20''-Tri(4'''-methylphenyl)-5''-porphyrinyl]-azobenzols in Tetrahydrofuran mit verschiedenen Spannungsvorschubsgeschwindigkeiten (Referenz: Ferrocen, Referenzelektrode: Ag-AgCl).

v	$E^{(c1)}$	$E^{(a1)}$	ΔE	$E^{(1/2)}$	$E^{(c2)}$	$E^{(a2)}$	ΔE	$E^{(1/2)}$	$E^{(a)}$ Ferrocen	$E^{(c)}$ Ferrocen	$E^{(1/2)}$ Ferrocen
V/s	V	V	mV	V	V	V	mV	V	V	V	V
0.05	-1.046	-0.948	98	-0.997	-1.383	-1.072	311	-1.228	-	-	-
0.1	-0.991	-0.940	51	-0.966	-1.369	-1.146	223	-1.257	0.763	0.603	0.683
0.2	-1.079	-0.986	93	-1.033	-1.453	-1.123	330	-1.288	-	-	-
1.0	-	-	-	-	-	-	-	-	0.838	0.534	0.686

8.3.2.4 Elektrochemische Messungen des 4-Hydroxy-4'-[10'',15'',20''-tri-(4'''-methylphenyl)-5''-porphyrinyl]azobenzols (44)

Tab. 8.9: Messungen des 4-Hydroxy-4'-[10'',15'',20''-tri(4'''-methylphenyl)-5''-porphyrinyl]azobenzols in Dichlormethan mit verschieden Spannungsvorschubsgeschwindigkeiten (Referenz: Ferrocen, Referenzelektrode: Ag-AgCl).

v	$E^{(c1)}$	$E^{(a1)}$	ΔE	$E^{(1/2)}$	$E^{(c2)}$	$E^{(a2)}$	ΔE	$E^{(1/2)}$	$E^{(a)}$ Ferrocen	$E^{(c)}$ Ferrocen	$E^{(1/2)}$ Ferrocen
V/s	V	V	mV	V	V	V	mV	V	V	V	V
0.1	1.023	0.899	124	0.961	-	-	-	-	-	-	-
1.0	1.024	0.889	135	0.957	-	-	-	-	0.540	0.440	0.490
2.0	1.023	-	-	-	-	-	-	-	-	-	-
5.0	1.044	-	-	-	-	-	-	-	-	-	-
10.0	1.055	0.954	101	1.005	1.256	-	-	-	-	-	-
15.0	1.082	0.950	132	1.016	-	-	-	-	-	-	-

Tab. 8.10: Messungen des 4-Hydroxy-4'-[10'',15'',20''-tri(4'''-methylphenyl)-5''-porphyrinyl]azobenzols in Dichlormethan mit verschiedenen Spannungsvorschubsgeschwindigkeiten (Referenz: Ferrocen, Referenzelektrode: Ag-AgCl).

v	$E^{(c1)}$	$E^{(a1)}$	ΔE	$E^{(1/2)}$	$E^{(c2)}$	$E^{(a2)}$	ΔE	$E^{(1/2)}$	$E^{(a)}$ Ferrocen	$E^{(c)}$ Ferrocen	$E^{(1/2)}$ Ferrocen
V/s	V	V	mV	V	V	V	mV	V	V	V	V
1.0	-1.237	-1.174	63	-1.206	-	-	-	-	0.540	0.440	0.490
2.0	-1.206	-1.177	29	-1.192	-	-	-	-	-	-	-
10.0	-1.234	-1.161	73	-1.198	-	-	-	-	-	-	-
15.0	-1.261	-1.156	105	-1.209	-	-	-	-	-	-	-
20.0	-1.282	-1.151	131	-1.217	-	-	-	-	-	-	-

Tab. 8.11: Messungen des 4-Hydroxy-4'-[10'',15'', 20''-tri(4'''-methylphenyl)-5''-porphyrinyl]azobenzols in Tetrahydrofuran mit verschiedenen Spannungsvorschubsgeschwindigkeiten (Referenz: Ferrocen, Referenzelektrode: Ag-AgCl).

v	$E^{(c1)}$	$E^{(a1)}$	ΔE	$E^{(1/2)}$	$E^{(c2)}$	$E^{(a2)}$	ΔE	$E^{(1/2)}$	$E^{(a)}$ Ferrocen	$E^{(c)}$ Ferrocen	$E^{(1/2)}$ Ferrocen
V/s	V	V	mV	V	V	V	mV	V	V	V	V
0.05	-1.082	-0.984	98	-1.033	-1.473	-1.314	159	-1.394	-	-	-
0.1	-1.083	-0.992	91	-1.038	-1.458	-1.321	137	-1.390	0.768	0.600	0.684
0.2	-1.098	-0.997	101	-1.048	-1.458	-1.324	134	-1.391	-	-	-
0.5	-1.103	-0.994	109	-1.049	-1.463	-1.330	133	-1.397	-	-	-
1.0	-1.114	-0.974	140	-1.044	-1.481	-1.324	157	-1.403	0.842	0.530	0.686
2.0	-1.115	-0.964	151	-1.040	-1.478	-1.324	154	-1.401	-	-	-
5.0	-1.137	-0.948	189	-1.043	-1.510	-1.321	189	-1.416	-	-	-

8.3.2.5 Elektrochemische Messungen des 2,4,6-Trimethoxy-4'-[10",15",-20"-tri(4'"-methylphenyl)-5"-porphyrinyl]azobenzols (43)

Tab. 8.12: Messungen des 2,4,6-Trimethoxy-4'-[10'',15'',20''-tri(4'''-methylphenyl)-5''-porphyrinyl]azobenzols in Dichlormethan mit verschiedenen Spannungsvorschubsgeschwindigkeiten (Referenz: Ferrocen, Referenzelektrode: Ag-AgCl).

v	$E^{(a1)}$	$E^{(c1)}$	ΔE	$E^{(1/2)}$	$E^{(a2)}$	$E^{(c2)}$	ΔE	$E^{(1/2)}$	$E^{(a)}$ Ferrocen	$E^{(c)}$ Ferrocen	$E^{(1/2)}$ Ferrocen
V/s	V	V	mV	V	V	V	mV	V	V	V	V
0.02	1.038	0.957	81	0.998	1.310	1.174	136	1.242	-	-	-
0.025	1.030	0.955	75	0.993	1.303	1.139	164	1.221	0.554	0.463	0.509
0.05	1.046	0.949	97	0.998	1.308	1.168	140	1.238	0.578	0.452	0.515
0.1	1.039	0.939	100	0.989	1.314	1.164	150	1.239	-	-	-
0.2	1.047	0.950	97	0.999	1.322	1.155	167	1.239	-	-	-
0.25	1.091	0.949	142	1.020	1.303	1.167	136	1.248	0.618	0.416	0.517
0.5	1.056	0.933	123	0.995	1.329	1.171	158	1.253	0.622	0.407	0.515
1.0	1.057	0.935	122	0.996	1.335	1.170	165	1.253	0.645	0.389	0.517
2.0	1.037	0.933	104	0.985	1.357	1.160	197	1.259	-	-	-
5.0	1.049	0.927	122	0.988	1.403	1.155	248	1.279	-	-	-
10.0	1.069	0.910	159	0.990	1.432	1.138	294	1.285	-	-	-
20.0	1.103	0.887	216	0.995	-	-	-	-	-	-	-

Tab. 8.13: Messungen des 2,4,6-Trimethoxy-4'-[10'',15'',20''-tri(4'''-methylphenyl)-5''-porphyrinyl]azobenzols in Dichlormethan mit verschiedenen Spannungsvorschubsgeschwindigkeiten (Referenz: Ferrocen, Referenzelektrode: Ag-AgCl).

v	$E^{(c1)}$	$E^{(a1)}$	ΔE	$E^{(1/2)}$	$E^{(c2)}$	$E^{(a2)}$	ΔE	$E^{(1/2)}$	$E^{(a)}$ Ferrocen	$E^{(c)}$ Ferrocen	$E^{(1/2)}$ Ferrocen
V/s	V	V	mV	V	V	V	mV	V	V	V	V
0.05	-1.314	-1.185	129	-1.250	-1.604	-1.489	115	-1.547	-	-	-
0.1	-1.330	-1.180	150	-1.255	-1.628	-1.499	129	-1.614	-	-	-
0.5	-1.225	-1.127	98	-1.176	-	-	-	-	-	-	-
1.0	-1.273	-1.180	93	-1.227	-1.607	-1.474	133	-1.541	0.529	0.441	0.485
2.0	-1.262	-1.170	92	-1.216	-1.610	-1.498	112	-1.554	-	-	-
5.0	-1.273	-1.170	103	-1.222	-1.621	-1.489	132	-1.555	-	-	-
10.0	-1.290	-1.166	124	-1.228	-1.636	-1.478	158	-1.557	-	-	-
20.0	-1.318	-1.156	162	-1.237	-1.665	-1.471	194	-1-568	-	-	-

Tab. 8.14a: Messungen des 2,4,6-Trimethoxy-4'-[10'',15'',20''-tri(4'''-methylphenyl)-5''-porphyrinyl] azobenzols in Tetrayhdrofuran mit verschiedenen Spannungsvorschubsgeschwindigkeiten (Referenz: Ferrocen, Referenzelektrode: Ag-AgCl).

v	$E^{(c1)}$	$E^{(a1)}$	ΔE	$E^{(1/2)}$	$E^{(c2)}$	$E^{(a2)}$	ΔE	$E^{(1/2)}$
V/s	V	V	mV	V	V	V	mV	V
0.02	-0.938	-	-	-	-1.036	-	-	-
0.05	-1.092	-0.984	108	-1.038	-1.304	-1.245	59	-1.275
0.1	-1.077	-0.998	79	-1.038	-1.353	-1.236	117	-1.295
0.2	-1.089	-0.984	105	-1.037	-1.376	-1.245	131	-1.311
0.5	-1.129	-0.982	147	-1.056	-1.402	-1.242	160	-1.322
1.0	-1.134	-0.948	186	-1.042	-	-	-	-
2.0	-1.157	-0.942	215	-1.050	-	-	-	-

Tab. 8.14b: Messungen des 2,4,6-Trimethoxy-4'-[10'',15'',20''-tri(4'''-methylphenyl)-5''-porphyrinyl]azobenzols in Tetrayhdrofuran mit verschiedenen Spannungsvorschubsgeschwindigkeiten (Referenz: Ferrocen, Referenzelektrode: Ag-AgCl).

v	$E^{(c3)}$	$E^{(a3)}$	ΔE	$E^{(1/2)}$	$E^{(c4)}$	$E^{(a)}$ Ferrocen	$E^{(c)}$ Ferrocen	$E^{(1/2)}$ Ferrocen
V/s	V	V	mV	V	V	V	V	V
0.02	-1.393	-1.268	125	-1.331	-1.501	-	-	-
0.05	-1.455	-1.270	185	-1.363	-1.540	0.745	0.630	0.688
0.1	-1.471	-1.308	163	-1.390	-1.664	0.799	0.576	0.688
0.2	-1.480	-1.295	185	-1.388	-1.641	0.762	0.610	0.686
0.5	-1.526	-1.362	164	-1.444	-	0.809	0.572	0.691
1.0	-1.556	-1.344	212	-1.450	-	-	-	-
2.0	-1.589	-1.350	232	-1.470	-	-	-	-

8.3.2.6 Elektrochemische Messungen des 4-(N,N'-Dimethyl)amio-4'-[10'', 15'',20''-tri(4'''-methylphenyl)-5''-porphyrinyl]azobenzols (39)

Tab. 8.15: Messungen des 4-(N,N'-Dimethyl)amino-4'-[10'',15'',20''-tri(4'''-methylphenyl)-5''-porphyrinyl]azobenzols in Dichlormethan mit verschiedenen Spannungsvorschubsgeschwindigkeiten (Referenz: Ferrocen, Referenzelektrode: Ag-AgCl).

v	$E^{(a1)}$	$E^{(c1)}$	ΔE	$E^{(1/2)}$	$E^{(a2)}$	$E^{(c2)}$	ΔE	$E^{(1/2)}$	$E^{(a)}$ Ferrocen	$E^{(c)}$ Ferrocen	$E^{(1/2)}$ Ferrocen
V/s	V	V	mV	V	V	V	mV	V	V	V	V
0.025	1.071	0.957	114	1.014	1.284	1.140	144	1.212	-	-	-
0.05	1.075	0.988	87	1.032	1.293	1.161	132	1.227	-	-	-
0.1	1.081	0.969	112	1.025	1.293	1.136	157	1.215	0.580	0.424	0.502
0.5	1.073	0.945	128	1.009	1.289	1.195	94	1.242	0.573	0.403	0.488
1.0	1.077	0.940	137	1.009	1.311	1.185	126	1.248	0.554	0.431	0.493
2.0	1.082	0.940	142	1.011	1.298	1.197	101	1.248	-	-	-
4.0	1.089	0.940	149	1.015	1.323	1.190	133	1.257	-	-	-
5.0	1.094	0.937	157	1.016	1.324	1.189	135	1.257	-	-	-
10.0	1.121	0.923	198	1.022	1.344	1.184	160	1.264	-	-	-
20.0	1.162	0.900	262	1.013	-	1.157	-	-	-	-	-

Tab. 8.16: Messungen des 4-(N,N'-Dimethyl)amino-4'-[10'',15'',20''-tri(4'''-methylphenyl)-5''-porphyrinyl]azobenzols in Dichlormethan mit verschiedenen Spannungsvorschubsgeschwindigkeiten (Referenz: Ferrocen, Referenzelektrode: Ag-AgCl).

v	$E^{(c1)}$	$E^{(a1)}$	ΔE	$E^{(1/2)}$	$E^{(c2)}$	$E^{(a2)}$	ΔE	$E^{(1/2)}$	$E^{(a)}$ Ferrocen	$E^{(c)}$ Ferrocen	$E^{(1/2)}$ Ferrocen
V/s	V	V	mV	V	V	V	mV	V	V	V	V
0.05	-1.239	-1.189	50	-1.239	-	-1.486	-	-	-	-	-
0.1	-1.250	-1.178	72	-1.214	-	-1.478	-	-	0.580	0.424	0.502
0.5	-1.240	-1.164	76	-1.202	-	-1.431	-	-	0.573	0.403	0.488
1.0	-1.245	-1.161	84	-1.203	-	-1.452	-	-	0.554	0.431	0.493
2.0	-1.255	-1.166	89	-1.211	-	-1.486	-	-	-	-	-
4.0	-1.263	-1.161	102	-1.212	-	-1.517	-	-	-	-	-
5.0	-1.275	-1.164	111	-1.220	-	-1.531	-	-	-	-	-
10.0	-1.292	-1.153	139	-1.223	-	-1.492	-	-	-	-	-
20.0	-1.309	-1.136	173	-	-	-1.492	-	-	-	-	-

Tab. 8.17a: Messungen des 4-(N,N'-Dimethyl)amino-4'-[10'',15'',20''-tri(4'''-methylphenyl)-5''-porphyrinyl]azobenzols in Tetrahydrofuran mit verschiedenen Spannungsvorschubsgeschwindigkeiten (Referenz: Ferrocen, Referenzelektrode: Ag-AgCl).

v	$E^{(c1)}$	$E^{(a1)}$	ΔE	$E^{(1/2)}$	$E^{(c2)}$	$E^{(a2)}$	ΔE	$E^{(1/2)}$
V/s	V	V	mV	V	V	V	mV	V
0.05	-1.077	-0.999	78	-1.038	-1.359	-1.238	121	-1.299
0.1	-1.093	-0.991	102	-1.042	-1.376	-1.233	143	-1.305
0.2	-1.083	-0.962	121	-1.023	-1.367	-1.219	148	-1.293
0.5	-1.088	-0.966	122	-1.027	-1.401	-1.203	198	-1.302
1.0	-1.091	-0.943	148	-1.017	-1.429	-1.185	244	-1.307

Tab. 8.17b: Messungen des 4-(N,N'-Dimethyl)amino-4'-[10'',15'',20''-tri(4'''-methylphenyl)-5''-porphyrinyl]azobenzols in Tetrahydrofuran mit verschiedenen Spannungsvorschubsgeschwindigkeiten (Referenz: Ferrocen, Referenzelektrode: Ag-AgCl).

v	$E^{(c3)}$	$E^{(a3)}$	ΔE	$E^{(1/2)}$	$E^{(a)}$ Ferrocen	$E^{(c)}$ Ferrocen	$E^{(1/2)}$ Ferrocen
V/s	V	V	mV	V	V	V	V
0.05	-1.510	-1.398	112	-1.454	0.993	0.493	0.743
0.1	-1.576	-1.429	147	-1.503	1.037	0.426	0.732
0.2	-1.567	-1.382	185	-1.475	-	-	-
0.5	-1.588	-1.364	224	-1.476	-	-	-
1.0	-1-556	-1.368	188	-1.462	1.062	0.324	0.738

8.3.3 Messungen der Zink-(II)-Komplexe der Monoporphyrine

8.3.3.1 Elektrochemische Messungen des 4-Nitro-4'-[10",15",20"-tri(4"'-methylphenyl)-5"-porphyrinato-Zink(II)]azobenzols (Zn-45)

Tab. 8.18: Messungen des 4-Nitro-4'-[10'',15'',20''-tri(4'''-methylphenyl)-5''-porphyrinato-Zink(II)]azobenzols in Dichlormethan mit verschiedenen Spannungsvorschubsgeschwindigkeiten (Referenz: Ferrocen, Referenzelektrode: Ag-AgCl).

v	$E^{(a1)}$	$E^{(c1)}$	ΔE	$E^{(1/2)}$	$E^{(a2)}$	$E^{(c2)}$	ΔE	$E^{(1/2)}$	$E^{(a)}$ Ferrocen	$E^{(c)}$ Ferrocen	$E^{(1/2)}$ Ferrocen
V/s	V	V	mV	V	V	V	mV	V	V	V	V
0.1	0.900	0.791	109	0.846	1.197	0.988	109	1.093	0.803	0.376	0.590
0.2	0.920	0.765	155	0.843	1.455	1.025	430	1.240	-	-	-
0.5	0.925	0.735	190	0.830	1.470	1.085	385	1.278	0.685	0.441	0.563

8.3.3.2 Elektrochemische Messungen des 4-Brom-4'-[10'',15'',20''-tri(4'''-methylphenyl)-5''-porphyrinato-Zink(II)]azobenzols (Zn-46)

Tab. 8.19: Messungen des 4-Brom-4'-[10'',15'',20''-tri(4'''-methylphenyl)-5''-porphyrinato-Zink(II)]azobenzols in Dichlormethan mit verschiedenen Spannungsvorschubsgeschwindigkeiten (Referenz: Ferrocen, Referenzelektrode: Ag-AgCl).

v	$E^{(a1)}$	$E^{(c1)}$	ΔE	$E^{(1/2)}$	$E^{(a2)}$	$E^{(c2)}$	ΔE	$E^{(1/2)}$	$E^{(a)}$ Ferrocen	$E^{(c)}$ Ferrocen	$E^{(1/2)}$ Ferrocen
V/s	V	V	mV	V	V	V	mV	V	V	V	V
0.01	0.894	0.803	91	0.849	1.177	1.077	100	1.127	-	-	-
0.05	0.903	0.791	112	0.847	1.186	1.068	118	1.127	-	-	-
0.1	0.915	0.779	136	0.847	1.192	1.056	136	1.124	0.600	0.470	0.535
0.5	0.947	0.729	218	0.838	1.247	1.041	206	1.144	0.656	0.414	0.535
1.0	0.971	0.729	242	0.850	1.283	1.033	250	1.158	0.744	0.355	0.550
2.0	1.003	0.705	298	0.854	1.326	1.018	308	1.172	-	-	-
5.0	1.068	0.655	403	0.867	1.406	0.985	421	1.196	-	-	-
10.0	1.130	0.629	501	0.880	1.468	0.988	480	1.228	-	-	-

Tab. 8.20: Messungen des 4-Brom-4'-[10'',15'',20''-tri(4'''-methylphenyl)-5''-porphyrinato-Zink(II)]azobenzols in Dichlormethan mit verschiedenen Spannungsvorschubsgeschwindigkeiten (Referenz: Ferrocen, Referenzelektrode: Ag-AgCl).

v	$E^{(c1)}$	$E^{(a1)}$	ΔE	$E^{(1/2)}$	$E^{(c2)}$	$E^{(a2)}$	ΔE	$E^{(1/2)}$
V/s	V	V	mV	V	V	V	mV	V
0.05	-1.379	-1.229	150	-1.304	-1.586	-1.425	161	-1.506
0.1	-1.252	-1.130	123	-1.192	-1.504	-1.311	193	-1.408

v	$E^{(c3)}$	$E^{(a3)}$	ΔE	$E^{(1/2)}$	$E^{(a)}$ Ferrocen	$E^{(c)}$ Ferrocen	$E^{(1/2)}$ Ferrocen
V/s	V	V	mV	V	V	V	V
0.05	-1.788	-1.622	166	-1.705	-	-	-
0.1	-1.765	-1.608	157	-1.687	0.600	0.470	0.535

8.3.3.3 Elektrochemische Messungen des 4'-[10",15",20"-Tri(4'"-methylphenyl)-5"-porphyrinato-Zink(II)]azobenzols (Zn-47)

Tab. 8.21: Messungen des 4'-[10'',15'',20''-Tri(4'''-methylphenyl)-5''-porphyrinato-Zink(II)]azobenzols in Dichlormethan mit verschiedenen Spannungsvorschubsgeschwindigkeiten (Referenz: Ferrocen, Referenzelektrode: Ag-AgCl).

v	$E^{(a1)}$	$E^{(c1)}$	ΔE	$E^{(1/2)}$	$E^{(a2)}$	$E^{(c2)}$	ΔE	$E^{(1/2)}$	$E^{(a)}$ Ferrocen	$E^{(c)}$ Ferrocen	$E^{(1/2)}$ Ferrocen
V/s	V	V	mV	V	V	V	mV	V	V	V	V
0.1	0.801	0.660	141	0.731	1.058	0.944	114	1.001	-	-	-
0.2	0.820	0.731	89	0.776	1.114	1.029	85	1.072	-	-	-
0.5	0.820	0.735	85	0.778	1.124	1.033	91	1.079	0.570	0.400	0.485
1.0	0.829	0.733	96	0.781	1.134	1.033	101	1.084	0.553	0.432	0.493
2.0	0.831	0.730	101	0.781	1.142	1.028	114	1.085	-	-	-
3.0	0.839	0.724	115	0.782	1.156	1.022	134	1.089	-	-	-
5.0	0.852	0.716	136	0.784	1.165	1.020	145	1.093	-	-	-
10.0	0.878	0.699	179	0.789	1.201	1.007	194	1.104	-	-	-
20.0	0.901	0.680	201	0.791	-	0.980	-	-	-	-	-

Tab. 8.22a: Messungen des 4'-[10'',15'',20''-Tri(4'''-methylphenyl)-5''-porphyrinato-Zink(II)]azobenzols in Dichlormethan mit verschiedenen Spannungsvorschubsgeschwindigkeiten (Referenz: Ferrocen, Referenzelektrode: Ag-AgCl).

v	$E^{(c1)}$	$E^{(a1)}$	ΔE	$E^{(1/2)}$	$E^{(c2)}$	$E^{(a2)}$	ΔE	$E^{(1/2)}$
V/s	V	V	mV	V	V	V	mV	V
0.1	-1.225	-	-	-	-1430	-1.326	104	-1.378
0.2	-1.235	-	-	-	-1.425	-	-	-
0.5	-1.210	-	-	-	-1.400	-	-	-
1.0	-1.268	-	-	-	-1.408	-	-	-
2.0	-1.383	-	-	-	-1682	-1.532	150	-1.607
5.0	-1.353	-	-	-	-1.507	-	-	-

Tab. 8.22b: Messungen des 4'-[10'',15'',20''-Tri(4'''-methylphenyl)-5''-porphyrinato-Zink(II)]azobenzols in Dichlormethan mit verschiedenen Spannungsvorschubsgeschwindigkeiten (Referenz: Ferrocen, Referenzelektrode: Ag-AgCl).

v	$E^{(c3)}$	$E^{(a3)}$	ΔE	$E^{(1/2)}$	$E^{(a)}$ Ferrocen	$E^{(c)}$ Ferrocen	$E^{(1/2)}$ Ferrocen
V/s	V	V	mV	V	V	V	V
0.1	-1.661	-1.537	124	-1.599	-	-	-
0.2	-1.650	-	-	-	-	-	-
0.5	-1.674	-1.532	142	-1.603	0.575	0.401	0.488
1.0	-1.702	-	-	-	0.555	0.431	0.493
2.0	-1.885	-	-	-	-	-	-
5.0	-1.793	-1.553	240	-1.673	-	-	-

Tab. 8.23: Messungen des 4'-[10'',15'',20''-Tri(4'''-methylphenyl)-5''-porphyrinato-Zink(II)]azobenzols in Tetrahydrofuran mit verschiedenen Spannungsvorschubsgeschwindigkeiten (Referenz: Ferrocen, Referenzelektrode: Ag-AgCl).

v	$E^{(c1)}$	$E^{(a1)}$	ΔE	$E^{(1/2)}$	$E^{(c2)}$	$E^{(a2)}$	ΔE	$E^{(1/2)}$	$E^{(a)}$ Ferrocen	$E^{(c)}$ Ferrocen	$E^{(1/2)}$ Ferrocen
V/s	V	V	mV	V	V	V	mV	V	V	V	V
0.05	-1.277	-1.144	133	-1.211	-1.487	-1.316	171	-1.402	0.716	0.613	0.665
0.1	-1.252	-1.130	123	-1.192	-1.504	-1.311	193	-1.408	0.718	0.605	0.662

8.3.3.4 Elektrochemische Messungen des 4-Hydroxy-4'-[10",15",20"-tri(4'"-methylphenyl)-5"-porphyrinato-Zink(II)]azobenzols (Zn-44)

Tab. 8.24: Messungen des 4-Hyroxy-4'-[10'',15'',20''-tri(4'''-methylphenyl)-5''-porphyrinato-Zink(II)]azobenzols in Dichlormethan mit verschiedenen Spannungsvorschubsgeschwindigkeiten (Referenz: Ferrocen, Referenzelektrode: Ag-AgCl).

v	$E^{(a1)}$	$E^{(c1)}$	ΔE	$E^{(1/2)}$	$E^{(a2)}$	$E^{(c2)}$	ΔE	$E^{(1/2)}$	$E^{(a)}$ Ferrocen	$E^{(c)}$ Ferrocen	$E^{(1/2)}$ Ferrocen
V/s	V	V	mV	V	V	V	mV	V	V	V	V
0.1	0.858	0.698	160	0.778	-	0.991	-	-	-	-	-
0.2	0.824	0.707	117	0.766	1.142	1.011	131	1.077	-	-	-
0.5	0.820	0.707	113	0.764	1.143	1.009	134	1.076	-	-	-
1.0	0.825	0.691	134	0.758	1.148	1.007	136	1.075	0.531	0.364	0.448
2.0	0.823	0.714	109	0.769	1.129	1.003	126	1.066	0.541	0.405	0.472
3.0	0.856	0.690	166	0.776	-	1.007	-	-	-	-	-
5.0	0.856	0.682	174	0.769	-	-	-	-	-	-	-

Tab. 8.25: Messungen des 4-Hydroxy-4'-[10'',15'',20''-tri(4'''-methylphenyl)-5''-porphyrinato-Zink(II)]azobenzols in Dichlormethan mit verschiedenen Spannungsvorschubsgeschwindigkeiten (Referenz: Ferrocen, Referenzelektrode: Ag-AgCl).

v	$E^{(a1)}$	$E^{(c1)}$	ΔE	$E^{(1/2)}$	$E^{(a2)}$	$E^{(c2)}$	ΔE	$E^{(1/2)}$	$E^{(a)}$ Ferrocen	$E^{(c)}$ Ferrocen	$E^{(1/2)}$ Ferrocen
V/s	V	V	mV	V	V	V	mV	V	V	V	V
0.1	-1.238	-	-	-	-1.658	-	-	-	-	-	-
0.2	-1.218	-	-	-	-1.684	-	-	-	-	-	-
0.1	-1.238	-	-	-	-1.658	-	-	-	-	-	-
0.5	-1.259	-	-	-	-	-	-	-	-	-	-
1.0	-1.202	-	-	-	-	-	-	-	0.531	0.364	0.448
2.0	-1.315	-	-	-	-	-	-	-	0.541	0.405	0.472
5.0	-1.388	-	-	-	-	-	-	-	-	-	-

Tab. 8.26: Messungen des 4-Hydroxy-4'-[10'',15'',20''-tri(4'''-methylphenyl)-5''-porphyrinato-Zink(II)]azobenzols in Tetrahydrofuran mit verschiedenen Spannungsvorschubsgeschwindigkeiten (Referenz: Ferrocen, Referenzelektrode: Ag-AgCl).

v	$E^{(c1)}$	$E^{(a1)}$	ΔE	$E^{(1/2)}$	$E^{(c2)}$	$E^{(a2)}$	ΔE	$E^{(1/2)}$	$E^{(a)}$ Ferrocen	$E^{(c)}$ Ferrocen	$E^{(1/2)}$ Ferrocen
V/s	V	V	mV	V	V	V	mV	V	V	V	V
0.05	-1.324	-1.232	92	-1.278	-	-	-	-	-	-	-
0.1	-1.317	-1.229	88	-1.273	-1.477	-1.368	109	-	-	-	-
0.2	-1.337	-1.232	405	-1.285	-	-	-	-	-	-	-
0.5	-1.343	-1.229	114	-1.283	-	-	-	-	0.818	0.551	0.625
1.0	-1.356	-1.218	138	-1.287	-	-	-	-	0.851	0.529	0.690
2.0	-1.373	-1.210	163	-1.292	-	-	-	-	-	-	-
5.0	-1.426	-1.168	258	-1.297	-	-	-	-	-	-	-

8.3.3.5 Elektrochemische Messungen des 2,4,6-Trimethoxy-4'-[10'',15'',-20''-tri(4'''-methylphenyl)-5''-porphyrinato-Zink(II)]azobenzols (Zn-43)

Tab. 8.27: Messungen des 2,4,6-Trimethoxy-4'-[10'',15'',20''-tri(4'''-methylphenyl)-5''-porphyrinato-Zink(II)]azobenzols in Dichlormethan mit verschiedenen Spannungsvorschubsgeschwindigkeiten (Referenz: Ferrocen, Referenzelektrode: Ag-AgCl).

v	$E^{(a1)}$	$E^{(c1)}$	ΔE	$E^{(1/2)}$	$E^{(a2)}$	$E^{(c2)}$	ΔE	$E^{(1/2)}$	$E^{(a)}$ Ferrocen	$E^{(c)}$ Ferrocen	$E^{(1/2)}$ Ferrocen
V/s	V	V	mV	V	V	V	mV	V	V	V	V
0.1	0.826	0.720	106	0.773	1.134	1.025	110	1.080	0.550	0.414	0.482
0.5	0.824	0.728	96	0.776	1.116	1.032	84	1.074	0.559	0.437	0.498
1.0	0.831	0.718	113	0.775	1.124	1.014	110	1.069	0.576	0.418	0.497
2.0	0.846	0.707	139	0.777	1.143	1.016	127	1.080	-	-	-
5.0	0.878	0.693	185	0.786	1.173	1.001	172	1.087	-	-	-
10.0	0.907	0.673	234	0.790	1.205	0.965	240	1.085	-	-	-

Tab. 8.28: Messungen des 2,4,6-Trimethoxy-4'-[10'',15'',20''-tri(4'''-methylphenyl)-5''-porphyrinato-Zink(II)]azobenzols in Dichlormethan mit verschiedenen Spannungsvorschubsgeschwindigkeiten (Referenz: Ferrocen, Referenzelektrode: Ag-AgCl).

v	$E^{(c1)}$	$E^{(a1)}$	ΔE	$E^{(1/2)}$	$E^{(c2)}$	$E^{(a2)}$	ΔE	$E^{(1/2)}$	$E^{(a)}$ Ferrocen	$E^{(c)}$ Ferrocen	$E^{(1/2)}$ Ferrocen
V/s	V	V	mV	V	V	V	mV	V	V	V	V
0.1	-	-	-	-	-	-	-	-	0.550	0.414	0.482
0.5	-1.268	-	-	-	-1.726	-1.543	-	-	0.559	0.437	0.498
1.0	-1.282	-	-	-	-1.426	-	-	-	0.576	0.418	0.497
2.0	-1.253	-	-	-	-1.430	-	-	-	-	-	-
5.0	-1.348	-	-	-	-	-1.540	-	-	-	-	-

Tab. 8.29: Messungen des 2,4,6-Trimethoxy-4'-[10'',15'',20''-tri(4'''-methylphenyl)-5''-porphyrinato-Zink(II)]azobenzols in Tetrahydrofuran mit verschiedenen Spannungsvorschubsgeschwindigkeiten (Referenz: Ferrocen, Referenzelektrode: Ag-AgCl).

v	$E^{(c1)}$	$E^{(a1)}$	ΔE	$E^{(1/2)}$	$E^{(c2)}$	$E^{(a2)}$	ΔE	$E^{(1/2)}$	$E^{(a)}$ Ferrocen	$E^{(c)}$ Ferrocen	$E^{(1/2)}$ Ferrocen
V/s	V	V	mV	V	V	V	mV	V	V	V	V
0.05	-1.349	-1.252	97	-1.301	-1.567	-1.383	184	1475	0.735	0.603	0.669
0.1	-1.352	-	-	-	-1.534	-	-	-	0.750	0.591	0.671
0.2	-1.350	-	-	-	-1.595	-	-	-	0.745	0.595	0.670

8.3.3.6 Elektrochemische Messungen des 4-(N,N'-Dimethyl)amino-4'-[10'',15'',20''-tri(4'''-methylphenyl)-5''-porphyrinato-Zink(II)] azobenzols (39)

Tab. 8.30: Messungen des 4-(N,N'-Dimethyl)amino-4'-[10'',15'',20''-tri(4'''-methylphenyl)-5''-porphyrinato-Zink(II)]azobenzols in Dichlormethan mit verschiedenen Spannungsvorschubsgeschwindigkeiten (Referenz: Ferrocen, Referenzelektrode: Ag-AgCl).

v	$E^{(a1)}$	$E^{(c1)}$	ΔE	$E^{(1/2)}$	$E^{(a2)}$	$E^{(c2)}$	ΔE	$E^{(1/2)}$	$E^{(a)}$ Ferrocen	$E^{(c)}$ Ferrocen	$E^{(1/2)}$ Ferrocen
V/s	V	V	mV	V	V	V	mV	V	V	V	V
0.1	0.890	0.725	165	0.808	1.147	1.000	147	1.074	-	-	-
0.2	0.822	0.727	95	0.775	1.152	0.982	170	1.067	-	-	-
0.5	0.822	0.737	85	0.780	1.158	1.003	155	1.081	0.561	0.435	0.498
1.0	0.824	0.741	83	0.783	1.158	0.997	161	1.078	0.574	0.418	0.498
2.0	0.822	0.733	89	0.778	1.157	0.985	172	1.071	-	-	-
3.0	0.839	0.729	110	0.784	1.179	0.977	204	1.077	-	-	-
5.0	0.841	0.724	117	0.783	1.196	0.977	219	1.087	-	-	-
8.0	0.856	0.710	146	0.783	1.235	0.965	270	1.100	-	-	-
10.0	0.884	0.703	181	0.794	1.126	0.958	168	1.092	-	-	-

Tab. 8.31: Messungen des 4-(N,N'-Dimethyl)amino-4'-[10'',15'',20''-tri(4'''-methylphenyl)-5''-porphyrinato-Zink(II)]azobenzols in Dichlormethan mit verschiedenen Spannungsvorschubsgeschwindigkeiten. (Referenz: Ferrocen, Referenzelektrode: Ag-AgCl).

v	$E^{(c1)}$	$E^{(a1)}$	ΔE	$E^{(1/2)}$	$E^{(c2)}$	$E^{(a2)}$	ΔE	$E^{(1/2)}$	$E^{(a)}$ Ferrocen	$E^{(c)}$ Ferrocen	$E^{(1/2)}$ Ferrocen
V/s	V	V	mV	V	V	V	mV	V	V	V	V
0.1	-1.311	-	-	-	-	-	-	-	0.561	0.435	0.498
0.2	-1.303	-	-	-	-	-	-	-	-	-	-
0.5	-1.283	-	-	-	-1.847	-1.407	440	-1.627	0.574	0.418	0.498
1.0	-1.282	-	-	-	-1.950	-1.418	532	-1684	0.583	0.415	0.499
2.0	-1.292	-0.900	392	-1.140	-	-	-	-	-	-	-
5.0	-1.332	-	-	-	-	-	-	-	-	-	-
10.0	-1.376	-0.902	474	-1.139	-	-	-	-	-	-	-

Tab. 8.32a,b: Messungen des 4-(N,N'-Dimethyl)amino-4'-[10'',15'',20''-tri(4'''-methylphenyl)-5''-porphyrinato-Zink(II)]azobenzols in Tetrahydrofuran mit verschiedenen Spannungsvorschubsgeschwindigkeiten. (Referenz: Ferrocen, Referenzelektrode: Ag-AgCl).

v	$E^{(c1)}$	$E^{(a1)}$	ΔE	$E^{(1/2)}$	$E^{(c2)}$	$E^{(a2)}$	ΔE	$E^{(1/2)}$
V/s	V	V	mV	V	V	V	mV	V
0.05	-1.291	-1.216	75	-1.254	-1.481	-1.324	157	-1.403
0.1	-1291	-1.214	77	-1.253	-1.483	-1.317	166	-1.400
0.2	-1.308	-1.242	66	-1.275	-1.501	-1.334	167	-1.418
0.5	-1.320	-1.242	78	-1.281	-1.517	-1.311	206	-1.414
1.0	-	-1.250	-	-	-1.530	-	-	-

v	$E^{(c3)}$	$E^{(a3)}$	ΔE	$E^{(1/2)}$	$E^{(a)}$ Ferrocen	$E^{(c)}$ Ferrocen	$E^{(1/2)}$ Ferrocen
V/s	V	V	mV	V	V	V	V
0.05	-	-	-	-	0.755	0.613	0.684
0.1	-1.805	-1.644	161	-1.725	0.740	0.618	0.679
0.2	-	-	-	-	-	-	-
0.5	-	-	-	-	0.816	0.569	0.693
1.0	-	-	-	-	0.820	0.550	0.685

8.3.4 Messungen der Kupfer-(II)-Komplexe der Monoporphyrine

8.3.4.1 Elektrochemische Messungen des 4'-[10",15",20"-Tri(4'"-methylphenyl)-5"-porphyrinato-Kupfer(II)]azobenzols (Cu-47)

Tab. 8.33: Messungen des 4'-[10'',15'',20''-Tri(4'''-methylphenyl)-5''-porphyrinato-Kupfer(II)]azobenzols in Dichlormethan mit verschiedenen Spannungsvorschubsgeschwindigkeiten (Referenz: Ferrocen, Referenzelektrode: Ag-AgCl).

v	$E^{(a1)}$	$E^{(c1)}$	ΔE	$E^{(1/2)}$	$E^{(a2)}$	$E^{(c2)}$	ΔE	$E^{(1/2)}$	$E^{(a)}$ Ferrocen	$E^{(c)}$ Ferrocen	$E^{(1/2)}$ Ferrocen
V/s	V	V	mV	V	V	V	mV	V	V	V	V
0.1	1.023	0.926	97	0.975	1.293	1.193	100	1.243	-	-	-
0.5	1.027	0.918	109	0.973	1.304	1.165	133	1.235	0.562	0.443	0.503
1.0	1.040	0.915	124	0.978	1.334	1.177	157	1.256	0.555	0.444	0.500
2.0	1.040	0.912	128	0.976	1.346	1.179	167	1.263	-	-	-
5.0	1.057	0.910	147	0.984	1.336	1.177	159	1.257	-	-	-

Tab. 8.34: Messungen des 4'-[10'',15'',20''-Tri(4'''-methylphenyl)-5''-porphyrinato-Kupfer(II)]azobenzols in Dichlormethan mit verschiedenen Spannungsvorschubsgeschwindigkeiten (Referenz: Ferrocen, Referenzelektrode: Ag-AgCl).

v	$E^{(c1)}$	$E^{(a1)}$	ΔE	$E^{(1/2)}$	$E^{(c2)}$	$E^{(a2)}$	ΔE	$E^{(1/2)}$	$E^{(a)}$ Ferrocen	$E^{(c)}$ Ferrocen	$E^{(1/2)}$ Ferrocen
V/s	V	V	mV	V	V	V	mV	V	V	V	V
0.5	-1.130	-	-	-	-1.322	-1.191	131	-1.257	0.562	0.443	0.503
1.0	-	-	-	-	-	-	-	-	0.555	0.444	0.500

Tab. 8.35: Messungen des 4'-[10'',15'',20''-Tri(4'''-methylphenyl)-5''-porphyrinato-Kupfer(II)]azobenzols in Tetrahyrofuran mit verschiedenen Spannungsvorschubsgeschwindigkeiten (Referenz: Ferrocen, Referenzelektrode: Ag-AgCl).

v	$E^{(c1)}$	$E^{(a1)}$	ΔE	$E^{(1/2)}$	$E^{(c2)}$	$E^{(a2)}$	ΔE	$E^{(1/2)}$	$E^{(a)}$ Ferrocen	$E^{(c)}$ Ferrocen	$E^{(1/2)}$ Ferrocen
V/s	V	V	mV	V	V	V	mV	V	V	V	V
0.03	-1.223	-1.086	137	-1.155	-1.724	-1.576	148	-1.650	-	-	-
0.05	-1.235	-1.073	162	-1.154	-1.733	-1.569	164	-1.651	0.723	0.615	0.669
0.1	-1.257	-1.069	188	-1.163	-1.758	-1.573	185	-1.666	0.723	0.618	0.671
0.2	-1.262	-1.038	224	-1.150	-1.777	-1.561	216	-1.669	-	-	-
0.5	-1.287	-1.009	278	-1.148	-1.816	-1.544	272	-1.680	0.836	0.539	0.688
1.0	-1.316	-0.971	345	-1.144	-1.859	-1.532	327	-1.696	-	-	-
2.0	-1.348	-0.935	413	-1.142	-1.924	-1.521	403	-1.723	-	-	-

8.3.4.2 Elektrochemische Messungen 4-Hydroxy-4'-[10'',15'',20''-tri(4'''-methylphenyl)-5''-porphyrinato-Kupfer(II)]azobenzols (Cu-44)

Tab. 8.36: Messungen des 4-Hydroxy-4'-[10'',15'',20''-tri(4'''-methylphenyl)-5''-porphyrinato-Kupfer(II)]azobenzols in Dichlormethan mit verschiedenen Spannungsvorschubsgeschwindigkeiten (Referenz: Ferrocen, Referenzelektrode: Ag-AgCl).

v	$E^{(a1)}$	$E^{(c1)}$	ΔE	$E^{(1/2)}$	$E^{(a2)}$	$E^{(c2)}$	ΔE	$E^{(1/2)}$	$E^{(a)}$ Ferrocen	$E^{(c)}$ Ferrocen	$E^{(1/2)}$ Ferrocen
V/s	V	V	mV	V	V	V	mV	V	V	V	V
0.1	1.032	0.927	105	0.980	1.345	1.181	164	1.263	-	-	-
0.2	1.035	0.930	105	0.983	1.357	1.172	185	1.265	-	-	-
0.5	1.044	0.910	134	0.977	1.339	1.182	157	1.261	-	-	-
1.0	1.044	0.910	134	0.977	1.361	1.182	179	1.272	0.558	0.465	0.512
2.0	1.047	0.905	142	0.976	1.335	1.201	134	1.268	0.561	0.459	0.510
5.0	1.035	0.917	118	0.976	1.334	1.211	123	1.273	-	-	-
6.0	1.035	0.917	118	0.976	1.329	1.210	119	1.270	-	-	-
8.0	1.035	0.923	112	0.979	1.346	1.206	140	1.276	-	-	-
10.0	1.044	0.914	130	0.979	1.339	1.201	138	1.270	-	-	-
20.0	1.066	0.908	158	0.987	1.366	1.182	184	1.274	-	-	-

Tab. 8.37: Messungen des 4-Hydroxy-4'-[10'',15'',20''-tri(4'''-methylphenyl)-5''-porphyrinato-Kupfer(II)]azobenzols in Dichlormethan mit verschiedenen Spannungsvorschubsgeschwindigkeiten (Referenz: Ferrocen, Referenzelektrode: Ag-AgCl).

v	$E^{(c1)}$	$E^{(a1)}$	ΔE	$E^{(1/2)}$	$E^{(c2)}$	$E^{(a2)}$	ΔE	$E^{(1/2)}$	$E^{(a)}$ Ferrocen	$E^{(c)}$ Ferrocen	$E^{(1/2)}$ Ferrocen
V/s	V	V	mV	V	V	V	mV	V	V	V	V
0.5	-1.372	-1.211	161	-1.292	-	-	-	-	-	-	-
1.0	-1.387	-1.225	162	-1.306	-	-	-	-	0.558	0.465	0.512
2.0	-1.382	-1.180	202	-1.281	-	-1.610	-	-	0.561	0.459	0.510

Tab. 8.38: Messungen des 4-Hydroxy-4'-[10'',15'',20''-tri(4'''-methylphenyl)-5''-porphyrinato-Kupfer(II)]azobenzols in Tetrahydrofuran mit verschiedenen Spannungsvorschubsgeschwindigkeiten (Referenz: Ferrocen).

v	$E^{(c1)}$	$E^{(a1)}$	ΔE	$E^{(1/2)}$	$E^{(c2)}$	$E^{(a2)}$	ΔE	$E^{(1/2)}$	$E^{(a)}$ Ferrocen	$E^{(c)}$ Ferrocen	$E^{(1/2)}$ Ferrocen
V/s	V	V	mV	V	V	V	mV	V	V	V	V
0.05	-1.200	-1.115	85	-1.158	-1.668	-1.525	143	-1.597	0.750	0.613	0.682
0.1	-1.208	-1.114	94	-1.161	-1.690	-1.489	201	-1.590	0.753	0.608	0.681
0.2	-1.203	-1.108	95	-1.156	-1.661	-1.514	102	-1.588	-	-	-
0.5	-1.213	-1.095	118	-1.154	-1.671	-1.478	193	-1.575	0.856	0.530	0.693
1.0	-1.222	-1.079	143	-1.151	-1.680	-1.461	219	-1.571	0.902	0.468	0.685

8.3.4.3 Elektrochemische Messungen des 2,4,6-Trimethoxy-4'-[10",15", 20"-tri(4"'-methylphenyl)-5"-porphyrinato-Kupfer(II)]azobenzols (Cu-43)

Tab. 8.39: Messungen des 2,4,6-Trimethoxy-4'-[10'',15'',20''-tri(4'''-methylphenyl)-5''-porphyrinato-Kupfer(II)]azobenzols in Dichlormethan mit verschiedenen Spannungsvorshubsgeschwindigkeiten (Referenz: Ferrocen, Referenzelektrode: Ag-AgCl).

v	$E^{(a1)}$	$E^{(c1)}$	ΔE	$E^{(1/2)}$	$E^{(a2)}$	$E^{(c2)}$	ΔE	$E^{(1/2)}$	$E^{(a)}$ Ferrocen	$E^{(c)}$ Ferrocen	$E^{(1/2)}$ Ferrocen
V/s	V	V	mV	V	V	V	mV	V	V	V	V
0.1	1.023	0.929	94	0.976	1.334	1.197	137	1.266	-	-	-
0.5	1.030	0.929	101	0.980	1.343	1.197	146	1.270	-	-	-
1.0	1.041	0.930	111	0.986	1.357	1.204	153	1.281	0.559	0.448	0.504
2.0	1.042	0.927	115	0.985	1.363	1.214	149	1.289	0.571	0.446	0.509
5.0	1.059	0.910	149	0.985	-	-	-	-	-	-	-
10.0	1.084	0.902	182	0.993	-	-	-	-	-	-	-

Tab. 8.40: Messungen des 2,4,6-Trimethoxy-4'-[10'',15'',20''-tri(4'''-methylphenyl)-5''-porphyrinato-Kupfer(II)]azobenzols in Dichlormethan mit verschiedenen Spannungsvorschubsgeschwindigkeiten (Referenz: Ferrocen, Referenzelektrode: Ag-AgCl).

v	$E^{(c1)}$	$E^{(a1)}$	$E^{(c2)}$	$E^{(a2)}$	ΔE	$E^{(1/2)}$	$E^{(a)}$ Ferrocen	$E^{(c)}$ Ferrocen	$E^{(1/2)}$ Ferrocen
V/s	V	V	V	V	mV	V	V	V	V
0.1	-	-	-1.395	-	-	-	-	-	-
0.2	-	-	-1.397	-	-	-	-	-	-
0.3	-	-	-1.398	-	-	-	-	-	-
0.5	-1.030	-	-1.427	-1.277	150	-1.352	-	-	-
1.0	-1.100	-	-1.436	-1.236	200	-1.336	0.559	0.448	0.504
2.0	-	-	-	-	-	-	0.571	0.446	0.509

Tab. 8.41a,b: Messungen des 2,4,6-Trimethoxybenzol-4'-[10'',15'',20''-tri(4'''-methylphenyl)-5''-porphyrinato-Kupfer(II)]azobenzols in Tetrahydrofuran mit verschiedenen Spannungsvorschubsgeschwindigkeiten (Referenz: Ferrocen, Referenzelektrode: Ag-AgCl).

v	$E^{(c1)}$	$E^{(a1)}$	ΔE	$E^{(1/2)}$	$E^{(c2)}$	$E^{(a2)}$	ΔE	$E^{(1/2)}$
V/s	V	V	mV	V	V	V	mV	V
0.03	-1.215	-1.118	97	-1.167	-1.463	-1.347	116	-1.405
0.05	-1.208	-1.107	101	-1.158	-1.467	-1.337	130	-1.402
0.1	-1.223	-1.101	122	-1.162	-1.447	-1.305	142	-1.376
0.5	-1.222	-1.069	153	-1.146	-1.504	-1.239	265	-1.372
1.0	-1.237	-1.046	191	-1.142	-1.532	-1.226	306	-1.379

v	$E^{(c3)}$	$E^{(a3)}$	ΔE	$E^{(1/2)}$	$E^{(a)}$ Ferrocen	$E^{(c)}$ Ferrocen	$E^{(1/2)}$ Ferrocen
V/s	V	V	mV	V	V	V	V
0.03	-1.708	-1.530	178	-1.619	-	-	-
0.05	-1.694	-1.517	177	-1.606	-	-	-
0.1	-1.722	-1.508	214	-1.615	0.802	0.559	0.681
0.5	-1.765	-1.491	274	-1.628	0.848	0.502	0.675
1.0	-1.816	-1.507	309	-1.662	0.867	0.499	0.683

8.3.4.4 Elektrochemische Messungen des 4-(N,N'-Dimethyl)amino-4'-[10",15",20"-tri(4'"-methylphenyl)-5"-porphyrinato-Kupfer(II)] azobenzols (Cu-39)

Tab. 8.42: Messungen des 4-(N,N'-Dimethyl)amino-4'-[10'',15'',20''-tri(4'''-methylphenyl)-5''-porphyrinato-Kupfer(II)]azobenzols in Dichlormethan mit verschiedenen Spannungsvorschubsgeschwindigkeiten (Referenz: Ferrocen, Referenzelektrode: Ag-AgCl).

v	$E^{(a1)}$	$E^{(c1)}$	ΔE	$E^{(1/2)}$	$E^{(a2)}$	$E^{(c2)}$	ΔE	$E^{(1/2)}$	$E^{(a)}$ Ferrocen	$E^{(c)}$ Ferrocen	$E^{(1/2)}$ Ferrocen
V/s	V	V	mV	V	V	V	mV	V	V	V	V
0.1	1.081	0.919	162	1.000	1.322	1.216	106	1.269	-	-	-
0.2	1.086	0.919	167	1.003	1.324	1.209	115	1.267	-	-	-
0.5	1.082	0.906	176	0.994	1.333	1.201	132	1.267	-	-	-
1.0	1.092	0.893	199	0.993	1.336	1.192	144	1.264	0.564	0.392	0.478
2.0	1.111	0.905	206	1.008	1.344	1.204	140	1.274	-	-	-
5.0	1.121	0.895	226	1.008	1.356	1.211	145	1.284	-	-	-
10.0	1.138	0.887	251	1.013	1.376	1.209	167	1.293	-	-	-
20.0	1.174	0.878	296	1.026	1.420	1.194	226	1.307	-	-	-

Tab. 8.43: Messungen des 4-(N,N'-Dimethyl)amino-4'-[10'',15'',20''-tri(4'''-methylphenyl)-5''-porphyrinato-Kupfer(II)]azobenzols in Dichlormethan mit verschiedenen Spannungsvorschubsgeschwindigkeiten (Referenz: Ferrocen, Referenzelektrode: Ag-AgCl).

v	$E^{(c1)}$	$E^{(a1)}$	ΔE	$E^{(1/2}$	$E^{(c2)}$	$E^{(a2)}$	$E^{(a)}$ Ferrocen	$E^{(c)}$ Ferrocen	$E^{(1/2)}$ Ferrocen
V/s	V	V	mV	V	V	V	V	V	V
0.1	-1.391	-1.268	123	-1.330	-1.549	-	-	-	-
0.2	-1.406	-1.264	142	-1.335	-1.590	-	-	-	-
0.5	-1.407	-1.246	161	-1.327	-1.608	-	0.564	0.380	0.472
1.0	-1.396	-1.248	148	-1.322	-1.609	-	0.564	0.404	0.484
2.0	-1.413	-1.227	186	-1.320	-1.618	-	-	-	-
5.0	-	-1.211	-	-	-	-	-	-	-

Tab. 8.44a,b: Messungen des 4-(N,N'-Dimethyl)amino-4'-[10'',15'',20''-tri(4'''-methylphenyl)-5''-porphyrinato-Kupfer(II)]azobenzols in Tetrahydrofuran mit verschiedenen Spannungsvorschubsgeschwindigkeiten (Referenz: Ferrocen, Referenzelektrode: Ag-AgCl).

v	$E^{(c1)}$	$E^{(a1)}$	ΔE	$E^{(1/2)}$	$E^{(c2)}$	$E^{(a2)}$	ΔE	$E^{(1/2)}$
V/s	V	V	mV	V	V	V	mV	V
0.03	-1.189	-1.088	101	-1.139	-1.395	-1.278	117	-1.337
0.05	-1.190	-1.088	102	-1.139	-1.399	-1.275	124	-1.337
0.1	-1.200	-1.086	114	-1.143	-1.414	-1.274	140	-1.344
0.2	-1.200	-1.069	131	-1.135	-1.419	-1.265	154	-1.342
0.5	-1.216	-1.046	170	-1.131	-1.445	-1.245	200	-1.345
1.0	-1.236	-1.026	210	-1.131	-1.481	-1.229	252	-1.355

v	$E^{(c3)}$	$E^{(a3)}$	ΔE	$E^{(1/2)}$	$E^{(a)}$ Ferrocen	$E^{(c)}$ Ferrocen	$E^{(1/2)}$ Ferrocen
V/s	V	V	mV	V	V	V	V
0.03	-1.672	-1.504	168	-1.588	-	-	-
0.05	-1.680	-1.533	147	-1.607	0.750	0.605	0.678
0.1	-1.687	-1.521	166	-1.604	0.750	0.598	0.674
0.2	-1.723	-1.537	186	-1.630	-	-	-
0.5	-1.772	-1.523	249	-1.648	-	-	-
1.0	-1.811	-1.504	307	-1.658	0.755	0.597	0.676

8.3.5 Elektrochemische Messungen der Diporphyrine

Tab. 8.45: Messungen des 4,4'-Bis[5-(10,15,20-tri(4''-methylphenyl)porphyrinyl]azobenzols **(48)** mit verschiedenen Spannungsvorschubsgeschwindigkeiten in Dichlormethan (Referenz: Ferrocen, Referenzelektrode: Ag-AgCl).

v	$E^{(a1)}$	$E^{(c1)}$	ΔE	$E^{(1/2)}$	$E^{(a2)}$	$E^{(c2)}$	ΔE	$E^{(1/2)}$	$E^{(a)}$ Ferrocen	$E^{(c)}$ Ferrocen	$E^{(1/2)}$ Ferrocen
V/s	V	V	mV	V	V	V	mV	V	V	V	V
0.05	1.068	0.945	123	1.007	1.382	1.160	222	1.271	-	-	-
0.1	1.071	0.968	103	1.020	1.270	1.167	103	1.219	0.577	0.456	0.517
0.5	1.087	0.970	117	1.029	1.305	1.200	105	1.253	0.550	0.440	0.495
1.0	1.064	0.968	96	1.016	1.304	1.172	132	1.238	0.529	0.417	0.473
2.0	1.036	-	-	-	-	-	-	-	-	-	-
5.0	1.075	0.922	153	0.999	-	-	-	-	-	-	-
8.0	1.104	0.938	121	1.044	-	-	-	-	-	-	-
10.0	1.092	0.955	137	1.024	-	-	-	-	-	-	-

Tab. 8.46: Messungen des 4,4'-Bis[5-(10,15,20-tri(4''-methylphenyl)porphyrinyl]azobenzols **(48)** mit verschiedenen Spannungsvorschubsgeschwindigkeiten in Dichlormethan (Referenz: Ferrocen, Referenzelektrode: Ag-AgCl).

v	$E^{(c1)}$	$E^{(a1)}$	ΔE	$E^{(1/2)}$	$E^{(c2)}$	$E^{(a2)}$	ΔE	$E^{(1/2)}$	$E^{(a)}$ Ferrocen	$E^{(c)}$ Ferrocen	$E^{(1/2)}$ Ferrocen
V/s	V	V	mV	V	V	V	mV	V	V	V	V
0.1	-1.412	-1.153	268	-1.287	-1.606	-1.495	111	-1.551	0.577	0.456	0.517
0.5	-1.324	-1.145	179	-1.235	-1.620	-1.481	139	-1.551	0.550	0.440	0.495
1.0	-1.321	-1.127	194	-1.224	-1.636	-1.500	136	-1.568	0.529	0.417	0.473
2.0	-1.266	-1.180	86	-1.223	-1.630	-1.478	152	-1.554	-	-	-
5.0	-1.307	-1.134	173	-1.221	-1.690	-1.451	239	-1.571	-	-	-
8.0	-1.255	-1.112	143	-1.184	-1.730	-1.564	166	-1.647	-	-	-
10.0	-1.266	-1.117	149	-1.192	-	-1.512	-	-	-	-	-

Tab. 8.47: Messungen des 4,4'-Bis[5-(10,15,20-tri(4''-hexylphenyl)porphyrinyl]azobenzols **(50)** mit verschiedenen Spannungsvorschubsgeschwindigkeiten gemessen in Dichlormethan (Referenz: Ferrocen, Referenzelektrode: Ag-AgCl).

v	$E^{(a1)}$	$E^{(c1)}$	ΔE	$E^{(1/2)}$	$E^{(a2)}$	$E^{(c2)}$	ΔE	$E^{(1/2)}$	$E^{(a)}$ Ferrocen	$E^{(c)}$ Ferrocen	$E^{(1/2)}$ Ferrocen
V/s	V	V	mV	V	V	V	mV	V	V	V	V
0.02	1.075	0.944	95	1.028	-	1.272	-	-	-	-	-
0.05	1.081	0.979	102	1.030	1.449	1.279	170	1.364	-	-	-
0.1	1.078	0.961	117	1.020	1.491	1.264	227	1.378	0.561	0.451	0.506
0.2	1.075	0.962	113	1.019	-	1.242	-	-	-	-	-
0.5	1.077	0.937	140	1.007	-	1.245	-	-	0.526	0.434	0.480
1.0	1.087	0.962	125	1.025	1.415	1.279	136	1.347	0.588	0.426	0.507
2.0	1.098	0.945	153	1.022	-	-	-	-	-	-	-
4.0	1.111	0.915	196	1.013	1.580	-	-	-	-	-	-
5.0	1.100	0.915	185	1.008	-	-	-	-	-	-	-

Tab. 8.48: Messungen des 4,4'-Bis[5-(10,15,20-tri(4''-hexylphenyl)porphyrinyl]azobenzols **(50)** mit verschiedenen Spannungsvorschubsgeschwindigkeiten gemessen in Tetrahydrofuran (Referenz: Ferrocen, Referenzelektrode: Ag-AgCl).

v	$E^{(c1)}$	$E^{(a1)}$	ΔE	$E^{(1/2)}$	$E^{(c2)}$	$E^{(a2)}$	ΔE	$E^{(1/2)}$	$E^{(a)}$ Ferrocen	$E^{(c)}$ Ferrocen	$E^{(1/2)}$ Ferrocen
V/s	V	V	mV	V	V	V	mV	V	V	V	V
0.05	-0.902	-0.708	194	-0.805	-1.311	-0.960	351	-1.136	-	-	-
0.1	-0.937	-0.686	251	-0.812	-1.334	-0.915	419	-1.125	0.744	0.604	0.674
0.2	-0.937	-0.653	284	-0.795	-1.357	-0.925	432	-1.141	-	-	-
0.5	-1.036	-0.656	380	-0.846	-1.432	-1.220	212	-1.326	0.760	0.594	0.677
1.0	-1.100	-0.691	409	-0.896	-	-1.116	-	-	0.777	0.573	0.675

Tab. 8.49: Messungen des 4,4'-Bis[5-(10,15,20-tri(4''-hexylphenyl)porphyrinato-Zink(II)]azobenzols **(Zn-50)** mit verschiedenen Spannungsvorschubsgeschwindigkeiten gemessen in Chlorbenzol (Leitsalz: 0.1M TBATFB, Referenz: Ferrocen, Referenzelektrode: Ag-AgCl).

v	$E^{(a1)}$	$E^{(c1)}$	ΔE	$E^{(1/2)}$	$E^{(a2)}$	$E^{(c2)}$	ΔE	$E^{(1/2)}$	$E^{(a)}$ Ferrocen	$E^{(c)}$ Ferrocen	$E^{(1/2)}$ Ferrocen
V/s	V	V	mV	V	V	V	mV	V	V	V	V
0.1	1.096	0.780	316	0.938	1.360	1.075	285	1.218	0.782	0.504	0.643

8.4 Spektroskopische Messungen

8.4.1 Allgemeines

Als Lösungsmittel für die spektroskopischen Untersuchungen wurde destilliertes Dichlormethan (Merck, reinst) verwendet, das kurz vor Gebrauch über basisches Aluminiumoxid filtriert wurde.

Die spektroskopischen Messungen wurden zwischen 18 °C und 23 °C durchgeführt. Als Standard wurde das Tetraphenylporphyrin (TPP) verwendet.

8.4.2 Absorptions- und Fluoreszenzmessungen

Tab. 8.50a,b: Absorptions- und Fluoreszenzdaten **a)** der freien Basen und **b)** der Zinkkomplexe der Monoporphyrine **39, 43-47** aufgenommen in Dichlormethan.

(a)	Soret	Q_{Y10}	Q_{Y00}	Q_{X10}	Q_{X00}	Q^*_{X00}	Q^*_{X01}	Stokes shift
freie Basen	λ/nm	λ/nm	λ/nm	λ/nm	λ/nm	λ/nm	λ/nm	$\Delta\tilde{\nu}$/cm^{-1}
45	418.4	516.1	555.5	591.8	648.3	655.0	718.0	159.0
46	419.5	516.6	553.1	591.9	648.0	654.5	717.0	154.5
48	419.8	516.6	553.4	591.4	647.2	654.0	720.0	162.3
44	420.0	516.7	553.6	591.6	647.1	655.0	718.5	188.7
43	419.5	516.2	553.0	589.2	646.8	654.0	717.0	172.1
39	420.0	516.5	554.3	591.8	647.4	654.0	720.0	157.5

(b) Zink-	Soret	Q_{10}	Q_{00}	Q^*_{00}	Q^*_{01}	Stokes shift
komplexe	λ/nm	λ/nm	λ/nm	λ/nm	λ/nm	$\Delta\tilde{\nu}$/cm^{-1}
45	420.8	551.3	595.7	600.0	646.9	121.2
46	421.8	550.9	592.3	600.0	646.9	219.5
47	420.5	548.9	588.5	604.0	649.0	447.5
44	421.0	548.9	588.9	604.0	648.5	436.6
43	421.8	549.7	590.5	602.5	650.0	344.1
39	421.3	549.2	589.5	604.5	649.0	431.6

Tab. 8.49c: Absorptions- und Fluoreszenzdaten der Kupferkomplexe der Monoporphyrine **39, 43-47** aufgenommen in Dichlormethan.

(c) Kupfer-	Soret	Q_{10}	Q_{00}
komplexe	λ/nm	λ/nm	λ/nm
45	415.1	540.4	580.1
46	416.3	539.8	575.5
47	416.2	539.7	575.5
44	416.7	539.5	576.5
43	416.4	539.2	575.8
39	416.6	539.8	577.2

Tab. 8.51a,b: Absorptions- und Fluoreszenzdaten der Monoporphyrine **39, 43-47** aufgenommen in **a)** Ethylacetat und **b)** Chlorbenzol/Dichlormethan (1:1).

(a)	Soret	Q_{Y10}	Q_{Y00}	Q_{X10}	Q_{X00}	Q^*_{X00}	Q^*_{X01}	Stokes shift
freie Basen	λ/nm	λ/nm	λ/nm	λ/nm	λ/nm	λ/nm	λ/nm	$\Delta\tilde{\nu}$/cm^{-1}
45	415.2	513.7	550.7	591.5	647.7	654.5	718.5	161.7
46	416.5	514.0	550.0	590.5	647.5	653.5	718.5	142.9
47	416.3	513.3	549.0	591.2	647.7	652.0	718.0	102.6
44	417.0	513.6	548.8	591.1	647.0	652.0	718.0	119.5
43	416.5	513.1	548.7	591.0	647.1	652.0	718.0	117.1
39	416.6	513.8	549.9	591.9	647.7	653.0	719.0	126.3

(b)	Soret	Q_{Y10}	Q_{Y00}	Q_{X10}	Q_{X00}	Q^*_{X00}	Q^*_{X01}	Stokes shift
freie Basen	λ/nm	λ/nm	λ/nm	λ/nm	λ/nm	λ/nm	λ/nm	$\Delta\tilde{\nu}$/cm^{-1}
45	419.7	516.7	557.2	592.5	650.0	656.5	719.5	153.5
46	421.0	517.2	553.5	592.6	648.5	656.0	720.0	177.7
47	421.3	517.4	553.8	592.6	649.1	655.0	720.5	139.9
44	421.9	517.4	554.0	592.6	648.7	655.5	720.5	161.2
43	420.9	516.7	553.0	592.2	648.7	655.0	720.5	149.5
39	422.1	517.2	555.3	592.8	649.4	656.0	720.5	156.2

Tab. 8.50c: Absorptions- und Fluoreszenzdaten der Monoporphyrine **39, 43-47** (freie Basen) aufgenommen in Aceton/Dichlormethan (1:1).

(c)	Soret	Q_{Y10}	Q_{Y00}	Q_{X10}	Q_{X00}	Q^*_{X00}	Q^*_{X01}	Stokes shift
freie Basen	λ/nm	λ/nm	λ/nm	λ/nm	λ/nm	λ/nm	λ/nm	$\Delta\tilde{\nu}$/cm^{-1}
45	416.7	515.2	553.2	591.4	648.0	650.5	714.0	59.8
46	417.7	515.2	551.2	591.5	646.5	654.0	718.0	178.8
47	418.1	515.3	550.9	591.4	647.4	653.0	718.5	133.5
44	418.6	515.3	551.2	591.6	647.4	652.5	718.5	121.7
43	417.9	514.9	551.5	591.8	647.2	653.5	719.5	150.1
39	418.4	515.4	552.8	592.1	647.9	653.5	720.0	133.3

Tab. 8.52a,b: Soret-Halbwertsbreite der azobenzolsubstituierten Monoporphyrine **39, 43-47** aufgenommen in Dichlormethan.

(a) freie Basen	Soret λ / nm	Halbwertsbreite $\Delta\tilde{\nu}$/cm^{-1}
45	418.2	1040
46	419.5	1160
47	419.8	893
44	420.0	896
43	419.5	882
39	420.0	912

(b) Zinkkomplexe	Soret λ / nm	Halbwertsbreite $\Delta\tilde{\nu}$/cm^{-1}
45	420.8	1018
46	421.8	1206
47	420.5	902
44	421.0	772
43	421.8	1081
39	421.3	911

Tab. 8.51c: Soret-Halbwertsbreite der azobenzolsubstituierten Monoporphyrine **39, 43-47** aufgenommen in Dichlormethan.

(c) Kupferkomplexe	Soret λ / nm	Halbwertsbreite $\Delta\tilde{\nu}$/cm^{-1}
45	415.1	917
46	416.3	1040
47	416.3	979
44	416.7	1140
43	416.4	1275
39	416.6	1355

Tab. 8.53a,b: Soret-Halbwertsbreiten der Monoporphyrine **39, 43-47** aufgenommen in verschiedenen Lösungsmitteln: **a)** Ethylacetat und **b)** Chlorbenzol/Dichlormethan (1:1).

(a) freie Basen	Soret λ / nm	Halbwertsbreite $\Delta\tilde{\nu}$/cm^{-1}
45	415.2	999
46	416.5	920
47	416.3	858
44	417.0	988
43	416.5	853
39	416.6	910

(b) freie Basen	Soret λ / nm	Halbwertsbreite $\Delta\tilde{\nu}$/cm^{-1}
45	419.7	1031
46	421.0	961
47	421.3	1026
44	421.9	890
43	420.9	835
39	422.1	1150

Tab. 8.52c: Soret-Halbwertsbreiten der Monoporphyrine **39, 43-47** aufgenommen in Aceton/Dichlormethan (1:1).

(c) freie Basen	Soret λ / nm	Halbwertsbreite $\Delta\tilde{\nu}$/cm^{-1}
45	416.7	1110
46	417.7	1176
47	418.1	910
44	418.6	1042
43	417.9	783
39	418.4	1103

Tab. 8.54: Intensitätsverhältnisse der Q_X-Banden der Monoporphyrine **39, 43-47** aufgenommen in **a)** Dichlormethan, **b)** Ethylacetat, **c)** Chlorbenzol/Dichlormethan und **d)** Aceton/Dichlormethan.

	(a)	**(b)**	**(c)**	**(d)**
freie Basen	$I(Q_{X00})/I(Q_{X10})$	$I(Q_{X00})/I(Q_{X10})$	$I(Q_{X00})/I(Q_{X10})$	$I(Q_{X00})/I(Q_{X10})$
45	1.04	1.2	1.4	1.1
46	0.96	1.0	1.0	1.1
47	1.00	-	0.9	0.9
44	1.13	1.06	1.05	1.0
43	1.31	1.1	1.06	1.09
39	1.00	1.04	1.0	0.9

Tab. 8.55: Intensitätsverhältnisse der Q^*_X-Banden der Monoporphyrine **39, 43-47** aufgenommen in **a)** Dichlormethan, **b)** Ethylacetat, **c)** Chlorbenzol/Dichlormethan und **d)** Aceton/Dichlormethan.

freie Basen	**(a)**	**(b)**	**(c)**	**(d)**
	$I(Q^*_{X00})/I(Q^*_{X01})$	$I(Q^*_{X00})/I(Q^*_{X01})$	$I(Q^*_{X00})/I(Q^*_{X01})$	$I(Q^*_{X00})/I(Q^*_{X01})$
45	2.8	3.5	3.2	1.6
46	3.3	2.9	3.5	3.8
47	3.3	3.6	3.7	3.6
44	5.1	3.6	3.8	3.8
43	3.5	3.6	3.6	3.8
39	3.3	3.9	4.1	4.1

Tab. 8.56a-c: Absorption- und Fluoreszenzdaten **a)** der freien Basen , **b)** der Zinkkomplexe und **c)** der Kupferkomplexe der Diporphyrine aufgenommen in Dichlormethan.

(a)	Soret	Q_{Y10}	Q_{Y00}	Q_{X10}	Q_{X00}	Q^*_{X00}	Q^*_{X01}	Stokes shift
freie Basen	λ/nm	λ/nm	λ/nm	λ/nm	λ/nm	λ/nm	λ/nm	$\Delta\tilde{\nu}$/cm^{-1}
48	419.9	516.8	554.5	591.7	647.8	654.5	719.0	159.3
49	420.3	518.1	554.7	593.0	650.2	654.0	718.0	90.1
50	420.1	517.0	554.3	591.6	648.2	654.5	718.5	149.7

(b)	Soret	Q_{10}	Q_{00}	Q^*_{00}	Q^*_{01}	Stokes shift
Zinkkomplexe	λ/nm	λ/nm	λ/nm	λ/nm	λ/nm	$\Delta\tilde{\nu}$/cm^{-1}
48	420.8	550.8	592.3	609.5	647.0	480.3
49	421.6	550.8	592.1	610.5	653.0	513.1
50	421.1	549.7	590.3	600.0	653.5	276.0

(c)	Soret	Q_{10}	Q_{00}
Kupferkomplexe	λ/nm	λ/nm	λ/nm
48	416.7	547.9	577.9
49	418.7	546.0	580.6
50	417.0	540.1	577.6

Tab. 8.57a-c: Bestimmung der Soret-Halbwertebreiten **a)** der freien Basen, **b)** der Zink- und **c)** der Kupferkomplexe der Diporphyrine **49-50** aufgenommen in Dichlormethan

(a)	Soret	Halbwertsbreite
freie Basen	λ / nm	$\Delta\tilde{\nu}$/cm^{-1}
48	419.9	1151
49	420.3	1216
50	420.1	1031

(b)	Soret	Halbwertsbreite
Zinkkomplexe	λ / nm	$\Delta\tilde{\nu}$/cm^{-1}
48	420.8	966
49	421.6	1081
50	421.1	1084

(c)	Soret	Halbwertsbreite
Kupferkomplexe	λ / nm	$\Delta\tilde{\nu}$/cm^{-1}
48	416.7	1157
49	418.7	1035
50	417.0	1095

Tab. 8.58: Intensitätsverhältnisse der Q_X-Banden **a)** der freien Basen, **b)** der Zinkkomplexe und **c)** der Kupferkomplexe der Diporphyrine **49-50** aufgenommen in Dichlormethan.

Porphyrin	**(a)**	**(b)**	**(c)**
	$I(Q_{X00})/I(Q_{X10})$	$I(Q_{X00})/I(Q_{X10})$	$I(Q_{X00})/I(Q_{X10})$
48	1.0	1.65	1.43
49	1.0	1.2	1.86
50	1.0	3.0	4.3

Tab. 8.59a,b: Intensitätsverhältnisse der Q^*_X-Banden **a)** der freien Basen und **b)** der Zinkkomplexe der Diporphyrine **48, 49** und **50** aufgenommen in Dichlormethan.

freie Basen	(a) $I(Q^*_{X00})/I(Q^*_{X01})$	(b) $I(Q^*_{X00})/I(Q^*_{X01})$
48	4.2	1.4
49	4.3	0.8
50	4.4	10.0

Tab. 8.60: Absorptions- und Emissionsdaten von 4,4'-Bis[5-(10,15,20-tri(4''-isopropylphenyl))porphyrinyl]azobenzol **49** aufgenommen in **a)** Ethylacetat, **b)** Chlorbenzol/Dichlormethan (1:1) und **c)** Aceton/ Dichlormethan (1:1).

Lösungsmittel	Soret	Q_{Y10}	Q_{Y00}	Q_{X10}	Q_{X00}	Q^*_{X00}	Q^*_{X01}	Stokes shift
	λ/nm	λ/nm	λ/nm	λ/nm	λ/nm	λ/nm	λ/nm	$\Delta\tilde{\nu}/cm^{-1}$
(a)	416.2	513.9	551.5	592.3	651.7	650.0	-	40.0
(b)	421.4	517.5	555.3	592.3	649.2	653.0	-	90.2
(c)	418.6	515.9	553.3	592.3	649.5	651.0	-	35.6

Tab. 8.61: Soret-Banden, Halbwertsbreiten und Intensitätsverhältnisse der Q_X-Banden des 4,4'-Bis[5-(10,15,20-tri(4''-isopropylphenyl))porphyrinyl]azobenzols **49** in **a)** Ethylacetat, **b)** Chlorbenzol/Dichlormethan (1:1) und **c)** Aceton/Dichlormethan (1:1).

Lösungs-mittel	Soret	Halbwertsbreite	Q_{X10}	Q_{X00}	$I(Q_{X00})/I(Q_{X10})$
	λ/nm	$\Delta\tilde{\nu}/cm^{-1}$	λ/nm	λ/nm	
(a)	416.2	1323.8	592.3	651.7	1.08
(b)	421.4	1214.2	592.3	649.2	1.03
(c)	418.6	1159.5	592.3	649.5	1.07

Anhang

A Cyclovoltammetrie

Nimmt man eine Strom-Zeit-Kurve in einer ruhenden Lösung auf, so wird das Potenzial der Elektrode sehr schnell von einem Anfangswert, bei dem noch kein elektrochemischer Vorgang stattfindet, auf einen Grenzstrombereich verändert werden, bei dem eine elektrochemische Reaktion einsetzt. Mit dieser Methode kann man die elektroaktive Fläche einer Elektrode bestimmen und sie für kinetische Untersuchungen einfacher Reaktionen nutzen.

Man kann jedoch keine genauen Erkenntnisse über die Mechanismen von Elektrodenreaktionen gewinnen. Vor allem ist es unmöglich, Produkte und Zwischenstufen der elektrochemischen Reaktion direkt nachzuweisen. Bei einer bestimmten Spannung werden nämlich alle leicht reduzierbaren oder oxidierbaren Substanzen simultan umgesetzt. Mit Hilfe der **Cyclovoltammetrie** kann man hingegen nähere Informationen über Vorgänge an der Arbeitselektrode erhalten [181].

A.1 Messmethode

Bei der Cyclovoltammetrie wird zwischen Arbeits- und Vergleichselektrode eine sich zeitlich konstant ändernde Spannung angelegt, das heißt $d^2E/dt^2=0$. Man beginnt bei einem Startpotenzial E_{Start}, bei dem noch kein Elektrodenvorgang abläuft. Nun variiert man E mit einer konstanten Spannungsvorschubsgeschwindigkeit

$$v = \frac{dE}{dt} = \frac{(E - E_{Start})}{(t - t_{Start})} = const. \tag{A.1}$$

so lange, bis das sogenannte Wendepotenzial E_{Wende} erreicht ist, bei dem die Konzentration des Substrates an der Elektrodenoberfläche gegen Null geht. t_{Start} bezeichnet dabei den Startzeitpunkt der Messung. Dann wird die Richtung der Spannungsänderung umgedreht, und man variiert E erneut, bis E_{start} wieder erreicht ist. Ein solcher Zyklus kann auch mehrmals hintereinander durchlaufen werden. Man nennt diese Methode Dreiecksspannungsmethode. Abbildung A.1 illustriert den zeitlichen Verlauf des Potenzials **E**.

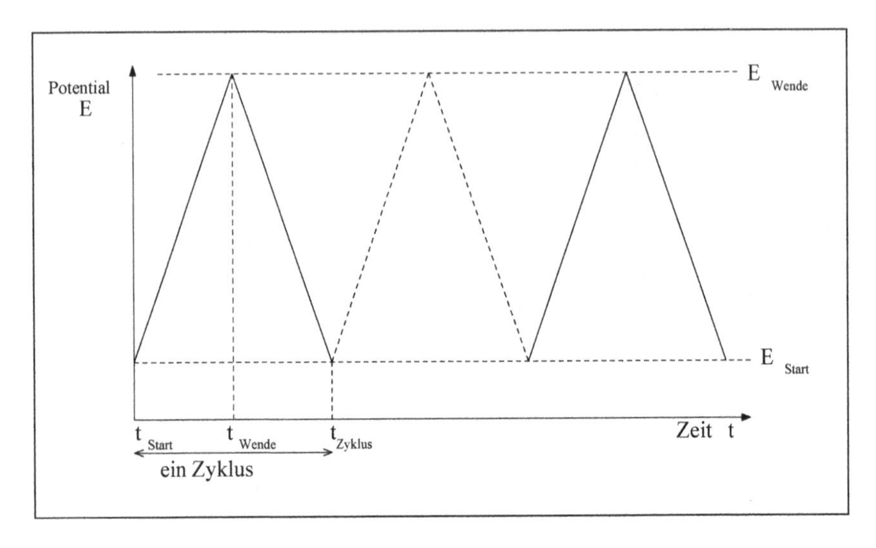

Abb. A.1: Potenzial-Zeit-Verlauf an der Messelektrode bei der Dreieckspannungsmethode.

Gemessen wird der Strom **I**, der durch die Arbeitselektrode fließt. Man kann nun die Stromdichte j als Funktion der Zeit t auftragen, praktikabler ist jedoch die Aufzeichnung der Stromdichte in Abhängigkeit von der Potenzialdifferenz E zwischen Arbeitselektrode und Lösung. Diese Vorgehensweise ist möglich, weil E und t linear voneinander abhängen (Gleichung A.1). Um die Form eines Cyclovoltammogrammes zu erklären, beginne man eine Messung bei einem Startpotenzial E_{Start}, bei dem keine elektrochemischen Vorgänge stattfinden. Es fließt also noch kein Strom. Durch die Variation von E kommt man dann in den Bereich, in dem das Substrat elektrochemisch oxidiert oder reduziert werden kann. Jetzt laufen gleichzeitig zwei Vorgänge ab:

- Durch die Änderung von E erhöht sich im Laufe der Zeit einerseits das Konzentrationsgefälle an der Elektrode. Die Konzentration c_s des Substrats an der Elektrodenoberfläche sinkt entsprechend der *Nernst*schen Gleichung

$$E = E_o + \frac{RT}{zF} \ln\left(\frac{c_{Ox.}}{c_{\mathrm{Red.}}}\right), \tag{A.2}$$

bis sie den Wert Null erreicht.
Die Stromdichte steigt mit E an, es fließt ein Faradayscher Strom.

- Andererseits ist jedoch die Dicke der Diffusionsschicht δ zeitlich nicht konstant, denn die Lösung ruht. δ wächst vielmehr mit $\sqrt{t}$ an. Dieses wirkt der Erhöhung des Konzentrationsgefälles entgegen. Das Ansteigen des Stromes wird gebremst. Im Grenzstrombereich, in dem c_s Null ist, fällt die Stromdichte j mit $\sqrt{t}$ ab. Es findet also ein diffusionskontrollierter Massentransport statt.

Das Zustandekommen der charakteristischen Kurven von Voltammogrammen wird qualitativ durch eine Überlagerung der beschriebenen gegenläufigen Prozesse erklärt. Abbildung A.2 illustriert den zeitlichen Verlauf der Stromdichte beider Prozesse.

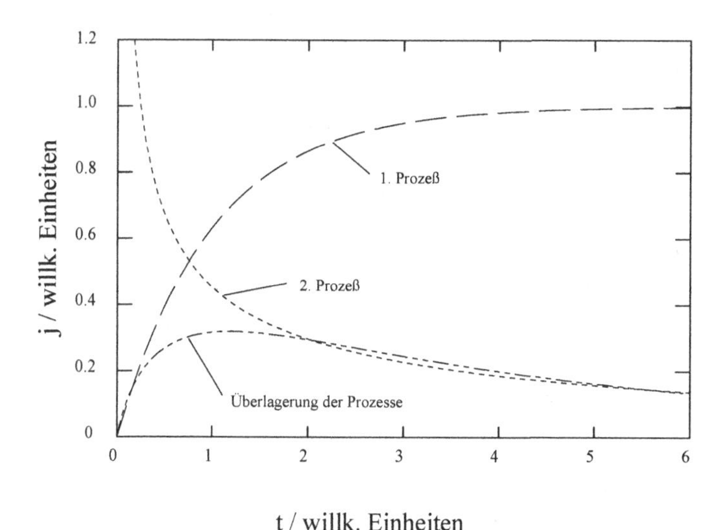

Abb. A.2: Zeitlicher Verlauf der Stromdichte für die gegeneinander laufenden Prozesse und deren Überlagerung.

Die Konzentrationsprofile des Produkts der Elektrodenreaktion breiten sich in die Lösung hinein aus. In der Nähe der Elektrode ist das Reaktionsprodukt immer vorhanden.

Wird die Spannungsvorschubsrichtung nach Erreichen von E_{Wende} invertiert, befindet man sich zunächst weiterhin in dem Bereich der Stromdichte-Spannungs-Kurve, in dem c_s Null ist. Die Kurve des Voltammogrammes zeigt dann aber einen Abfall mit $\sqrt{t}$. Nach einiger Zeit erreicht man den Spannungswert, bei dem nach Gleichung A.3 die Konzentration $\mathbf{c_s}$ des Substrats an der Elektrodenoberfläche wieder zunimmt.

$$\frac{c_{Ox.}}{c_{Red.}} = e^{\frac{zF}{RT}(E-E_o)} \tag{A.3}$$

Jetzt muss das vor der Elektrode befindliche Produkt reduziert werden. Die j-E-Kurve weicht von der ursprünglichen stark ab, es fließt ein Strom in entgegengesetzter Richtung, wieder überlagern sich die oben beschriebenen Vorgänge, was zu einer Zunahme und Wiederabnahme des Konzentrationsgefälles an der Elektrode führt. Man beobachtet einen Peak in umgekehrter Richtung wie vorher. Abbildung A.3 illustriert schematisch den Verlauf eines Cyclovoltammogrammes.

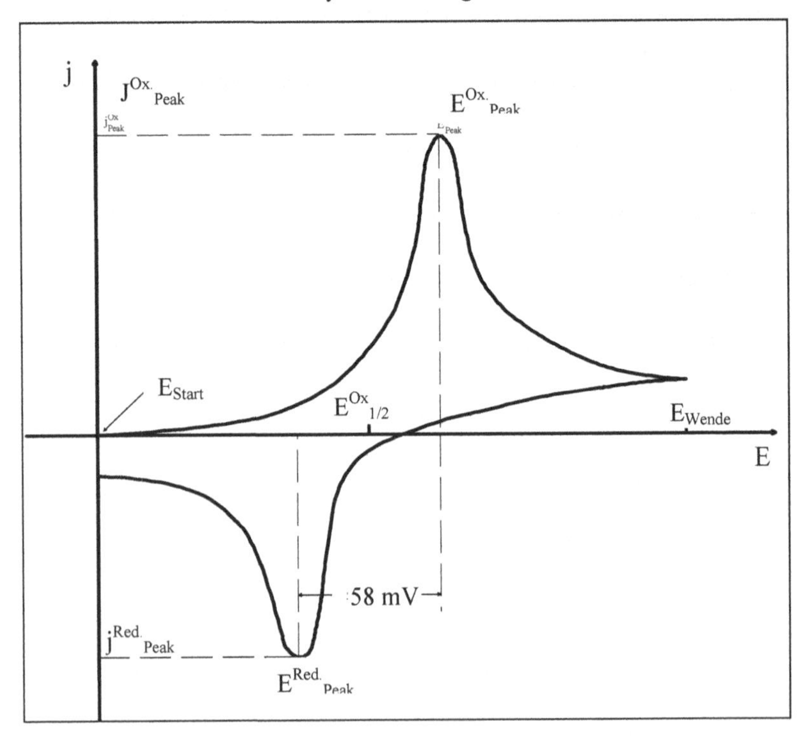

Abb. A.3: Schematischer Verlauf eines Cyclovoltammogrammes.

Zusammenfassend können also zwei Prozesse für das Erscheinungsbild der Stromdichte-Spannnungs-Kurve verantwortlich gemacht werden, nämlich

- der heterogene Ladungstransfer an der Phasengrenze zwischen Elektrode und Elektrolyt, der durch die *Butler-Vollmer*-Gleichung (Gleichung A.4) beschrieben werden kann. Die Gesamtstromdichte

$$j = j_k - |j_a| = j_o \left[e^{\frac{\alpha z F \eta_D}{RT}} - e^{\frac{(1-\alpha) z F \eta_D}{RT}} \right] \tag{A.4}$$

kann so als Funktion der Durchtrittsüberspannung ausgedrückt werden, wobei

j_k die kathodische Stromdichte,
j_a die anodische Stromdichte,
η_D die Diffusionsüberspannung und
α den Durchtrittsfaktor mit $\alpha \in [0,1]$

bezeichnet.

- Der diffusionsbedingte Massentransport der elektroaktiven Teilchen in Richtung auf die Elektrodenoberfläche beziehungsweise von der Elektrodenoberfläche in den Elektrolyten, welcher mit dem ersten *Fick*schen Gesetz

$$j = zFD \frac{[c_o - c_s]}{\delta} \tag{A.5}$$

behandelt werden kann, wobei

c_o die ungestörte Konzentration,
c_s die Elektroden-Oberflächenkonzentration,
δ die Diffusionsschichtdicke und
D die Diffusionskonstante

bezeichnet.

Bei einer zeitlich konstanten Diffusionsschicht δ mit einer sinkenden Oberflächenkonzentration strebt die Stromdichte einem Grenzwert zu. Verknüpft man diese Grenzstromdichte j_{Grenz} mit der *Nernst*schen Gleichung, erhält man die Diffusionsüberspannung

$$\eta_D = \frac{RT}{zF} \ln\left(1 - \frac{j}{j_{Grenz}}\right) \tag{A.6}$$

als Funktion der Diffusionsstromdichte.

Unter stationären Bedingungen ist die Diffusionsschicht aber nicht konstant. Während des Stromflusses dringt die Diffusionsschicht immer weiter in das Innere des Elektrolyten ein.

Es bildet sich mit der Zeit ein Konzentrationsgradient aus und es ist notwendig, die Konzentrationsänderung als Funktion der Zeit auszudrücken. Das geschieht mit dem zweiten *Fick*schen Gesetz

$$\frac{\delta c}{dt} = D \frac{\delta^2 c}{dx^2} \; . \tag{A.7}$$

Aus der Lösung des zweiten *Fick*schen Gesetzes erhält man für die Dicke der Diffusionsschicht

$$\delta = \sqrt{\pi D t} \; . \tag{A.8}$$

Mit Hilfe der Dicke der Diffusionsschicht kann man dann die Zeitabhängigkeit der Stromdichte mit der Gleichung

$$j = zF \sqrt{\frac{D}{\pi}} \frac{[c_o - c_s]}{\sqrt{t}} \tag{A.9}$$

berechnen.

A.2 Diagnostische Kriterien

Für die Untersuchung einfacher Elektronentransferreaktionen gibt es diagnostische Kriterien, die qualitative und quantitative Aussagen über die thermodynamischen und kinetischen Systemeigenschaften ermöglichen. Für einen reversiblen Ladungstransfer ohne eine angekoppelte chemische Reaktion gelten folgende drei Aussagen:

- Das Verhältnis aus der anodischen Peakstromdichte $j_{Peak}^{Ox.}$ und der kathodischen Peakstromdichte $j_{Peak}^{Red.}$ sollte gleich 1 sein:

$$j_{Peak}^{Ox.} / j_{Peak}^{Red.} = 1 \tag{A.10}$$

- Die Abhängigkeit der Peakstromdichte j_{Peak} von der Spannungsvorschubsgeschwindigkeit wird durch die *Randles-Sevcik*-Gleichung [182,183]

$$j_{Peak} = 2.69 \cdot 10^5 \, z^{3/2} D^{1/2} v^{1/2} c \tag{A.11}$$

wiedergegeben, wobei

j_{Peak}	die Peakstromdichte,
z	die Elektrodenreaktionswertigkeit,
D	den Diffusionskoeffizienten,
v	die Spannungsvorschubsgeschwindigkeit und
c	die Konzentration

bezeichnet.

- Die Verschiebung des Peak-Potenzials E_{Peak} bezüglich des Halbstufenpotenzials $E_{Peak}^{1/2}$ beträgt bei 25 °C

$$E_{Peak} - E_{Peak}^{1/2} = \frac{29mV}{z} \,. \tag{A.12}$$

In der folgenden Tabelle A.1 ist der Einfluss eines gegebenen Mechanismus der Elektrodenreaktion auf die Verschiebung des Peak-Potenzials, die Differenz der Peak-Potenziale im Hin- und Rücklauf und auf die Abhängigkeit von $j_{Peak}/\sqrt{v}$ beziehungsweise auf das Verhältnis der Peak-Ströme im Hin- und Rücklauf zusammengestellt.

Tab. A.1: Mechanistische Kriterien zyklischer Voltammogramme [184].

Mechanismus	$E_{Peak}^{hin} - E_{Peak}^{rück}$ bei 25 °C	$\frac{j_{Peak}}{\sqrt{v}} = f(v)$	$j_{Peak}^{hin} / j_{Peak}^{rück}$	
			bei kleinem v	bei großem v
e_r	59/z	konst.	1	1
$e_{(r)}$	> 59/z	konst.	1	1
e_i	-	konst.	kein Gegenpeak	kein Gegenpeak
e_rc_r	-	konst.	1	< 1
e_rc_i	-	konst.[1)]	< 1	1
c_re_r	-	Abnahme	1	> 1
e_rc_K	-	Zunahme bis Grenzwert	1	1

Die in Tabelle A.1 verwendeten Abkürzungen bedeuten

e_r : reversible Durchtrittsreaktion,
$e_{(r)}$: teilweise reversible Durchtrittsreaktion,
e_i : irreversible Durchtrittsreaktion,
e_rc_r : reversible Durchtrittsreaktion mit nachgelagerter schneller Reaktion im Gleichgewicht,
e_rc_i : reversible Durchtrittsreaktion mit nachgelagerter irreversibler Reaktion,
c_re_r : vorgelagertes Gleichgewicht mit anschließender reversibler Durchtrittsreaktion und
e_rc_K : reversible Durchtrittsreaktion und anschließend katalytische Regeneration des Substrates.

[1)] Nimmt bei höheren Scan-Geschwindigkeiten geringfügig ab.

B Franck-Condon-Prinzip

Zur Erklärung des Absorptions- und Fluoreszenzspektrums in Abbildung 5.1 sind hier (in einer vereinfachten Darstellung für ein 2-atomiges Molekül) zwei Singulett-Zustände S_0 und S_1 dargestellt. In diese sind jeweils die dazugehörigen Vibrationsenergieniveaus n=0,1... als waagerechte Linien eingezeichnet. Auf diesen findet man die Betragsquadrate der korrespondierenden Eigenfunktionen, also die Aufenthaltswahrscheinlichkeiten, wieder. Die fetten, durchgezogenen Pfeile symbolisieren Absorptions- und Emissionsvorgänge.

Da bei Raumtemperatur die Energiedifferenz zwischen zwei benachbarten Vibrationsniveaus ($\Delta n=1$) wesentlich größer ist als die thermische Energie kT, ist praktisch nur das unterste Schwingungsniveau (n=0) im Grundzustand S_0 besetzt. Daher erfolgt bei der Absorption der Übergang in ein höheres Vibrations-Schwingungsniveau ($n \geq 0$) des ersten angeregten Zustandes S_1 in der Regel aus dem untersten Schwingungsniveau des Grundzustandes. Welches Niveau dabei bevorzugt angeregt wird, bestimmt das *Franck-Condon*-Prinzip, welches sowohl für den Absorptions- wie auch für den Emissionsprozess folgende Aussagen macht:

- Der Kernabstand r ändert sich während des schnellen Absorptionsvorganges nicht, das heißt, der Übergang erfolgt, wie in Abbildung B.1 eingezeichnet, senkrecht nach oben.

- Der Übergang geschieht bevorzugt von einem Maximum der Aufenthaltswahrscheinlichkeit im S_0-Zustand zu einem Maximum im S_1-Zustand.

Bei der Absorption erfolgt der Übergang aus dem schwingungslosen Grundzustand S_0 in einen angeregten Zustand. Bei der Fluoreszenz erfolgt der Übergang aus dem Schwingungsgrundzustand (n=0) eines angeregten Zustandes S_1 in höhere Schwingungszustände des elektronischen Grundzustandes S_0 wie Abbildung B.1 illustriert.

Infolgedessen sind auch die Abstände der Bandmaxima verschieden. Weil im elektronisch angeregten Zustand die Kraftkonstanten und damit die Schwingungsfrequenzen kleiner sind als im Grundzustand, liegen im Absorptionsspektrum die Maxima näher beieinander als im Fluoreszenzspektrum.

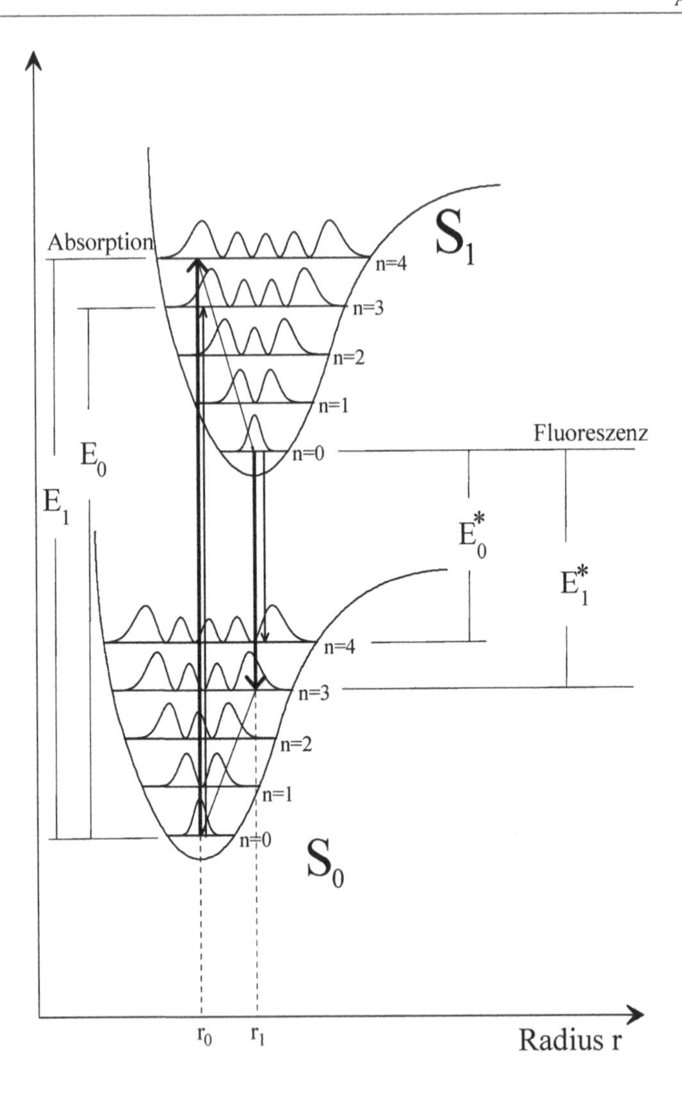

Abb. B.1: Termschema zur Erklärung des *Franck-Condon*-Prinzips (nach Weber und Herzinger [185]).

Dass sich dieses Emissions-Spektrum stets mehr nach größeren Wellenlängen erstreckt als das Absorptionsspektrum, wie man auch sehr gut in Abbildung 0.1 erkennen kann, ist schon 1852 von *Stokes* erkannt worden.

Fluoreszenzbanden, die ausnahmsweise kurzwelliger liegen, weil die absorbierenden Moleküle thermisch oder durch chemische Reaktionen bereits angeregt waren, bezeichnet man als **Anti-*Stokes*-Banden**. Abbildung B.2 illustriert das Entstehen der Anti-*Stokes*-Banden.

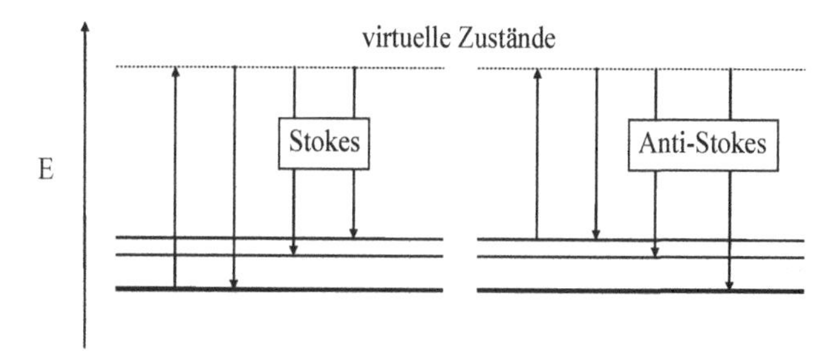

Abb. B.2: Termschema zur Deutung der *Stokes*- und Anti-*Stokes*-Banden.

C Orbitale zyklischer Polyene

Die Orbitale eines zyklischen Polyens kann man mittels einer Quantenzahl λ klassifizieren, die der Drehimpulsquantenzahl eines Elektrons in einem axialsymmetrischen Potenzialfeld entspricht. Die Orbitale eines Elektrons, das auf einem Kreisring vom Umfang **l** begrenzt wird, lauten nach der Elektronengas-Theorie wie folgt:

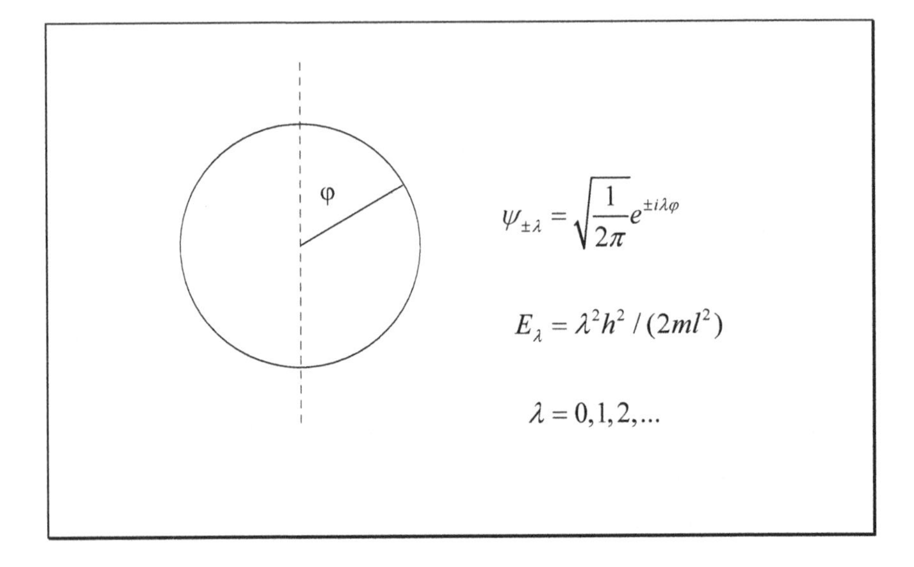

Das höchste besetzte Orbital (HOMO) und das tiefste unbesetzte Orbital (LUMO) sind beide zweifach entartet und verhalten sich wie die Funktionen $e^{(\pm 4i\varphi)}$ beziehungsweise $e^{(\pm 5i\varphi)}$. Übergänge zwischen diesen Orbitalen schaffen Zustände, die sich wie $e^{(\pm i\varphi)}$ oder $e^{(\pm 9i\varphi)}$ transformieren. Erstere verursachen starke UV-Banden (den UV-Banden zugeordnete) und letztere verursachen symmetrieverbotene schwache Banden (die im sichtbaren Bereich).

Sowohl die sichtbaren als auch die UV-Banden sollten in einem Molekül mit hoher Symmetrie entartet sein. Diese Entartung sollte aufgehoben werden wenn die Symmetrie, wie bei einem substituierten Porphyrin verringert wird.

In der LCAO-Näherung (Linearkombination von Atomorbitalen, Hückel-Theorie) findet man das höchste besetzte Orbital (HOMO) nicht zweifach entartet, solange nicht das konjugierte System auf die Kohlenstoffatome beschränkt wird, das heißt, solange nicht die vier Stickstoffatome viel elektronegativer als die Kohlenstoffatome angenommen werden [186].

D Orbital-Korrelationsdiagramm von Diazenen

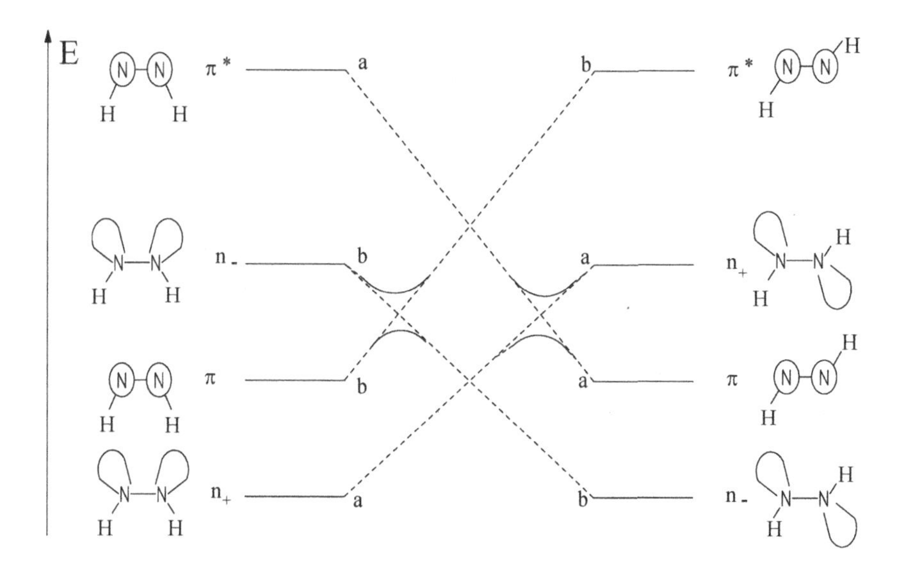

Abb. D.1: Orbital-Korrelationsdiagramm für die *cis-trans*-Isomerisierung von Diazenen.

Liste verwendeter Symbole und Abkürzungen

α	Durchtrittsfaktor
B	Bezugs- bzw. Referenzelektrode
B_{00}	Soret-Absorption
c	Konzentration, Lichtgeschwindigkeit
$c_{Ox.}$, $c_{Red.}$	Konzentration des oxidierten bzw. reduzierten Substrates
c_o	ungestörte Konzentration
c_s	Substratkonzentration an der Elektrodenoberfläche
c_re_r	vorgelagertes Gleichgewicht mit anschließender reversibler Durchtrittsreaktion
d	Schichtdicke
δ	Dicke der Diffusionsschicht, chemische Verschiebung
D	Diffusionskonstante, Durchlässigkeit
DDQ	2,3-Dichlor-5,6-dicyano-p-benzochinon
e_r	reversible Durchtrittsreaktion
$e_{(r)}$	teilweise reversible Durchtrittsreaktion
e_i	irreversible Durchtrittsreaktion
e_rc_r	reversible Durchtrittsreaktion mit nachgelagerter schneller Reaktion im Gleichgewicht
e_rc_i	reversible Durchtrittsreaktion mit nachgelagerter irreversibler Reaktion
e_rc_K	reversible Durchtrittsreaktion und anschließend katalytische Regeneration des Substrates
ε	Extinktionskoeffizient, Dielektrizitätskonstante
E	Potenzialdifferenz, Energie, Extinktion
E_{Start}, E_{Ende}	Start- und Endpotenzial
E_T	Aktivierungsenergie
E_{Peak}	Cyclovoltammogramm-Extrema
E_{Wende}	Wendepotenzial
$\mathbf{E}_{\mathbf{Peak}}^{1/2}$	Halbstufenpotenzial
F	*Faraday*konstante
G	Gegenelektrode
ΔG^{cs}	Freie Enthalpie
h	*Planck*sches Wirkungsquantum

η_D	Diffusionsüberspannung
I	Strom, Intensität
j	Stromdichte
j_{Grenz}	Grenzstromdichte
j_a, j_k	anodische und kathodische Stromdichte
$\mathbf{j}^{\mathbf{Ox.}}_{\mathbf{Peak}}$	anodische Peakstromdichte
$\mathbf{j}^{\mathbf{Red.}}_{\mathbf{Peak}}$	kathodische Peakstromdichte
k	*Boltzmann*-Konstante
λ	Wellenlänge
m	Steigung
M	Mess- bzw. Arbeitselektrode
n	Index der Vibrations-Schwingungsniveaus
ν	Frequenz
$\Delta\tilde{\nu}$	Wellenzahl in *Kayser* (cm^{-1})
N_A	*Avogadro*-Konstante
PTK	Phasen-Transfer-Katalysator
r	Korrelationskoeffizient, Kernabstand
R	Widerstand, Universelle Gaskonstante
σ^+	*Substituentenkonstante*
S_o, S_1	Singulettzustände
t	Zeit
T	Temperatur in Kelvin
$TFPB^-$	Tetrakis[3,5-bis(trifluoromethyl)phenyl]borat-Ion
TMS	Tetramethylsilan
TPP	Tetraphenylporphyrin
ϑ	Temperatur in Grad Celsius
U_{Gegen}	Gegenspannung
U_{ist}	Ist-spannung
U_{soll}	Soll-spannung
U_K	Klemmenspannung
v	Spannungsvorschubsgeschwindigkeit
z	Zahl der übertragenen Elektronen

Literatur

1. P. Ball und L. Garwin, *Nature* **1992**, 355, 761.
2. C. H. Wolf, *Nachr. Chem. Tech. Lab.* **1989**, 37, 350.
3. F. L. Carter, *Molecular Electronic Devices*, Marcel Dekker Inc., New York 1982.
4. T. Iyoda, T. Saika, K. Honda und T. Shimidzu, *Tetrahedron Lett.* **1989**, 40, 5429.
5. A. Gust und T. A. Moore, in *Supramolecular Photochemistry*, V. Balzani, Ed., Reidel, Dordrecht 1987, 267.
6. F. Kosteyn, G. Zerban und H. Meier, *Chem. Ber.* **1992**, 125, 893.
7. H. Menzel, *Nachr. Chem. Tech. Lab.* **1991**, 39, 636.
8. H. Meier, F. Kosteyn, N. Hanold, H. Rau und G. Gauglitz, *Chem. Ber.* **192**, 125, 889.
9. M. Emmelius, G. Pawlowski und H. W. Vollmann, *Angew. Chem.* **1989**, 101, 1475.
10. B. L. Feringa, W. F. Jager und B. de Lange, *Tetrahedron* **1993**, 37, 8310.
11. H. W. Schmidt, *Adv. Mater.* **1989**, 1, 940.
12. T. Sperlich, *c´t magazin für computer technik* **1993**, 2, 44.
13. C. Bräuchle und N. Hampp, in *Photochromism, Molecules and Systems in Studies in Organic Chemistry*, H. Dürr und H. Bouas-Laurent, Eds., Elsevier Science Publishers, Amsterdam 1990, 954.
14. C. Bräuchle, N. Hampp und D. Oesterhelt, *Adv. Mater.* **1991**, 3, 420.
15. W. M. Gibbson, P. J. Shannon, S.-T. Sun und B. J. Swetlin, *Nature* **1991**, 351, 49.
16. K. Anderle, R. Birkenheide, M. J. A. Werner und J. H. Wendorff, *Liquid Crystals* **1991**, 9, 691.
17. M. Eich und J. H. Wendorff, *J. opt. Soc. Am.* **1990**, B7, 1428.
18. K. Kimura, T. Suzuki und M. Yokoyama, *J. Chem. Soc., Chem. Commun.* **1989**, 1570.
19. C. Escher und R. Wingen, *Adv. Mater.* **1992**, 4, 189.
20. D. N. Reinhouldt und E. J. R. Sudhölter, *Adv. Mater.* **1990**, 2, 23.
21. C. Jones und S. Day, *Nature* 1991, 351, 15.
22. H. W. Schmidt, *Adv. Mater.* **1989**, 11, 964.
23. H. Rau, in *Photochromism, Molecules and Systems in Studies in Organic Chemistry*, H. Dürr und H. Bouas-Laurent, Eds., Elsevier Science Publishers, Amsterdam 1990, 170.

24. G. S. Hartley, *Nature* **1937**, 140, 281.
25. J. B. Thomas, *Einführung in die Photobiologie*, Thieme, Stuttgart 1968.
26. G. Richter, *Stoffwechselphysiologie der Pflanzen*, Thieme, Stuttgart 1969, 26.
27. G. R. Fleming und R. van Grondelle, *Physics Today* **1994**, 48.
28. H. D. Roth, *Top. Curr. Chem.* **1990**, 156, 1.
29. N. N. Daeid, S. T. Atkinson und K. B. Nolan, *Pure Appl. Chem.* **1993**, 7, 1541.
30. U. Eberl, A. Ogrodnik und M. E. Michel-Beyerle, *Phys. Bl.* **1994**, 50, 215.
31. J. Deisenhofer, O. Epp, K. Miki, R. Huber und H. Michel, *J. Mol. Biol.* **1984**, 180, 385.
32. H. Michel, O. Epp und J. Deisenhofer, *EMBO J.* **1986**, 5, 2445.
33. H. A. Staab, C. Krieger, C. Anders und A. Rückemann, *Chem. Ber.* **1994**, 127, 231.
34. H. A. Staab, T. Carell und A. Döhling, *Chem. Ber.* **1994**, 127, 223.
35. F. Pöllinger, H. Heitele, M. E. Michel-Beyerle, C. Anders, M. Futscher und H. A. Staab, *Chem. Phys. Lett.* **1992**, 6, 645.
36. F. Pöllinger, H. Heitele, M. E. Michel-Beyerle, M. Tercel und H. A. Staab, *Chem. Phys. Lett.* **1993**, 209, 251.
37. M. R. Wasielewski, *Chem. Rev.* **1992**, 92, 435.
38. G. J. Kavarnos, *Top. Curr. Chem.* **1990**, 156, 21.
39. M. R. Wasielewski, M. P. Niemczyk, D. G. Johnson, W. A. Svec und D. W. Minsek, *Tetrahedron* **1989**, 15, 4785.
40. H. Oevering, J. W. Verhoeven, M. N. Paddon-Row und J. M. Warman, *Tetrahedron* **1989**, 15, 4751.
41. Z.-M. Lin, W.-Z. Feng und H.-K. Leung, *J. Chem. Soc., Chem. Commun.*, **1991**, 209.
42. A. Helms, D. Heiler und G. L. McLendon, *J. Am. Chem. Soc.* **1991**, 113, 4325.
43. H. Imahori, Y. Tanaka, T. Okada und Y. Sakata, *Chem. Lett.* **1993**, 1215.
44. J. M. Lehn, *Angew. Chem. Int. Ed. Engl.* **1988**, 27, 89.
45. D. Heiler, G. L. McLendon und P. J. Rogalskyi, *J. Am. Chem. Soc.* **1987**, 109, 604.
46. R. Cave, R. Marcus und P. Siders, *J. Phys. Chem.* **1986**, 90, 1436.
47. A. Osuka und K. Maruyama, *Chem. Lett.* **1987**, 825.
48. D. G. Johnson, W. A. Svec und M. R. Wasielewski, *Israel J. Chem.* **1988**, 28, 193.
49. M. R. Wasielewski, D. G. Johnson, M. P. Niemczyk, G. L. Gainses, M. P. O'Neil und A. W. Svec, *J. Am. Chem. Soc.* **1990**, 112, 6482.
50. F. J. Vergeldt, R. B. Koehorst, T. J. Schaafsma, J.-C. Lambry, J.-L. Martin, D. G. Johnson und M. R. Wasielewski, *Chem. Phys. Lett.* **1991**, 182, 107.
51. J. S. Connolly und J. R. Bolton, in *Photoinduced Electron Transfer*, Part D, M. A. Fox und M. Chanon, Eds., Elsevier Science Publishers, Amsterdam 1988, 303.

52. D. Gust, T. A. Moore, A. L. Moore, D. Barrett, L. O. Harding, L. R. Makings, P. A. Liddell, F. C. De Schryver, M. van der Auweraer, R. V. Bensasson und M. Rougee, *J. Am. Chem. Soc.* **1988**, 110, 321.
53. A. R. McIntosh, A. Siemiarczuk, J. R. Bolton, M. J. Stillman, T.-F. Ho and A. C. Weedon, *J. Am. Chem. Soc.* **1983**, 105, 7215.
54. A. Siemiarczuk, A. R. McIntosh, T.-F. Ho, M. J. Stillman, K. J. Roach, A. C. Weedon, J. R. Bolton and J. S. Connolly, *J. Am. Chem. Soc.* **1983**, 105, 7224.
55. A. R. McIntosh, J. R. Bolton, J. S. Connolly, K. L. Marsh, D. R. Cook, T.-F. Ho and A. C. Weedon, *J. Phys. Chem* . **1986,** 90, 5640.
56. B. A. Leland, A. D. Joran, P. M. Felker, J. J. Hopfield, A. H. Zewail and P. B. Dervan, *J. Phys. Chem.* **1985**, 89, 5571.
57. J.-C. Chambron, S. Chardon-Noblat, A. Harriman, V. Heitz und J.-P. Sauvage, *Pure Appl. Chem.* **1993**, 11, 2343.
58. L. L. Shuyin Shen, Q. Yu, Q. Zhou und H. Xu, *J. Chem. Soc., Chem. Commun.* **1991**, 619.
59. H. van der Bergh und G. Cornaz, *Nachr. Chem. Tech. Lab.* **1985**, 33, 582.
60. D. Kessel, *Photochem. Photobiol.* **1984**, 39, 851.
61. U. Mackenbrock und N. Risch, *Liebigs Ann. Chem.,* **1991**, 643.
62. D. N. Slatkin, R. D. Stoner, K. M. Rosander, J. A. Kalef-Ezra und J. A. Laissue, *Proc. Natl. Acad. Sci. USA* **1985**, 85, 4020.
63. D. Gabel und J. A. Coderre, *Spektrum der Wissenschaft* **1989**, 8, 46.
64. R. B. Lauffer, *Chem. Rev.* **1987**, 87, 901.
65. L. Weber und G. Haufe, *Z. Chem.* **1989**, 29, 88.
66. H. Rau, *Photochemisty and Photophysics*, Vol.2, J. F. Rabek, Ed., CRC Press, Boca Raton, FL 1990, Kap.4.
67. C. Paik und H. Morawetz, *Macromolecules* **1972**, 5, 171.
68. D. Tabak und H. Morawetz, *Macromolecules* **1970**, 3, 403.
69. G. Kumar und D. Neckers, *Chem. Rev.* **1989**, 89,1915.
70. I. Mita, K. Horie und K. Hirao, *Macromolecules* **1989**, 22, 558.
71. Y. Shen und H. Rau, *Makromol. Chem.* **1991,** 192, 945.
72. A. Osuka, R. P. Zhang und K. Maruyama, *Bull. Chem. Soc. Jpn* **1992**, 65, 2807.
73. P. Rothemund, *J. Am. Chem. Soc.* **1939**, 61, 2912.
74. P. Rothemund und A. R. Menotti, *J. Am. Chem. Soc.* **1941**, 63, 267.
75. R. H. Ball, G. D. Dorough und M. Calvin, *J. Am. Chem. Soc.* **1946**, 68, 2278.
76. A. D. Adler, F. R. Longo und W. Shergalis, *J. Am. Chem. Soc.* **1964**, 86, 3145.
77. A. D. Adler, F. R. Longo, J. D. Finarelli, J. Goldmacher, J. Assour und L. Korsakoff, *J. Org. Chem.* **1967**, 32, 476.
78. J. S. Lindsey, H. C. Hsu, I. C. Schreinman, *Tetrahedron Lett.* **1986**, 27, 4969.
79. J. S. Lindsey, I. C. Schreiman, H. C. Hsu, P. C. Kearney, A. M. Marguerettaz, *J. Org. Chem.* **1987**, 52, 827.

80. J. S. Lindsey, R. W. Wagner, *J. Org. Chem.* **1989**, 54, 828.
81. M. J. Gunter und L. N. Mander, *J. Org. Chem.* **1981**, 46, 4792.
82. M. R. Wasielewski, M. P. Niemczyk, W. A. Svec und E. B. J. Pewitt, *J. Am. Chem. Soc.* **1985**, 107, 5562.
83. S. R. Sandler und W. Karo, *Organic Functional Group Preparations* Vol. 2, Academic Press, New York 1971, 313.
84. H. Husain, S. S. Bhattacharjee, R. A. Lal und H. Askari, *Ind. J. Chem.* **1989**, 28B, 1077.
85. J. S. Pizey, *Synthetic Reagents* Vol. 1, Wiley, New York 1974, 295.
86. K. Dimroth und W. Tüncher, *Synthesis* **1977**, 339.
87. J. A. Hyatt, *Tetrahydron Lett.* **1977**, 141.
88. T. Cohen, R. J. Lewarchik und J. Z. Tarino, *J. Am. Chem. Soc.* **1974**, 96, 7753.
89. J. H. Boyer, *The Chemistry of the Nitro und Nitroso Groups*, Interscience, New York 1969, 278.
90. A. J. Fatiadi, *Synthesis* **1976**, 65.
91. A. J. Fatiadi, *Synthesis* **1976**, 133.
92. J. S. Pizey, *Synthetic Reagents* Vol. 2, Wiley, New York 1974, 143.
93. H. Firouzabadi und Z. Mostafavipoor, *Bull. Chem. Soc. Jpn* **1983**, 56, 914.
94. M. Parmerter, *Org. Reactions* **1959**, 10, 1.
95. E. Enders, *Methoden der Organischen Chemie 10/3, Houben-Weyl*, Thieme Verlag, Stuttgart 1965, 490.
96. Y. Ogata, Y. Nakagawa und M. Inaishi, *Bull. Chem. Soc. Jpn* **1981**, 54, 2853.
97. H. J. Shine, *Aromatic Rearrangements*, American Elsevier, New York, 1967.
98. M. Stiles und A. J. Sisti, *J. Org. Chem.* **1960**, 25, 1691.
99. A. J. Sisti, J. Burgmeister und M. Fudim, *J. Org. Chem.* **1962**, 27, 279.
100. A. J. Sisti, J. Sawinski und R. Stout, *J. Chem. Eng. Data* **1964**, 9, 108.
101. D. Y. Curtin und J. L. Tveten, *J. Org. Chem.* **1961**, 26, 1764.
102. Y. Nomura, H. Anzai, R. Tarao und K. Shiomi, *Bull. Chem. Soc. Jpn* **1964**, 37, 967.
103. A. S. Semeikin, O. I. Koifman und B. D. Berezin, *Khim. Geterotsikl. Soedin* **1986**, 4, 486.
104. S. A. Syrbu, A. S. Semeikin und B. D. Berezin, *Khim. Geterosikl. Soedin* **1990**, 11, 1507.
105. H. Iwamoto, *Tetrahedron Lett.* **1983**, 32, 4703.
106. H. Iwamoto, H. Kobayahi, P. Murer, T. Sonoda and H. Zollinger, *Bull. Chem. Soc. Jpn.* **1993**, 66, 2590.
107. H. K. Hombrecher und K. Lüdtke, *Tetrahedron* **1993**, 42, 9489.
108. H. Balli und G. Ebner, *Fäberei und Farbstoffe*, Springer-Verlag, Berlin 1988.
109. H. Tachibana, T. Nakamura, M. Matsumoto, H. Komizu, A. Yabe und M. Fujihira, *J. Am. Chem. Soc.* **1989**, 111, 3080.
110. K. Nishiyama und M. Fujihira, *Chem. Lett.*, **1988**, 1257.

111. M. Irie, Y. Hirano, S. Hashimoto und K. Hayashi, *Macromolecules* **1981**, 14, 262.
112. F. H. Quina und D. G. Whitten, *J. Am. Chem. Soc.* **1977**, 93, 877.
113. F. Vögtle, *Supramolekulare Chemie*, Teubner, Stuttgart 1989, 244.
114. M. Bauer und F. Vögtle, *Chem. Ber.* **1992**, 125, 1675.
115. J. P. Dix und F. Vögtle, *Chem. Ber.* **1980**, 113, 457.
116. S. Shinkai und O. Manabe, *Top. Curr. Chem.* **1984**, 121, 67.
117. J. Anzai, H. Sasaki, A. Ueno und T. Osa, *J. Chem. Soc., Chem. Commun.* **1983**, 1045.
118. S. Shinkai, *Pure Appl. Chem.* **1987**, 59, 425.
119. S. Shinkai, T. Ogawa, Y. Jusano, O. Manabe, K. Kikukawa, T. Goto und T. Matsuda, *J. Am. Chem. Soc.* **1982**, 104, 1960.
120. F. Vögtle und E. Weber, *Kontakte* **1977**, 1, 2, 3, Merck.
121. F. Vögtle und E. Weber, *Kontakte* **1978**, 2, Merck.
122. S. Shinkai, T. Ogawa, T. Nakaji, Y. Kusano und O. Manabe, *Tetrahedron Lett.*, **1979**, 4569.
123. S. Shinkai, T. Nakaji, T. Ogawa und O. Manabe, *J. Am. Chem. Soc.* **1980**, 102, 5860.
124. S. Shinkai, T. Nakaji, T. Ogawa, K. Shigematsu und O. Manabe, *J. Am. Chem. Soc.* **1981**, 103, 111.
125. I. Yamashita, M. Fujii, T. Kaneda, S. Misumi und T. Otsubo, *Tetrahedron Lett.*, **1980**, 541.
126. N. Shiga, M. Takagi und K. Ueno, *Chem. Lett.*, **1980**, 1201.
127. S. Shinkai, T. Minami, Y. Kusano und O. Manabe, *J. Am. Chem. Soc.* **1983**, 105, 1851.
128. A. Ueno, R. Yoshimura, R. Saka und T. Osa, *J. Am. Chem. Soc.* **1989**, 101, 2779.
129. A. Ueno, Y. Tomita und T. Osa, *Tetrahedron Lett.* **1983**, 24, 5245.
130. M. Fukushima, T. Osa and A. Ueno, *J. Chem. Soc., Chem. Commun.* **1991**, 15.
131. M. Irie und M. Kato, *J. Am. Chem. Soc.* **1985**, 107, 1024.
132. M. Blank, L. M. Soo, N. H. Wassermann und B. F. Erlanger, *Science* **1981**, 214, 70.
133. S. Xie, A. Natansohn und P. Rochon, *Materials* **1993**, 5, 403.
134. S. Ujiie und K. Iimura, *Polym. J. (Tokyo)* **1991**, 23, 1483.
135. M. Sisido und R. Kishi, *Macromolecules* **1989**, 22, 2596.
136. S. Ujiie und K. Iimura, *Macromolecules* **1992**, 25, 3174.
137. S. Tazuke, S. Horiuchi, T. Ikeda, D. B. Karanjit und S. Kurihara, *Macromolecules* **1990**, 23, 36.
138. S. Tazuke, S. Horiuchi, T. Ikeda, D. B. Karanjit und S. Kurihara, *Macromolecules* **1990**, 23, 42.
139. S. Tazuke, S. Horiuchi, T. Ikeda, D. B. Karanjit und S. Kurihara, *Chem. Lett.* **1988**, 1679.

140. S. Tazuke, T. Ikeda, H. Yamaguchi, *Chem. Lett.* **1988**, 539.
141. G. Kumar und D. Neckers, *Chem. Rev.* **1989**, 89, 1915.
142. A. J. Bard und L. R. Faulkner, *Electrochemical Methods - Fundamentals and Applications*, Wiley, New York, 1980, 23.
143. T. Wijesekera, A. Matsumoto, D. Dolphin und D. Lexa, *Angew. Chem.* **1990**, 102, 1073.
144. P. Worthington, P. Hambright, R. F. X. Williams, J. Reid, C. Burnham, A. Shamin, J. Turay, D. M. Bell, R. Kirkland, R. G. Little, N. Datta Gupta und U. Eisner, *J. Inorg. Biochem.* **1980**, 12, 281.
145. A. Stanienda und G. Biebl, *Z. Phys. Chem.* **1967**, 52, 254.
146. J. H. Fuhrhop und D. Mauzerall, *J. Am. Chem. Soc.* **1969**, 91, 4174.
147. J. Manassen und A. Wolberg, *J. Am. Chem. Soc.* **1970**, 92, 2982.
148. D. W. Clack und N. S. Hush, *J. Am. Chem. Soc.* **1965**, 87, 4238.
149. R. H. Felton und H. Lindschitz, *J. Am. Chem. Soc.* **1966**, 88, 1113.
150. J. H. Fuhrhop, K. M. Kadish und D. G. Davis, *J. Am. Chem. Soc.* **1973**, 95, 5140.
151. H. J. Collot, A. Giraudeau und M. Gross, *J. Chem. Soc., Perkin Trans. 2*, **1975**, 12, 1321.
152. K. M. Kadish und M. Morrison, *J. Am. Chem. Soc.* **1976**, 98, 3326.
153. K. M. Kadish und M. Morrison, *Inorg. Chem.* **1976**, 15, 980.
154. J. E. Bennett und T. Malinski, *Chem. Matr.* **1991**, 3, 490.
155. T. Malinski, A. Cizewski, J. Bennett, J. R. Fish und L. Czachajowski, *J. Electroanal. Soc.* **1991**, 138, 2008.
156. C. Hansch, A. Leo und R. W. Taft, *Chem. Rev.* **1991**, 91, 165.
157. J. Bartl, *Dissertation*, Medizinische Universität zu Lübeck, 1990.
158. J. G. Dick und S. Nadler, *Die Bestimmung der Kinetik von Elektrodenreaktionen mittels Cyclovoltammetrie*, Metronom Monographien,1989.
159. A. Giraudeau, H. J. Callot und M. Gross, *Inorg. Chem.* **1979**, 1, 201.
160. N. Menek und O. Cakir, *Portugaliae Electrochim. Acta* **1993**, 11,175.
161. T. Mayer-Kuckuk, *Atomphysik*, Teubner Verlag, Stuttgart 1985.
162. F. K. Kneubühl und M. W. Sigrist, *Laser*, Teubner Verlag, Stuttgart 1988.
163. J. N. Murrell, *Elektronenspektren Organischer Moleküle*, B.I. Hochschultaschenbücher-Verlag, Mannheim 1967.
164. J. R. Platt, *J. Opt. Soc. Amer.* **1953**, 43, 252.
165. H. N. Fonda, J. Gilbert, R. A. Cormier, J. R. Sprague, K. Kamioka und J. S. Connolly, *J. Phys. Chem.* **1993**, 97, 7024.
166. B. I. Green, R. M. Hochstrasser und R. B. Weisman, *Chem. Phys. Lett.* **1979**, 62, 427.
167. V. Sundström und T. Gillbro, *Chem. Phys. Lett.* **1984**, 109, 539.
168. E. Haselbach und E. Heilbronner, *Helv. Chim. Acta* **1970**, 53, 684.
169. A.-M. Giroud-Godquin und P. M. Maitlis, *Angew. Chem.* **1991**, 103, 370.
170. E. M. Kosower, *J. Am. Chem. Soc.* **1958**, 80, 3253.

171. E. M. Kosower, *J. Am. Chem. Soc.* **1958**, 80, 3261.
172. E. M. Kosower, *J. Am. Chem. Soc.* **1958**, 80, 3267.
173. C. Reichardt und K. Dimroth, *Fortsch. Chem. Forsch.* **1968/69**, 11, 1.
174. C. Reichardt und E. Harbusch-Görnert, *Liebigs Ann. Chem.* **1983**, 721.
175. R. A. Cormier, M. R. Posey, W. L. Bell, H. N. Fonda und J. S. Connolly , *Tetrahedron* **1989**, 45, 4831.
176. P. H. Yuster und S. I. Weissman, *J. Chem. Phys.* **1949**, 17, 1182.
177. D. S. McClure, *J. Chem. Phys.* **1949**, 17, 905.
178. D. Rehm und A. Weller, *Isr .J. Chem.* **1970**, 8, 259.
179. H. Kobayashi, T. Sonoda, H. Iwamoto und M. Yoshimura, *Chem. Lett.,* **1981**, 579.
180. H. Kobayashi, T. Sonoda, H. Iwamoto und M. Yoshimura, *Bull. Chem. Soc. Jpn* **1983**, 56, 796.
181. B. Speiser, *Chemie in unserer Zeit* **1981**, 2, 62.
182. J. E. B. Randles, *Trans. Farad. Soc.* **1948**, 44, 327.
183. A. Sevcik, *Coll. czech. chem. Comm.* **1948**, 13, 349.
184. F. Beck, *Elektroorganische Chemie*, Verlag Chemie, Weinheim 1974.
185. H. Weber und G. Herzinger, *Laser-Grundlagen und Anwendungen*, Physik-Verlag, Nürnberg 1972.
186. H. C. Longuet-Higgins, C. W. Rector und J. R. Platt, *J. Chem. Phys.* **1950**, 18, 1174.

Index

Printed in the United States
By Bookmasters